FERDINAND OPLL

WIEN IM BILD HISTORISCHER KARTEN

Ferdinand Opll

WIEN IM BILD
HISTORISCHER KARTEN

Die Entwicklung der Stadt
bis in die Mitte des 19. Jahrhunderts

Aufnahmen Michael Oberer und
Österreichische Nationalbibliothek

1983

HERMANN BÖHLAUS NACHF. WIEN · KÖLN · GRAZ

CIP-Kurztitelaufnahme der Deutschen Bibliothek

Opll, Ferdinand:
Wien im Bild historischer Karten: c. Entwicklung d. Stadt bis in d.
Mitte d. 19. Jh. / Ferdinand Opll. Aufnahmen Michael Oberer u.
Österr. Nationalbibliothek. – Wien; Köln; Graz: Böhlau, 1983.

ISBN 3-205-07180-8

NE: Oberer, Michael [Ill.]

ISBN 3-205-07180-8
Copyright © 1983 by Hermann Böhlaus Nachf. Gesellschaft m.b.H., Graz · Wien
Alle Rechte vorbehalten
Satz: Inter-Letter, Ausstellungsstraße 27, 1020 Wien
Druck: Peichir, Saalfelden

Für Roswitha und Maximilian

Inhaltsverzeichnis

Von den antiken Anfängen zur Stadt des Mittelalters

Die Anfänge der Besiedlung des Wiener Raumes liegen in prähistorischer Zeit. Die Siedlungstätigkeit bezog sich anfangs noch nicht auf den Bereich des heutigen städtischen Zentrums, vielmehr waren es zunächst die Abhänge des Wienerwaldes, die der Mensch ihrer geschützten Lage wegen vorzog. Die siedlungsmäßigen Anfänge im Herzen der Innenstadt liegen dagegen im wesentlichen erst in römischer Zeit. Im Zusammenhang mit der Errichtung einer weite Teile Europas umspannenden Grenzorganisation (Limesgrenze) entstand als Flankenschutz für das damals weitaus bedeutendere Carnuntum im 1. Jh. unserer Zeitrechnung das Legionslager Vindobona. An der Verbindungsstraße gegen Osten und damit nach Carnuntum wuchs nach und nach auch eine Zivilsiedlung empor.

Das Militärlager Vindobona war nach außen durch einen festen Mauerring geschützt, und diese Befestigung wirkte weit über das Ende der römischen Herrschaft hinaus in topographischer Hinsicht weiter. Bis in die Gegenwart läßt sich der Umfang des Lagers an Straßenzügen in der Wiener Innenstadt ablesen (Graben — Naglergasse — Heidenschuß — Tiefer Graben — am Abhang zum Donaukanal entlang — Rotgasse — Kramergasse). Die Innenbauten des Römerkastells fielen allerdings den Zerstörungen des Frühmittelalters vollkommen zum Opfer, so daß deren Rekonstruktion ein überaus schwieriges Problem darstellt. Bereits aus römischer Zeit besitzen wir nun eine Karte, auf der Vindobona, der Vorläufer unserer heutigen Stadt, dargestellt ist. Es handelt sich dabei um die älteste erhaltene Straßenkarte der Welt, die sogenannte Tabula Peutingeriana, die in einer hochmittelalterlichen Kopie auf uns gekommen ist. Freilich wird das Legions-

lager darauf nur mit einem Symbol, einer aus zwei Türmen gebildeten Vignette, dargestellt, so daß wir über die topographischen Einzelheiten am Ort nicht näher informiert sind.

Das Ende der römischen Herrschaft an der Donau, das sich zu Anfang des 5. Jh. abzuzeichnen begann, war auch für Vindobona das Ende seines Bestandes als wehrhaftes Militärlager. Zu Beginn des 5. Jh. wissen wir aus den Forschungen von Archäologen, daß das Lager von einem verheerenden Brand heimgesucht wurde. Gerade diese Bodenforschungen haben aber auch den Nachweis erbracht, daß mit dieser Katastrophe keineswegs das völlige Abreißen jeglicher Siedlungstätigkeit in der Innenstadt verbunden war. Vielmehr konnte sich im nordöstlichen Teil des Legionslagers, wo sich auch die Reste des in baulicher Hinsicht so massiven römischen Bades befanden, eine Restsiedlung behaupten, die zur Keimzelle der sich erst im Hochmittelalter entwickelnden Stadt werden sollte. Vor allem ist es der sogenannte „Berghof" (im Bereich zwischen Hohem Markt — Marc-Aurel-Straße — Sterngasse — Judengasse), in dessen unmittelbarer Nähe sich ja auch die älteste Kirche der Wiener Innenstadt, St. Ruprecht, befindet, der die Kontinuität der Besiedlung in diesem Gebiet deutlich macht. Daneben spielt für die Fortdauer der Siedlungstätigkeit natürlich auch der Umstand eine Rolle, daß von dem alten Legionslager Römerstraßen ausgingen, die auch während des Frühmittelalters weiter in Verwendung standen und wo sich im Bereich des heutigen Stadtgebietes verschiedenenorts frühmittelalterliche Funde nachweisen lassen.

Trotz dieser heute als erwiesen geltenden Kontinuität der Besiedlung in Wien über die Jahrhunderte nach dem Ende der Römerherrschaft hinweg hat man sich klarzumachen, daß der Platz seine in der Antike errungene Bedeutung eines wehrhaften Platzes an der Grenze weitgehend verloren hatte. Er lag durch Jahrhunderte in einem immer wieder umkämpften Gebiet, Hunnen, Awaren und Ungarn überrannten diesen Raum und gliederten ihn mehr oder weniger fest in den Einflußbereich ihrer Herrschaftsausübung ein. Die erst um 1920 entdeckte älteste Nennung Wiens in einem Salzburger Annalenkodex bringt zum Jahr 881 die Erwähnung eines ersten Gefechtes mit den Ungarn „apud Weniam". Erst um die Jahrtausendwende nach der Niederringung der Ungarn und deren beginnender Christianisierung und Seßhaftwerdung konnte unser Gebiet wieder in eine Kolonisationsbewegung einbezogen werden, die vom Reichsgebiet (Bayern, Franken) ausging und in unserem Bereich die Grundlagen der bis auf den heutigen Tag bestehenden Siedlungsstruktur schuf. Wien selbst wird während des 11. Jh. zwar nur selten in schriftlichen Quellen erwähnt, dennoch läßt sich auch aus diesen spärlichen Nennungen erkennen, daß der Platz zusehends wieder an Bedeutung als wichtige Position im immer wieder aufflammenden Kampf mit den östlichen Nachbarn, den Ungarn, gewann.

Dieser Zeitraum war es dann auch, in dem es zum erstenmal seit der Antike zu einem erkennbaren Siedlungsausbau in der Wiener Innenstadt kam. Zunächst läßt sich damals bereits die gesamte östliche Hälfte des Legionslagers, d. h. neben dem Bereich um St. Ruprecht nun auch die Gegend um St. Peter, wieder als besiedelt erkennen, darüber hinaus kam es aber um die Mitte des 11. Jh. sogar zu einer ersten „Vorstadt"bildung, die zwar nach modernen Begriffen innerhalb der Innenstadt liegt, damals aber einen Bereich neu erschloß, der zuvor noch nie zur Siedlung gehört hatte. An der Ausfallsstraße (vom Hohen Markt und vom Lugeck) nach dem Osten wuchs an dem von den beiden Straßenzügen Bäckerstraße und Sonnenfelsgasse gebildeten angerförmigen Platz (heute verbaut) ein neuer Siedlungsteil empor.

Das 12. Jh. war dann die Epoche, in der sich der Aufstieg der hiesigen Siedlung zur Stadt vollzog. Ohne hier auf alle Gründe, die zu dieser Entwicklung beitrugen, eingehen zu können, seien doch einige von ihnen angeführt: Eine große Rolle spielte dafür zunächst die allmähliche Normalisierung des Verhältnisses zu den Ungarn und der damit verbundene, ja dadurch nicht zuletzt erst ermöglichte wirtschaftliche Aufschwung unseres Gebietes. Dazu kommt, daß es gerade das 12. Jh. ist, das im gesamten europäischen Raum durch das mächtige Aufkommen des Städtewesens gekennzeichnet ist. Vor allem aber kommt doch auch dem herrschaftlichen Faktor in der geschichtlichen Entwicklung des Wiener Bereichs eine ganz wesentliche Bedeutung zu. Noch in der ersten Hälfte des 12. Jh. treten die schon seit dem 10. Jh. als Markgrafen von Österreich wirkenden Babenberger in Kontakt mit der hier gelegenen Burgsiedlung. Dabei setzen sie sich zunächst mit den Ansprüchen des zuständigen Diözesanbischofs, des Bischofs von Passau, auseinander und treffen mit diesem eine in topographischer Hinsicht höchst interessante Regelung. Der Passauer hatte in den dreißiger und vierziger Jahren des 12. Jh. mit der Errichtung einer neuen Pfarrkirche in Wien begonnen. Der erste Bau von St. Stephan wurde dabei — wie es den Gegebenheiten am Platz entsprach — genau in den von der Osthälfte des alten Römerlagers und der Angersiedlung zwischen Bäckerstraße und Sonnenfelsgasse gebildeten Winkel errichtet und kam damit im Herzen der damals besiedelten Gebiete zu stehen. Der babenbergische Landesfürst war daher zum Zeitpunkt der Verlegung seiner Residenz nach Wien zu Anfang der fünfziger Jahre des 12. Jh. hinsichtlich seiner städtebaulichen Aktivitäten auf den westlich der bisherigen Siedlung gelegenen Teil der heutigen Innenstadt gewiesen. Er errichtete seine Pfalz innerhalb des alten Legionslagers auf dem Platz Am Hof, während er mit der Gründung seines Hausklosters, des Schottenklosters, über dieses in der Antike besiedelte Gebiet hinausging und damit jenseits des vom Ottakringer Bach durchflossenen Tiefen Grabens einen ebensolchen städtebaulichen Akzent im Westen setzte, wie er im Osten schon seit der Mitte des 11. Jh. gegeben war. Im Verlauf der zweiten Hälfte des 12. Jh. war es dann die immer mehr an Bedeutung gewinnende Residenzfunktion von Wien, aber auch der aufstrebende Donauhandel, der die Siedlungsausdehnung begünstigte, und es entstanden damals auf dem Boden der Wiener Innenstadt eine ganze Reihe neuer Siedlungsteile.

Die Errichtung der babenbergischen Stadtmauer von Wien um 1200, deren Finanzierung nicht zuletzt durch den Anteil des Babenbergers am Lösegeld für den englischen König Richard Löwenherz ermöglicht worden war, schloß dann alle in den vergangenen Jahrzehnten neu entstandenen Siedlungszellen mit ein, legte der Stadt aber gleichzeitig für die weitere Entwicklung einen festen Gürtel an, der sich im Verlauf der weiteren Entwicklung zusehends als Hemmnis erweisen sollte.

Die Errichtung der Stadtmauer machte im Inneren der Stadt fortan den Bestand der Reste der alten Legionsmauern überflüssig, so ging man zu Beginn des 13. Jh. an deren Beseitigung. Das eindrucksvollste Ergebnis dieser Arbeiten ist bis auf den heutigen Tag der damals entstandene Straßenplatz des Grabens, der ja in seinem Namen noch an die alte Funktion des Lagergrabens von Vindobona erinnert. Bis zum Ende der Babenbergerzeit (1246) wurde der innerstädtische Ausbau zügig fortgesetzt, detaillierte Erforschungen der alten Überlieferung haben uns die damals entstandenen Besitzkomplexe der alteingesessenen Bürgerfamilien zu erkennen geholfen, weitaus deutlicher sind darüber hinaus die bereits in dieser Epoche in großer Zahl entstandenen Niederlassungen verschiedener geistlicher Orden (Deutscher Orden, Johanniter-, Minoriten-, Dominikaner-, Jakoberkloster) in den zeitgenössischen Dokumenten zu fassen.

Neben dem Aufstieg der Innenstadt zu einer voll ausgebildeten Stadt im Sinne des Mittelalters mit Stadtrecht und Stadtmauer ist es aber auch der allgemeine Siedlungsaufschwung in der Wiener Umgebung, der in diese Epoche fällt. Das 12. Jh. bringt im Verlauf der Entwicklung seit der Jahrtausendwende bis in das 19. Jh. die weitaus größte Zahl von neu genannten Siedlungen im Wiener Bereich. Obwohl deren Entstehung mitunter auch noch in das 11. Jh. zu datieren sein könnte, ist es doch der zeitliche Gleichlauf von Stadtwerdung Wiens und geradezu explodierender Zahl von Erstnennungen auf Wiener Boden im 12. Jh., der besonders auffällig und markant ist. Dabei ist es in dieser Epoche interessanterweise noch weniger der später als vorstädtisch bezeichnete Bereich (bis zum heutigen Gürtel), der hier besonders hervortritt, die Großzahl der frühen Siedlungen findet sich vielmehr

außerhalb dieses Gebietes. Im Verlauf des 13. und 14. Jh. kommt es dann erst zu einer Siedlungsverdichtung auch in den unmittelbar um die Stadtmauern gelegenen Gegenden, wobei es hier dann ganz eindeutig die im wesentlichen wirtschaftlich bedingte Ausstrahlung der Stadt ist, die maßgeblich zu diesem vorstädtischen Siedlungsaufschwung beiträgt.

Das 14. Jh. zeigt uns die spätmittelalterliche Stadt in vieler Hinsicht auf einem Höhepunkt ihrer Entwicklung. In engem Zusammenwirken mit dem — nunmehr — habsburgischen Landesfürsten werden bauliche Maßnahmen gesetzt, die das Bild der Stadt zum Teil bis auf den heutigen Tag prägen. Im besonderen Maße gilt dies vom Um- und Ausbau der Wiener Stephanskirche, der im 14. Jh. begonnen (Albertinischer Chor) und im 15. Jh. im wesentlichen abgeschlossen werden konnte. Es ist dann aber auch die Gründung der Wiener Universität durch Herzog Rudolf den Stifter im Jahre 1365, die der Stadt ein neues Gepräge verleiht. Mit der päpstlichen Erlaubnis für die Einrichtung einer theologischen Fakultät in den achtziger Jahren des 14. Jh. steigt die Bedeutung der Wiener Hohen Schule ganz entscheidend. Freilich ist es dann eine ganz andere wissenschaftliche Disziplin, die am Ende des 14. und dann vor allem im 15. Jh. zum hohen Rang der hiesigen Universität ganz entscheidend beiträgt. Die Naturwissenschaften, und hier im besonderen die Mathematik und die Länderkunde, stehen damals in Wien in Blüte. Namen wie Johannes von Gmunden, Georg von Peuerbach und Johann Müller, genannt Regiomontanus, sind in diesem Zusammenhang zu nennen. Damals kommt es auch zur Entstehung einer eigenen kartographischen Schule im Wiener Umkreis, die man nach der in Klosterneuburg entstandenen „Fridericus-Karte", einer sehr frühen Mitteleuropakarte, die ein Frater Fridericus um 1421/22 in Klosterneuburg zeichnete, als „Wien-Klosterneuburger kartographische Schule" zu bezeichnen pflegt.

Dieser Aufschwung der kartographischen Wissenschaft ist nun von ganz unmittelbarer Bedeutung auch für unsere Kenntnis von der Wiener Topographie im 15. Jh., ist doch die älteste Karte unserer Stadt, der sogenannte „Albertinische Plan" *(Tafel 1)* mit großer Wahrscheinlichkeit in einem nicht näher definierbaren

Zusammenhang mit dieser Schule entstanden. Dieser Plan vermittelt uns zum erstenmal einen unmittelbaren Eindruck von den räumlichen Verhältnissen in unserer Stadt und ist, wenngleich er auch modernen Vorstellungen von der Aussagekraft eines Plans in keiner Weise entspricht, doch als besonders wertvolles Zeugnis für die mittelalterliche Entwicklung Wiens einzustufen. Wien verfügt damit auf jeden Fall über einen der frühesten europäischen Stadtpläne überhaupt.

Weder die Genauigkeit noch die Art der Darstellung auf dem „Albertinischen Plan" kann nun unser Interesse in ausreichendem Maße befriedigen. Markant ist auf jeden Fall die Eintragung der babenbergischen Stadtmauer, deren Charakter als Ringmauer mit Zinnenkranz deutlich hervortritt. Die Darstellung der in die Mauer integrierten Türme läßt dagegen an Genauigkeit bereits sehr zu wünschen übrig. Zwar sind die Tortürme durchgehend mit ihrem Namen („kernter tor, widner tor, Schotten tor, wirder tor, Salcz turn, zwm rotten turn, Stubener tor") bezeichnet, die dazwischenliegenden Türme stimmen aber in ihrer Zahl keinesfalls mit den tatsächlichen Gegebenheiten im spätmittelalterlichen Wien überein. Auffällig und zutreffend ist dabei allerdings wieder die Massierung dieser Türme an der Donaufront, womit zum Ausdruck kommt, daß man an dieser Seite offenbar der ungünstigen Terrainverhältnisse wegen die Stadtbefestigung stärker ausbauen mußte. Die topographischen Verhältnisse der Innenstadt werden durch die Einzeichnung der wichtigsten Baulichkeiten verdeutlicht, wobei die Darstellung der kirchlichen Gebäude, der Klöster und Gotteshäuser, bei weitem überwiegt. Von den weltlichen Bauten sind neben dem unbezeichneten Passauer Hof unterhalb von Maria am Gestade nur die Hofburg („das ist dy purck") und die Universität („das ist dy hochschul") eingezeichnet. Verkehrsflächen scheinen mit einer einzigen Ausnahme („am graben") auf dem Plan überhaupt nicht auf. Das Kartendokument beschränkt sich aber nicht nur auf die Wiedergabe der Innenstadt, es nimmt darüber hinaus auch einen nicht unwesentlichen Teil der umliegenden Vorstädte auf. Auch in diesem Bereich sind es die kirchlichen Bauwerke, die das topographische Bild prägen, wobei uns diese Darstellung von ganz besonderem Wert ist, sind

doch die hier zu sehenden Kirchen durchwegs den Verwüstungen der ersten Wiener Türkenbelagerung im Herbst 1529 zum Opfer gefallen und später zum Großteil nicht mehr aufgebaut worden. Das auf dem Plan dargestellte Flußsystem — bestehend aus der Donau, dem Wienfluß und dem Alserbach (eigentlich dessen Ableitung in das Bett, das früher vom Ottakringer Bach durchflossen wurde) — macht auf uns ebenfalls einen wenig vertrauenerweckenden Eindruck, dennoch dürfte das Bild wenigstens annäherungsweise richtig sein. Gerade dieses Gewässernetz ermöglicht uns sehr wichtige Hinweise auf die zeitliche Einordnung dieses Planes. Die Einzeichnung des Alserbaches zeigt nämlich eine Situation, wie sie nach dem Jahr 1443 auf keinen Fall mehr gegeben war, wurde dieser Bach doch damals in den Stadtgraben geleitet, durchfloß also seit dieser Zeit nicht mehr den innerstädtischen Bereich. Darüber hinaus fällt aber auch das Fehlen der 1439 errichteten Donaubrücke auf dem Plan ins Auge, so daß man wohl von einer Entstehung des „Albertinischen Planes" zu Beginn der zwanziger Jahre des 15. Jh. wird ausgehen dürfen, als die kartographische Schule in Wien und Klosterneuburg ihren Höhepunkt erlebte.

Ein Detail dieses ältesten Wiener Stadtplanes läßt sich bis auf den heutigen Tag nicht mit letzter Sicherheit erklären. Es sind dies die im Bereich der Vorstädte eingetragenen einfachen und doppelten Linien. Die gängigen Interpretationsversuche besagen, daß es sich hier entweder um die im 15. Jh. entstandene vorstädtische Befestigungslinie oder um die Abgrenzung des Wiener Burgfrieds, des städtischen Verwaltungsbezirkes, handelt. Ob wir darin die Darstellung von Prozessionswegen erblicken dürfen, die von Vorstadtkirche zu Vorstadtkirche führten, wie es ein jüngst erschienener Erklärungsversuch vorschlägt, bedürfte dagegen wohl noch einmal einer ausführlichen Diskussion. Nun scheitert die an und für sich recht wahrscheinliche Erklärung als Darstellung des Palisadenzauns um die Vorstädte vor allem daran, daß diese baulichen Aktivitäten erst in den Jahren ab 1441 einsetzten und dann in den sechziger Jahren des 15. Jh. zu einem ersten Abschluß gebracht werden konnten.

Gerade die Errichtung dieser Vorstadtbefestigung zählt zu

den städtebaulich interessantesten Entwicklungen in Wien während des Spätmittelalters. Die sowohl in innenpolitischer als auch in außenpolitischer Hinsicht (Wiener Judenvertreibung des Jahres 1421, Hussitenkriege, Kämpfe mit Ungarn, Bürgerkrieg im Zusammenhang mit den Auseinandersetzungen zwischen den beiden Brüdern, Kaiser Friedrich III. und Erzherzog Albrecht VI.) überaus unruhige Entwicklung während des 15. Jh. ließ den Schutz der während des Spätmittelalters aufgeblühten Vorstädte rings um die Stadt als vordringliches Problem erscheinen. Vom exakten Verlauf dieses Palisadenzauns — um einen solchen handelte es sich auf weite Strecken und seine geringe Festigkeit wird angesichts immer wiederkehrender Erwähnungen, „der Sturm hätte Teile des Vorstadtzauns umgeworfen", ersichtlich — läßt sich heute kaum mehr rekonstruieren, im wesentlichen sind es einige massive Türme im Zug dieser Grenzlinie, deren Lage sich im heutigen Baubestand der Stadt mit einiger Genauigkeit bestimmen läßt (etwa der nach König Ladislaus Posthumus benannte

„Laßlaturm", Wien 4, Ecke Wiedner Hauptstraße 18, 20/Schleifmühlgasse 2).

Obwohl man im vierten Jahrzehnt des 15. Jh. auch an der babenbergischen Ringmauer einige Verbesserungen vorgenommen hatte, war der Zustand dieser Befestigungsanlagen, die nun schon durch mehr als zwei Jahrhunderte den Schutz der Stadt garantieren sollten, am Ende des Spätmittelalters im höchsten Grade unzulänglich. Die inzwischen durch die Erfindung des Schießpulvers eingetretene grundlegende Umgestaltung der Waffentechnik ließ zudem die zinnenbekrönte Mauer nur mehr als wenig wirkungsvoll gegenüber einem präsumptiven Angreifer erscheinen. Lange Jahrhunderte hindurch war es allerdings zu keiner einschneidenden militärischen Bedrohung der Stadt gekommen, vielleicht war aber schon die rasche Eroberung der Stadt durch den Ungarnkönig Matthias Corvinus im Jahre 1485 ein bedenklicher Hinweis auf den Zustand der Befestigungen.

Die Türkenbelagerung von 1529 und ihre Auswirkungen auf die Stadtentwicklung

Zu Anfang des 16. Jh. folgten eine Reihe von schwerwiegenden Rückschlägen für die städtische Entwicklung von Wien, so verlor das schon mit dem ersten Stadtrecht von 1221 verliehene Stapelrecht, das der Stadt einen ganz entscheidenden Anteil am Donauhandel gesichert hatte, immer mehr an Bedeutung. Weitaus schwerwiegender als diese wirtschaftliche Einbuße — neue Untersuchungen haben gezeigt, daß die Wiener bis in die Mitte des 16. Jh. jedenfalls weiterhin großen Anteil am Handelsgeschehen der Zeit hatten — waren aber zweifelsohne die politischen Rückschläge, die die Stadt in dieser Epoche hinnehmen mußte. Ein Versuch, die Abwesenheit des Monarchen zur Installierung einer selbständiger agierenden städtischen Regierung zu nützen, endete 1522 mit dem Wiener Neustädter Blutgericht und führte in weiterer Folge 1526 zur Erlassung der „Stadtordnung" Ferdinands I., in der gerade die politischen Rechte der Wiener Bürger eine wesentliche Beschränkung hinnehmen mußten. Im Jahr zuvor, 1525, hatte einer der verheerendsten Stadtbrände, die Wien je heimsuchten, in der Stadt gewütet. Wenige Jahre später standen dann die Türken mit einem gewaltigen Heer unter der Führung Sultan Süleymans des Prächtigen zum erstenmal vor Wien.

Die Türken waren im Sommer des Jahres 1529 in erfolgreichem Vordringen entlang der Donau über Belgrad bis nach Budapest vorgedrungen. In Wien sah man dem weiteren Vorstoß der Osmanen in größter Sorge entgegen, der Zustand der Stadtmauern, die praktisch wertlose Vorstadtbefestigung, aber auch der Mangel an wehrwilligen Verteidigern ließ die schwerste Katastrophe befürchten. Über die Notwendigkeit, die Vorstädte und da-

mit den blühenden Siedlungsgürtel, der sich während des Spätmittelalters um die Stadt gelegt hatte, zu opfern, konnte von vornherein keine Diskussion sein. Niklas Graf Salm, der Verteidiger Wiens in diesem Jahr, ließ aus militärischen Rücksichten unmittelbar vor dem Anrücken der Türken am 24. September 1529 die Vorstädte in Brand setzen. Dennoch stellten sogar die Ruinen in diesem Bereich eine große Bedrohung für die Verteidigung der Stadt dar, reichten die vorstädtischen Baulichkeiten doch bis unmittelbar an den Stadtgraben heran und boten daher den Angreifern die Möglichkeit, sich gedeckt bis an die städtischen Befestigungen heranzuarbeiten.

Es ist ein weiteres frühes Plandokument, das uns über die Ereignisse dieser Belagerung in umfassender Weise informiert. Die Aussicht auf den zu erwartenden Verkaufserfolg veranlaßte nämlich den aus Nürnberg, und damit aus einer der Kunstmetropolen der Zeit stammenden Niclas Meldeman, sich noch im Herbst 1529, nachdem die Türken ihre Belagerung nicht zuletzt der schlechten Witterung wegen vorzeitig abgebrochen hatten und die Katastrophe einer Eroberung der Stadt noch einmal von Wien hatte abgewendet werden können, in die Donaustadt zu begeben. Dort erwarb er von einem unbekannten Maler ein Gemälde, auf dem dieser vom Stephansturm aus die Ereignisse der Belagerung in einer Rundansicht festgehalten hatte. Diese Vorlage diente ihm dann zur Herausgabe eines Druckwerkes, das bereits 1530 in Nürnberg erschien *(Tafel 2)*. Besonders eindrucksvoll sind darauf die Kämpfe an der Stadtmauer, die sich 1529 ja im besonderen im Abschnitt des Kärntner Tores konzentrierten, dargestellt, während der innerstädtische Bereich in topographischer Hinsicht fast völlig unberücksichtigt bleibt. Die Ereignisse fanden ja vor und an den Stadtmauern statt, und so ist es gerade dieses Gebiet, das uns der Künstler vor Augen führt. In den Vorstädten erkennen wir nicht nur die verschiedenen Stellungen der Türken, auch das Ausmaß der hier von Freund und Feind angerichteten Verwüstungen wird deutlich. Der Meldeman'sche Plan, eine Rundansicht der Ereignisse ohne den Charakter einer Grundrißdarstellung, ist damit auch eines der wichtigsten Zeugnisse für die Situation der Vorstädte und auch der schon erwähnten, im 15. Jh. entstandenen Vorstadtbefestigungen. Deutlich erkennen wir auf der Ansicht, daß die vorstädtische Befestigungslinie in manchen Abschnitten (etwa zwischen Stubentor und Donau oder vor dem Schottentor) durch eine regelrechte Mauer ersetzt worden war, dennoch stellte sie für den türkischen Angreifer kein Hindernis dar, vielmehr wurden Teile dieser Fortifikationen nach ihrer Eroberung durch die Türken von diesen sogar zu Angriffspositionen ausgebaut. Besonders deutlich wird dies etwa daran, daß man — wie wir wissen — den massiven Laßlaturm auf der Wieden dazu verwendete, von ihm aus den Abschnitt der Stadtmauer im Bereich des Kärntner Tores nachhaltig unter Beschuß zu nehmen.

Die im letzten doch irgendwie wunderbar anmutende Errettung Wiens vor den Türken im Jahre 1529 war nicht nur für die Vorstädte ein ganz entscheidender Einschnitt in siedlungsgeschichtlicher Hinsicht, sie war zugleich auch das Ende des Bestandes der alten Babenbergermauer. Zu deutlich war die Erkenntnis geworden, daß die veraltete Ringmauer den Erfordernissen einer Verteidigung gegenüber einem mit modernen Waffen (Artillerie, Minen) angreifenden Feind keinesfalls mehr genügen konnte. Zwar hatte man schon seit den Anfängen der Regierung Ferdinands I. — und damit noch vor der Türkenbelagerung — Pläne gehabt, die Stadt Wien mit einem neuen Befestigungsring „nach italienischer Manier" (d. h. mit dem Einbau von Basteien) zu ummauern, nun erst aber war die Notwendigkeit solch eines Bauvorhabens, das ja mit ungeheuren finanziellen Aufwendungen verbunden war, so vordringlich, daß man sich auch zu seiner Realisierung entschloß.

Schon im Herbst 1529 hatte man provisorisch einige Bollwer-
ke errichtet, 1530 plante man neun solcher Anlagen, von denen 1531 auf die Nachrichten von einem neuen Feldzug der Türken hin vier errichtet wurden. Auf diese neuartigen Baumaßnahmen geht auch ein interessantes Plandokument *(Tafel 3)* zurück, das sich in den Beständen des Wiener Stadt- und Landesarchivs erhalten hat. Es zeigt uns in einer Art von Vogelschau den Verlauf der Wiener Stadtmauer im Abschnitt von der Burg- bis zur Predigerbastei (Bereich des heutigen Heldenplatzes bis zur Dominikanerbastei) und läßt sich mit einiger Wahrscheinlichkeit in das Jahr 1547 datieren. Den Anfang der Ausbauarbeiten machte man also im südlichen Abschnitt der Stadtmauer, wobei sowohl die Überlegung, daß sich hier der Angriff der Türken konzentriert hatte, als auch der Schutz der Hofburg eine Rolle spielen mochten. In einer weiteren Bauphase ab der Mitte der dreißiger Jahre begann man mit dem wehrhaften Ausbau der Basteien, die nun durchwegs eine massive Mauerverkleidung (zuerst Erdböschungen) erhielten.

Noch in der Mitte der vierziger Jahre war es um den Ausbau der neuen Wiener Stadtmauer nicht zum besten bestellt, lieferten doch damals innerhalb eines einzigen Jahres sowohl Augustin Hirschvogel als auch dessen Gehilfe, der als Steinmetz und Baumeister an der Befestigung mitwirkende Bonifaz Wolmuet Stadtpläne der Innenstadt, deren eigentlicher Zweck darin bestand, neue Vorschläge zum Ausbau der Fortifikationen zu unterbreiten *(Tafel 5)*. Der Arbeit von Hirschvogel kommt dabei sowohl in zeitlicher Hinsicht als auch im Hinblick auf die technische Präzision zwar der Vorrang zu, die Arbeit von Wolmuet zeichnet sich dagegen aber dadurch aus, daß sie nicht nur die Situation der Innenstadt, sondern auch die Stadtmauer selbst im Grundriß darstellt (bei Hirschvogel in der Vogelschau) und darüber hinaus auch Teile der umliegenden Vorstädte (diese allerdings im Aufriß) in die Darstellung miteinbezieht. Dazu kommt der bei Wolmuet weitaus größere Maßstab, der nicht nur die Darstellung der einzelnen Häuser (bei Hirschvogel Häuserblöcke) zuläßt, sondern auch eine weitgehende Beschriftung der Verkehrsflächen und zahlreicher Baulichkeiten ermöglicht. In ausreichender Genauigkeit findet sich bei Wolmuet aber auch der Verlauf der alten babenbergischen Stadtmauer eingezeichnet, die ja auf weite Strecken immer noch die eigentliche Ummauerung von Wien bildete und nur in manchen Abschnitten schon durch neue, sich durch vollkommene Geradlinigkeit auszeichnende Mauerstücke der neuen Befestigung ersetzt war. Gerade an diesen Stellen (etwa im Bereich außerhalb der Seilerstätte) bestand die alte Ringmauer damals aber noch hinter den neuen Mauern fort. Im besonderen ist es dabei auch der Abschnitt an der Donau (heute Donaukanal), der noch fast völlig von der Babenbergermauer beherrscht wird — im übrigen ein Zustand, wie er noch bis weit in das 17. Jh. Bestand haben sollte.

Haben sich die bisher behandelten Pläne in der Regel darauf beschränkt, uns auswertbare Informationen über die Befestigungen der Stadt oder auch über die Situation in den Vorstädten (Meldeman) zu liefern, so läßt uns der Wolmuet'sche Plan (in Verbindung mit dem von Hirschvogel) nun erstmals einen Blick in das Häusergefüge der Innenstadt tun. Dabei fällt dem modernen Betrachter sofort auf, daß sich die bauliche Struktur der Innenstadt in ihren wesentlichen Zügen eigentlich bis auf den heutigen Tag erhalten hat, d. h. vor allem die Gliederung des Stadtgebietes durch Straßen, Gassen und Plätze hat sich nur sehr partiell verändert. Um wenigstens auf einige dieser Veränderungen einzugehen, sei nur erwähnt, daß etwa der Graben in dieser Zeit (und noch sehr lange) in weitaus stärkerem Maße einen Platz bildete, er war sowohl im Westen als auch im Osten durch eine heute nicht mehr bestehende Häusergruppe abgegrenzt, die jetzt verschwundenen Gäßchen, das Paternostergäßchen und die Schlossergasse, verschwanden anläßlich von Regulierungsarbeiten in der zweiten Hälfte des 19. Jh.

Über diese topographischen Informationen zum Baubestand der Innenstadt, deren Häuserzahl sich im übrigen vom 16. bis zum 19. Jh. nur ganz unwesentlich veränderte, hinaus bietet der Wolmuet'sche Plan aber auch noch einen Blick in das unmittelbar vor der Stadt gelegene vorstädtische Gebiet. Dabei fällt zunächst schon einmal der rings um die Stadt durchwegs mit Wasser gefüllte Stadtgraben auf, über den man auf Brücken vor den wichtigsten Stadttoren in die Vorstädte gelangen konnte. Unmittelbar

außerhalb der Böschung zum Stadtgraben verlief ein öder, relativ schmaler Streifen, ehe dann — durchwegs von Zäunen umgrenzt — vorstädtische Wiesen- und Gartengründe begannen. Die dort befindlichen Häuser — keinesfalls nur Holz-, sondern auch Steinbauten — sind bei Wolmuet durchwegs im Aufriß dargestellt. Eindrucksvoll ist dabei etwa die Darstellung des östlichen Vorfeldes vor der Stadtmauer, wo zwischen Stadtgraben und Wienfluß ein von der Wien abgeleiteter Mühlbach floß, der durch eine ganze Reihe von Mühlen genutzt wurde. Schließlich läßt der Plan auch noch stadtnah gelegene Teile des Laufes der Donau erkennen, die damals ein regelrechtes Inselwirrwarr im Wiener Bereich ausbildete, das wir dann bereits im 17. Jh. besser zu erkennen vermögen *(vgl. Tafel 7)*.

Das 16. und 17. Jh. war in städtebaulicher Hinsicht in Wien ganz eindeutig durch den Ausbau der Befestigungsanlagen gekennzeichnet, der ja erst mit der Errichtung der Donaufront in den sechziger Jahren des 17. Jh. seinen Abschluß fand. Im gleichen Zeitraum kam es auch — gegen den zähen Widerstand der von diesen Anordnungen Betroffenen — zur Entstehung eines breiten unverbauten und mit Bauverbot belegten Gürtels rings um die Stadt, der für eine erfolgreiche Verteidigung eine unabdingbare Voraussetzung darstellte. Der Ausbildung des Glacis' wurden vor allem von den Besitzern der in diesem Bereich gelegenen Gärten und Häuser ganz entschiedener Widerstand entgegengebracht, und es bedurfte einer Unzahl von landesfürstlichen Mandaten, ehe der Abbruch all dieser Baulichkeiten — im übrigen auch erst in den Jahren nach 1660 — endgültig durchgesetzt werden konnte.

Die bauliche Entwicklung der Stadt stand somit in diesem Zeitraum eindeutig unter dem Zeichen der Errichtung der Stadtmauern. Freilich kam es auch im Inneren der Stadt zu einer Reihe von nicht unwesentlichen Veränderungen. Zunächst war es schon das Schicksal der in den Vostädten gelegenen geistlichen Niederlassungen, die 1529 zerstört worden waren, das zu baulichen Konsequenzen führte. Dabei kam es teilweise zum völligen Abbruch der ehemaligen Baulichkeiten, wie wir das etwa bei dem schon im 12. Jh. entstandenen Zisterzienserinnenkloster St. Niklas vor dem Stubentor (Wien 3, etwa Bereich Salmgasse — Rasumofskygasse) sehen, dessen Steine bei den Abbrucharbeiten von 1538 zum Bau der Predigerbastei verwendet wurden. Vielfach führte die Zerstörung durch die Türken aber auch zur Verlegung des Klosters in die Innenstadt, wie wir das etwa von St. Maria Magdalena vor dem Schottentor (Wien 9, etwa Bereich Währinger Straße — Hörlgasse — Kolingasse) wissen, dessen Konvent 1533 dem Chorfrauenkloster St. Laurenz (ehemals Wien 1, Fleischmarkt 19, Postgasse 17, Laurenzerberg 2) eingegliedert wurde.

Viel grundlegender waren freilich die baulichen Veränderungen, sofern sie die Struktur der Vorstädte selbst betrafen. Die Schutzmaßnahmen der Verteidiger und das Wüten der Türken hatten 1529 in diesem Bereich ein Trümmerfeld zurückgelassen, und erst nach und nach setzte hier wieder ein zögernder Wiederaufbau ein. Besonders deutlich wird dieser mühsame Wiederbeginn nicht zuletzt auch daran, daß es mehrfach zu einer Verdrängung älterer Ortsnamen durch neue Bezeichnungen kam. Vor allem war es hier das unmittelbar um die Stadt gelegene Gebiet, das von solchen Namensänderungen, die einen überaus deutlichen Einschnitt in der Siedlungsentwicklung eines Bereiches markieren, betroffen war. So verschwand damals im östlichen Vorfeld der Stadt nicht nur weitgehend die mittelalterliche Ansiedlung der Scheffstraße (etwa zwischen Stubentor, Donau und Wienfluß), sondern auch der jenseits des Wienflusses gelegene Ort „Alttunaw" (Altdonau), wo sich in der Folge das Weißgerberviertel zu entwickeln begann. Ähnliche Erscheinungen treffen wir auch auf der gegenüberliegenden Seite der Stadt an, wo die Namen spätmittelalterlicher Vorstadtbereiche, wie etwa „Unter den Fischern, Unter den Lederern" vollkommen verschwanden. Noch viel markanter ist die mit der Türkenbelagerung von 1529 verbundene Zäsur in der Besiedlungsgeschichte des Wiener Raumes freilich daran zu erkennen, daß mit diesem Ereignis auch ein starkes Ansteigen der Zahl von Wüstungen, d. h. von später nicht mehr wiederaufgebauten Orten, verbunden war. Wie sich die Ausstrahlung des städtischen Wirtschaftszentrums offenbar doch sehr intensiv im vorstädtischen Bereich auswirkte, wird nicht zu-

letzt daran ersichtlich, daß es in der näheren Umgebung von Wien zwar mehrfach zu Namensänderungen, aber kaum zu echten Wüstungen im Gefolge des Türkenjahres 1529 gekommen ist. Dieses radikale Abkommen von Siedlungen war eher auf das weitere Umfeld der Stadt, etwa den Bereich der späteren Vororte beschränkt.

In geistesgeschichtlicher Hinsicht ist die Epoche des 16. und 17. Jh. durch das Aufkommen von Reformation und Gegenreformation geprägt. Diese Glaubensgegensätze zeigten bereits in den Jahren vor der ersten Türkenbelagerung Wiens Wirkung in der Stadt, und besonders um die Mitte des Jh. konnten sich die Protestanten in Wien recht erfolgreich in Szene setzen. Vor allem ab der Regentschaft Kaiser Rudolfs II. leitete man dann recht schlagartig intensivere gegenreformatorische Bemühungen ein, die in Maßnahmen wie der Berufung der Jesuiten in die Stadt schon um die Mitte des Jh. erste Höhepunkte zu verzeichnen gehabt hatten. In der historischen Betrachtung dieser Ära hat sich ein Schlagwort als besonders geeignet erwiesen, die damals vor allem vom Hof ausgehenden Aktivitäten kurz und bündig zu beschreiben, nämlich das der „Klosteroffensive". Es ging dabei darum, daß in relativ kurzer Zeit eine ganze Reihe neuer Klöster in Wien begründet wurde, deren vornehmste Aufgabe nicht zuletzt darin bestand, zu einer erfolgreichen Rekatholisierung der Stadt beizutragen. Dabei war es vor allem der vorstädtische Bereich (wo eben noch genügend Platz vorhanden war), in dem diese Maßnahmen besonders zum Tragen kamen. Zu Anfang des 17. Jh. entstanden nach und nach die Häuser der Barmherzigen Brüder im Unteren Werd (der späteren Leopoldstadt), für die Kapuziner kam es nach der Erwerbung eines größeren innerstädtischen Grundkomplexes zur Errichtung ihres Hauses am Neuen Markt, den Barnabiten wurde die Michaelerkirche übertragen, die Schwarzspanier siedelten sich in der Alservorstadt an. Dabei konnten von diesen neuen Orden mitunter recht starke Impulse zur Belebung der vorstädtischen Siedlungstätigkeit ausgehen, wenn wir uns etwa vor Augen halten, daß der Friedhof der Barnabiten auf dem alten Vorstadtgrund Im Schöff mit der dortigen Kapelle und ihrem Marienbild zur Keimzelle der Vorstadt Mariahilf werden sollte.

In diese Epoche der Siedlungsentwicklung führt uns auch die wohl bekannteste und am meisten verbreitete Ansicht unserer Stadt aus der Vogelperspektive. Der Niederländer Jacob Hoefnagel legte im Jahre 1609 einen meisterhaft gelungenen Kupferstich im Auftrag des Kaisers vor, der einen Blick auf die Stadt und die unmittelbar angrenzenden vorstädtischen Bereiche im Norden, also von der Donau her gesehen, zeigt. Nicht nur die hohe Qualität dieser Arbeit, sondern sicher auch die im Verlauf des 17. Jh. nur minimalen Veränderungen des Stadtbildes führten dazu, daß die Ansicht im Verlauf der nächsten Jahrzehnte eine ganze Reihe von Nachstichen und Neuauflagen erlebte *(Tafel 6)*.

Der Künstler vermittelt uns mit dieser Ansicht einen ungemein lebendigen Eindruck vom Aussehen der Stadt Wien vor mehr als 350 Jahren. Ins Auge springt dabei zunächst einmal die bereits in weiten Teilen rings um die Stadt fertiggestellte Neuanlage der Befestigung. Wien präsentiert sich damals im Kranz seiner Basteien, von denen die Ost-, Süd- und Westflanke der Stadt geschützt wird. Auffällig ist dagegen der Zustand der Fortifikationen im Nordabschnitt, also an der Donaufront. Hier sind im Abschnitt zwischen der Biber- und der Neutorbastion, d. h. von der nordöstlichen bis zur nordwestlichen Ecke der Stadtmauer, immer noch die Stadttürme der mittelalterlichen Befestigung Wiens mit der dazwischenliegenden, aus der Babenbergerzeit stammenden Zinnenmauer zu erkennen. Nur im Bereich des Roten Turms ist außerhalb der Stadt vor diesem wichtigen Nordtor in die Stadt ein etwas vorgeschobenes Bollwerk zu sehen. Der Abfall des Geländes zur Donau hin ist teilweise von einer massiven Ufermauer, teilweise auch nur von einer Reihe von in den Boden gerammten Palisaden begrenzt. Im Nordosten der Stadt stellt ein Damm (oder eine Brücke?) die Verbindung zwischen dem Gelände vor der Nordfront der Stadtbefestigung und der zwischen Stadtgraben und Mühlbach bzw. Wienfluß gelegenen Gegend her, im Nordwesten ist es eindeutig eine Brücke, die dort über den Stadtgraben führt. Wien ist damit nicht nur von einer modernen Befestigungsanlage, sondern auch von einem ringsum verlaufenden Wassergraben geschützt. Was auf diesem Bild dagegen fehlt, ist eine erst etwas später im Verlauf des 17. Jh. eingetretene Neuerung

im Befestigungswesen der Reichshaupt- und Residenzstadt, nämlich die sogenannten Ravelins. Dabei handelt es sich um Vorwerke, die — schanzenartig ausgeführt — zwischen den einzelnen Basteien im Stadtgraben errichtet wurden und zum Schutz der zwischen den Basteien gelegenen Teile der Stadtmauer dienten. Waren die Basteien schon von Anfang in derart bemessenen Abständen voneinander errichtet worden, daß die auf ihnen eingesetzten Schußwaffen den zwischen ihnen gelegenen Bereich vor der Mauer zur Gänze bestreichen konnten, so ergab sich mit diesen Ravelins eine ganz entscheidende weitere Verbesserung. Auf ihnen konnten im Angriffsfall nämlich Vorposten der Verteidigung eingerichtet werden, die den Feind schon vor dem eigentlichen Stadtwall zu bekämpfen vermochten.

Doch zurück zum Bild der Stadt im frühen 17. Jh.! Das innerstädtische Bild ist nun im Gegensatz zu dem etwa 200 Jahre älteren „Albertinischen Plan" *(Tafel 1)* nicht mehr bloß durch die wichtigsten, im wesentlichen kirchlichen Gebäude gekennzeichnet, nunmehr haben wir eine Gesamtaufnahme der Stadt in dem Sinn vor uns, daß uns nun jedes einzelne Haus erkennbar wird. Auffällig sind dabei zunächst die Höhenverhältnisse der Gebäude in der Stadt. Nicht nur für den modernen Betrachter, auch für den Zeitgenossen wurde das Stadtbild durch den weit über alle anderen Baulichkeiten in die Höhe ragenden Dom und Turm von St. Stephan geprägt. Der schon im Spätmittelalter fertiggestellte Südturm bildete dabei — wie auch heute — das markante Wahrzeichen der Innenstadt, nachdem man die Arbeiten am Ausbau des Nordturms schon im Jahre 1511 eingestellt hatte. Seit 1469 war St. Stephan ja schon Sitz eines Bischofs. — Im Verhältnis zu diesem monumentalen Bauwerk nehmen sich die übrigen Gebäude der Stadt — ja selbst die Kirchen dieses Bereichs — sehr klein aus. Im 17. Jh. hatte sich also schon in dieser Hinsicht, der baulichen Dominanz der Hauptkirche der Stadt über alle sonstigen Baulichkeiten, das mittelalterliche Gepräge des Stadtbildes noch weitgehend erhalten. Diese Prägung des städtischen Antlitzes wird aber auch bei einer eingehenderen Betrachtung der abgebildeten Häuser deutlich. Dabei fällt zunächst schon die Schmalheit der Häuser auf, die in den Abmessungen der mittelalterlichen

Grundparzellen der Wiener Innenstadt ihre Entsprechung findet. Dazu kommt noch, daß die Häuser durchwegs mit der Giebelseite zur Straße stehen, womit der spätmittelalterliche Eindruck des Stadtbildes noch stärker hervortritt. Auffällig ist nicht zuletzt die Beengtheit der räumlichen Verhältnisse innerhalb der Stadtmauern, wo sich ja keinerlei Möglichkeit für einen Siedlungsausbau mehr ergab, so daß man in der Folge auf die einzige Möglichkeit des Gewinnens von neuem Wohnraum verfiel, indem die Häuser aufgestockt wurden.

Neben dem Bild der Häuserzeilen ist es aber auch die genaue Ansicht der innerstädtischen Kirchen und Klöster, die uns diese Vogelschau so wertvoll macht, befinden sich darunter doch nicht wenige, die entweder heute überhaupt nicht mehr oder nur in weitgehend baulich veränderter Form existieren. Um hier nur einige wenige Beispiele zu nennen, sei auf das der Josephinischen Klosterreform zum Opfer gefallene Jakoberkloster (ehemals im Bereich Riemergasse, Zedlitzgasse, Stubenbastei, An der Hülben, Jakobergasse) oder die Kirche des Wiener Bürgerspitals (südlich des Platzendes des Neuen Marktes) hingewiesen. Außerordentlich interessant ist auch die Darstellung der alten, romanischen Peterskirche, kennen wir doch heute dieses Gotteshaus nur mehr in der Form eines Umbaus an der Wende vom 17. zum 18. Jh. Eines der markantesten Wiener Gebäude mit seiner Freitreppe war daneben, um auch eines der weltlichen Gebäude eigens hervorzuheben, der Bau der Wiener Schranne an der Ecke Hoher Markt/Tuchlauben, wo der Sitz der städtischen Gerichtsbarkeit war. Die Hofburg ist damals im wesentlichen noch auf den Bereich des Schweizertraktes beschränkt, der uns mit seiner markanten Viertürmigkeit auch von anderen Abbildungen seit dem 15. Jh. her vertraut ist. In Richtung zum Michaelerplatz hin war der Bereich der landesfürstlichen Burg damals noch durch eine spitzgiebelige Häuserzeile abgetrennt. Am unteren Rand des Blattes ermöglicht uns der Künstler auch einen Einblick in die am Fluß gelegene, bereits dicht besiedelte Gegend des Unteren Werds, wo dann ab 1625 eine eigene Wiener Judenstadt begründet wurde. Diese wurde 1669 wieder aufgelöst, und nach der Übernahme dieses Gebietes in städtische Verwaltung erfolgte die

Neubenennung als „Leopoldstadt" (nach dem Patron des Landes und zugleich Namenspatron Kaiser Leopolds I.).

Das Blatt läßt uns freilich nicht nur in die an der Donau gelegenen vorstädtischen Bereiche schauen, recht gut zu erkennen ist auch die unmittelbar außerhalb des Stadtgrabens gelegene Zone. Deutlich wird dabei die Ähnlichkeit der Verhältnisse mit den Gegebenheiten, wie sie uns auf dem Plan des Bonifaz Wolmuet *(Tafel 5)* entgegengetreten waren, d. h. wir finden auch noch im Jahre 1609 unweit von der Böschung zum Stadtgraben hinunter ein recht dicht besiedeltes Gebiet, in dem sich inmitten prächtiger kleiner Gärten eine große Zahl von Vorstadthäusern befinden. Um diese Vorstadthäuser, die beliebte Sommeraufenthalte der Wiener Bürger waren, ging es ja, als die Anlage des Glacis' auf derart heftigen Widerstand stieß, daß sie erst in den Jahren nach 1660 endgültig in die Tat umgesetzt werden konnte.

Leider nur mehr am Rand des Bildes und wohl auch nicht im unmittelbaren Interesse des Künstlers gelegen findet sich dann noch die Darstellung der eigentlichen Vorstädte, wobei deren enge Verbindung mit den von alters her wichtigen Ausfallsstraßen deutlich wird. Um auch hier einige Objekte besonders herauszuheben, sei auf die Eintragung des Schlosses Hernals hingewiesen, das gerade im 16. und 17. Jh. unter den Freiherren von Jörger ab 1587 zum Hauptsitz der Protestanten in der Wiener Umgebung wurde und möglicherweise gerade diesem Umstand seine Aufnahme in das Bildwerk des Jacob Hoefnagel verdankt. In demselben westlichen bis nordwestlichen Vorfeld der Stadt ist auch ein im großen Rechteck abgegrenztes, in der Mitte noch unterteiltes Areal zu sehen, daß etwa im Bereich des Allgemeinen Krankenhauses gelegen war. Dabei handelte es sich um den später als „Mariazeller Gottesacker" bezeichneten kaiserlichen Friedhof vor dem Schottentor, der 1570 unter Maximilian II. entstanden war und als einer der ersten Versuche gelten darf, das Begräbniswesen in Wien aus der Stadt selbst zu verbannen. Schon im frühen 16. Jh. hatte man mit solchen Maßnahmen begonnen, indem 1510 befohlen wurde, den Friedhof bei St. Michael aufzulassen. Die Vornahme von Begräbnissen inmitten des Stadtgebietes zählte neben den noch völlig unzulänglich geregelten Bereichen der Wasserversorgung, der Kanalisation, der Müllbeseitigung und der Straßenreinigung zu den ärgsten gesundheitlichen Mißständen in der Reichshauptstadt. Zwar wurden in diesen Jahrhunderten schon Maßnahmen gesetzt, die diesen Übelständen abhelfen sollten, was man tat, blieb aber zumeist Stückwerk und kam vor allem nur den allerwenigsten zugute. Mehrfache schwere Pestepidemien in der Stadt waren die Folge, die wohl bekannteste dieser Seuchen, die des Jahres 1679, ist für die Wiener mit der Figur des „Lieben Augustin" verbunden.

All diese zuletzt erwähnten Maßnahmen, die gerade für Städte mit ihrer dichtgedrängten Bauweise von so entscheidender Bedeutung sind, faßt man heute unter dem modernen Schlagwort der „Infrastruktur" zusammen. Dazu zählen nun in diesen frühen Jahrhunderten neben den bereits erwähnten Aktivitäten auch noch die im Zusammenhang mit der Lebensmittelversorgung der Stadt erforderlichen Vorkehrungen. Gerade dieser Bereich ist bis zum Einsetzen der raschen Zunahme der Bevölkerungszahlen im 18. und vor allem dann im 19. Jh. in Wien in den seit dem Mittelalter gewohnten Bahnen des Marktwesens verlaufen. In der Stadt dienten seit Menschengedenken die bedeutenderen Gassen, Straßen und Plätze zur Abwicklung dieses Marktlebens, das zum Kolorit des städtischen Lebens einen ganz wesentlichen Beitrag leistete.

Völlig unzureichend waren die Aktivitäten, die auf eine Verbesserung der Wasserversorgung in Wien gerichtet waren. Dabei wäre es damals sicher noch weniger um quantitative als vielmehr um eine qualitative Verbesserung gegangen. Die in der Mitte des 16. Jh. in Betrieb genommene Hernalser Wasserleitung, die in einem Brunnen auf dem Hohen Markt endete, diente in erster Linie für die Bekämpfung von in der Stadt ausbrechenden Bränden, die in derselben Zeit eröffnete kaiserliche Hofwasserleitung vom Siebenbrunnenfeld zur Hofburg versorgte nur den Hof und einige weitere Adelshäuser mit frischem Quellenwasser.

Die Kanalisation des städtischen Bereichs wurde zwar schon im Spätmittelalter begonnen, doch dominierten bis ins 18. Jh. bei weitem die Senkgruben bei den einzelnen Häusern. Die Müllbeseitigung verlief in der Regel so, daß man die Abfälle entweder in den nächsten Bach oder ganz einfach auf die Straße leerte. Innerhalb der Stadt bestand seit dem Spätmittelalter neben dem ebenfalls für die Abfallbeseitigung verwendeten Bach im Tiefen Graben (ursprünglich der Ottakringer, dann der Stadtarm des Alserbaches) ein Gerinne, das man als „Mörung" bezeichnete und vom Graben im Bereich der Pestsäule, dann parallel zur Rotenturmstraße und an diesem Stadttor vorbei in die Donau floß. Im August 1616 wurde über den Hohen Markt eine weitere „Mörung" neu gegraben, die dann beim Lichtensteg in das ältere Gerinne mündete. Damit versuchte man, die Abfallbeseitigung auf diesem zentralen Marktplatz in der Innenstadt, wo vor allem die Fleischbänke, aber auch der Fischhandel untergebracht waren, einigermaßen in den Griff zu bekommen. Erst in der Mitte des Jh. entschloß man sich dann, das gesamte System der Abfallbeseitigung neu zu organisieren, wobei man von der Verpflichtung des einzelnen Bürgers, die bei ihm anfallenden Abfälle selbst aus der Stadt zu schaffen, abging und die Institution des „Mistbauers" begründete.

Zum Bereich der infrastrukturellen Maßnahmen in der Stadt und ihrer Umgebung zählten aber nicht nur die bisher erwähnten Aktivitäten, eine große Bedeutung kam bei dem Wasserreichtum des Wiener Raumes von allem Anfang auch regulierenden Maßnahmen an den einzelnen Flußläufen zu. Schon im Hochmittelalter wurde etwa eine Abzweigung des Alserbaches angelegt, die man dazu nützte, einen Stadtarm dieses Wasserlaufes zu erzeugen, der im Bereich des Schottentores das Stadtgebiet erreichte, die Herrengasse durchfloß, um schließlich an der Ecke zur Strauchgasse in das Bett des Ottakringer Baches (der damals zum Wienfluß abgeleitet wurde) zu münden. Später wurden sowohl der Ottakringer als auch der erwähnte Arm des Alserbaches zur Bewässerung des Stadtgrabens herangezogen, die Innenstadt wurde fortan nicht mehr von ihnen durchflossen. Außerhalb der Stadtmauern waren es vor allem der Wienfluß und das weitverzweigte, von unzähligen Inseln geprägte Netz von Donauarmen, das die hiesige Flußlandschaft prägte. Dabei stellte die Donau von alters her eine wesentliche Schlagader für das Wiener Wirtschaftsleben dar. Schon in der zweiten Hälfte des 12. Jh. war die Handelstätigkeit über diesen Fluß mächtig emporgekommen, dies war die Epoche gewesen, da die oberdeutschen Kaufleute (Augsburger, Ulmer, Regensburger, Nürnberger, Passauer) sich mit großem Geschick und entsprechendem Erfolg in die Geschäftsabwicklung des Handels mit dem Osten einzuschalten verstanden. Der Anteil der Wiener an diesem Handelsstrom war zunächst gering, konnte dann erst durch legislative Maßnahmen von seiten des babenbergischen Landesfürsten gesichert werden. Mit dem 1221 an Wien verliehenen Stapelrecht wurden die oberdeutschen Kaufleute dazu angehalten, bei ihren Handelsgeschäften mit Ungarn ihre Waren nicht einfach an Wien vorbeizuführen, sondern sie hier in der Stadt zu „stapeln", d. h. für einige Tage zum Verkauf anzubieten. Die Folge dieser Vorschrift war die Ermöglichung des Zwischenhandels für die Wiener, und durch einige Jahrhunderte stellte dieses Stapelrecht eine ganz wesentliche Basis des Wirtschaftslebens unserer Stadt dar.

Voraussetzung für eine gedeihliche Entwicklung dieses Handels auf der Donau war freilich nicht zuletzt die Schiffbarkeit des Flusses und die Obsorge darüber, daß der an der Stadt vorbeiführende Arm des Flusses in entsprechendem Zustand erhalten wurde, d. h. man hatte einen beständigen Kampf gegen die immer wieder drohende Versandung des stadtnahen Donauarms zu führen. Bereits um die Jahrhundertwende vom 16. zum 17. Jh. wissen wir von solchen Arbeiten oberhalb der Stadt, ohne daß es freilich damals schon zu einem regelrechten Durchstich und damit zum „Donaukanal" gekommen wäre. Vielmehr stellte die heute vollkommen zusammenhängende Brigittenauer-Leopoldstädter Strominsel noch lange Zeit ein überaus kompliziert zusammengesetztes Gebilde verschiedenartiger Inselteile dar. So war etwa der Untere Werd, wo man im 17. Jh. die Juden ansiedelte und später wieder vertrieb, der Bereich also, der seit 1670/71 den Namen „Leopoldstadt" führte, noch lange Zeit eine regelrechte Insel, wobei der ihn im Osten abgrenzende Wasserlauf, der sogenannte „Fugbach" erst in den siebziger Jahren des 18. Jh. nach und nach zugeschüttet wurde.

Aber nicht nur im oberhalb von der Stadt gelegenen Abschnitt der Donau war die Situation in diesen frühen Jahrhunderten eine überaus zerklüftete und komplizierte, dies war auch unterhalb von Wien im Gebiet des Praters und gegen Erdberg zu der Fall. Dort war schon in der ersten Hälfte des 16. Jh. mit dem sogenannten Kalten Gang der Vorläufer der heutigen Hauptallee entstanden, ursprünglich ein zusammenhängender Straßenzug, an dessen Ende der Vorgänger des heutigen Lusthauses errichtet wurde. Wie sehr die Donau in diesem Bereich aufgrund der ihr innewohnenden Kraft noch zu Veränderungen des Landschaftsbildes führen konnte, erkennen wir um die Mitte des 17. Jh., als plötzlich ein Donauarm mächtig gegen diesen Bereich hin vordrängte und die Verbindung zum Lusthaus in beträchtlichem Umfang unterbrach. Dies war die „Geburt" des Heustadelwassers, eines Donauarms, der dann zu Anfang des 18. Jh. gegen Erdberg durchbrach und sich dort mit dem Wiener Arm der Donau vereinigte. In dieser Zeit war freilich die Wasserbaukunst bereits so weit entwickelt, daß man den Lauf der Donau um 1716/26 hier korrigieren konnte.

All diese Erkenntnisse verdanken wir nicht zuletzt der Auswertung von historischen Karten, unter denen vor allem einem frühen Befestigungsprojekt des gegenüber der Stadt liegenden Unteren Werds aus dem Jahre 1663 besondere Bedeutung zukommt *(Tafel 7)*. Der historische Zusammenhang, in den die Entstehung dieses Kartenblattes einzuordnen ist, ist freilich ein anderer als der einer geplanten Donauregulierung: In den frühen sechziger Jahren des 17. Jh. stieg die im großen und ganzen seit dem Jahre 1529 latent vorhandene Bedrohung durch die Expansionsbestrebungen der Hohen Pforte erneut an. In Wien ging man eilig an die Fertigstellung der noch ausstehenden Arbeiten an der Stadtmauer. Die Donaufront hatte man bei den bisherigen Fortifikationsarbeiten noch nicht in das neue System des Basteiengürtels einbezogen, zum einen mochten dafür die an dieser Stelle recht dicht stehenden wehrhaften Türme der mittelalterlichen Stadtmauer sprechen, zum anderen waren es wohl nicht zuletzt auch die wegen der schwierigen Terrainverhältnisse in diesem Bereich zu erwartenden hohen Kosten, die den Baufortschritt verhinderten. Angesichts der wieder zunehmenden Türkengefahr entschloß man sich aber sehr rasch, nun auch hier mit den Umbauten zu beginnen. In den Jahren 1661—1664 entstanden die Große und die Kleine Gonzagabastion, die nach dem Stadtobristen Don Annibal de Gonzaga benannt wurden. In denselben Jahren wurden auch die Befehle zum Abbruch der rings um die Stadt außerhalb des Stadtgrabens noch immer bestehenden Baulichkeiten verschärft, so daß man in der Folge dann endgültig ein einigermaßen ausreichendes Schußfeld vor der Stadtmauer (Glacis) einrichten konnte.

In diesen Zusammenhang einer erneuten Anspannung aller Kräfte für den Schutz der Stadt in fortifikatorischer Hinsicht gehört nun auch das Projekt von Oberst Giuseppe Baron Priami aus dem Jahre 1663 *(Tafel 7)*. Die Idee, die Befestigungsanlagen Wiens auch über das eigentlich städtische Gebiet hinaus auszudehnen, war freilich nicht neu. Schon 1577 hatte man die Einbeziehung der Taborinsel in das Fortifikationssystem ins Auge gefaßt, war dann aber, nicht zuletzt aus finanziellen Erwägungen heraus, davon abgekommen. Die drohenden Nachrichten aus dem Osten (Fall der Festung Neuhäusel, 1663) ließen solche Ideen schlagartig wieder aktuell werden. Verschiedene Gründe mochten für die Ausdehnung der Fortifikationen gerade in den Flußbereich der Donau sprechen. Zum einen war diese Seite der Stadt aufgrund der auch für einen Angreifer nicht sehr günstigen Terrainverhältnisse eher mit einfachen Mitteln zu halten. Verstärkte man nun die dortigen Sicherheitsvorkehrungen, dann konnten dort Voraussetzungen für eine sehr effektive Verteidigung geschaffen werden. Dazu kam sicherlich auch noch die Überlegung, daß man auf diesem Weg eine mögliche Versorgung der Stadt im Belagerungsfall noch am ehesten sichern konnte. Zweifellos war die Herbeischaffung von Lebensmitteln, Medikamenten und Waffen auf dem Wasserweg von vornherein mit größeren Erfolgsaussichten verbunden, als der Versuch, die belagerte Stadt auf dem Landweg zu versorgen. Das Projekt des aus Italien stammenden Offiziers — damit im übrigen eines der frühen Beispiele für die im späten 17. und im 18. Jh. so wichtige Militärkartographie — gab als seinen eigentlichen Zweck schon im Titel die „Versicherung der Brükhen" an. Die Donaubrücke, oder richtiger eigentlich die Donaubrücken — es handelte sich nämlich um eine ganze Reihe kleinerer und größerer Brücken, auf denen man durch das Inselgebiet der Donau an das nordseitige Ufer dieses Flusses gelangte — waren es also, denen die besondere Fürsorge der Militärs galt. Demzufolge sah der Plan auch über die Befestigung des Werds, der besonders auf dem der Stadt gegenüberliegenden Uferabschnitt bereits eine dichte Verbauung aufwies *(vgl. auch Tafel 6)*, hinaus eine Reihe von Schanzen und weiteren Festungsabschnitten im Bereich der Donaubrücken vor, wobei der letzte Teil der Fortifikationen für das Nordufer der Donau (etwa im Bereich des erst ab 1786 entstandenen Floridsdorf) geplant war. Das Priami'sche Projekt hat freilich über den unmittelbaren historischen Anlaß seiner Entstehung hinaus — zu einer Realisierung der Bauten kam es ja infolge der Waffenerfolge von Montecuccoli nicht — besondere Bedeutung insofern, als es sich dabei um einen der ältesten Pläne der Situation der Donau im Wiener Bereich überhaupt handelt. Von den Erkenntnissen, die man in topographischer Hinsicht für den dargestellten Bereich aus dem Plan gewinnen kann, war schon zuvor die Rede.

Wien um 1683

Aus dieser Zeit unmittelbar vor 1683, dem Jahr der Zweiten Wiener Türkenbelagerung, hat sich aber ein weiteres Plandokument erhalten, und zwar eine Vogelschau, die uns erstmals auch einen umfassenden Einblick in die Landschaft rings um Wien ermöglicht. Erneut ist es, wie schon zu Anfang des 17. Jh., ein Niederländer, dem wir diese Stadtansicht verdanken. Folbert van Ouden(Alten)-Allen, der Kammermaler Leopolds I., der damit dieselbe Stellung bei Hofe bekleidete wie sein Vorgänger Jacob Hoefnagel, nahm „vor der Belagerung vnd darauff erfolgten Abbruch eines Theils ihrer Vorstädt" eine Ansicht der Residenzstadt samt den sie umgebenden Vorstädten aus der Vogelperspektive auf *(Tafel 4)*. Sein Standort war dabei ein anderer als der Hoefnagels, im Unterschied zu diesem zeigt er uns sein Bild etwa von einem Standort im Bereich von Hernals/Währing aus gesehen. Hinsichtlich der Genauigkeit seiner Darstellung ist mit einem gar nicht so kleinen Maß an „künstlerischer Freiheit" zu rechnen. So zeigt er uns etwa am linken oberen Bildrand den „Kalten-Berg" (Kahlenberg, heute Leopoldsberg), und fast am Horizont hat er sogar noch das Stift Klosterneuburg eingezeichnet. Beide Örtlichkeiten wären aber für einen Betrachter, der aus der Gegend von Hernals/Währing auf die Stadt Wien blickt, unter gar keinen Umständen zu sehen. Sieht man von solchen Unzulänglichkeiten ab und stellt man in Rechnung, daß es ja kaum in der Absicht des Künstlers gelegen war, eine in allem richtige Ansicht zu bieten, sondern er vielmehr ein besonders umfassendes Bild zeigen wollte, so ist dieses Kunstwerk als überaus wertvolles Zeugnis für die frühe topographische Entwicklung unserer Stadt einzustufen.

Wenn wir uns zunächst der Darstellung der innerstädtischen Gegebenheiten zuwenden, so fällt sofort auf, daß die Stadtmauer nun vollkommen ausgebaut ist, daß jetzt auch die Donaufront durch die in den sechziger Jahren des 17. Jh. errichteten beiden Gonzagabasteien gut geschützt ist. Darüber hinaus werden auch die seit dem frühen 17. Jh. noch zusätzlich getroffenen Baumaßnahmen hinsichtlich des Schutzes der Stadt augenfällig; zwischen den einzelnen Basteien befinden sich im Stadtgraben neu errichtete Vorwerke, die sogenannten „Ravelins". Diese dienten in manchen Fällen ausschließlich dem militärischen Schutz, durften also keinerlei ziviler Verwendung zugeführt werden, bisweilen machte man aber dabei auch Ausnahmen, wenn man etwa die Situation vor dem Schottentor ins Auge faßt, wo die Verbindung zwischen dem Stadttor und der Vorstadt über den Ravelin verlief, der wieder seinerseits durch Brücken mit dem Tor und dem Glacis verbunden war. Anders war die Situation etwa beim Burgtor, wo die Brücke über den Stadtgraben direkt bis zum Glacis verlief, während der Ravelin mit diesem Verkehrsweg keinerlei Verbindung aufwies. Die kaiserliche Burg stand — wie es ja auch dem kaiserlichen Auftrag für dieses Kunstwerk entspricht — im zentralen Interesse des Künstlers, ihr erkannte er in der Reihe der von ihm mit Nummern (1—56) versehenen Baulichkeiten und sonstigen topographischen Gegebenheiten noch vor dem Stephansdom die Nummer 1 zu. Im übrigen läßt sich an dieser Residenz des Herrschers die in der Zwischenzeit eingetretene bauliche Veränderung besonders deutlich ablesen. Zu dem ehedem zentralen Schweizertrakt der Hofburg, dessen Ecktürme hier schon um einen vermindert erscheinen, ist in der zweiten Häfte des 17. Jh.

23

der nach seinem Erbauer benannte Leopoldinische Trakt getreten, mit dem die Erweiterung des Hofburgareals einen großen Fortschritt machte. Von den innerstädtischen Kirchen überragt noch immer St. Stephan bei weitem das Häusermeer. Bei den übrigen Gotteshäusern fällt hinsichtlich der Turmgestaltung die häufige Gestaltung mit Zwiebeldach auf, an der sich die in der Zwischenzeit eingetretene Barockisierung erstmals ablesen läßt. Von den Straßen und Plätzen ist infolge der Vogelperspektive des Blattes nur wenig zu erkennen, am markantesten tritt der Graben mit seinem ja noch bis ins 19. Jh. bewahrten Charakter als eindeutiger Platz hervor. Er wird in seiner Mitte von der Vorläuferin der heutigen Dreifaltigkeitssäule („Pestsäule") geziert. Leopold I. hatte im Pestjahr 1679 ein Gelübde abgelegt, demzufolge noch im selben Jahr eine von Joseph Frühwirth entworfene Säule mit neun Engelsfiguren und einer Dreifaltigkeitsgruppe als Bekrönung, die allerdings nicht aus Stein, sondern aus Holz war, aufgestellt wurde. Die Darstellung dieser Säule gibt uns im übrigen die Möglichkeit, den Zeitraum für die Entstehung der Alten-Allen'schen Ansicht auf die Jahre zwischen 1679 und 1683 (vor Anfang der Türkenbelagerung) einzuengen.

Freilich sind es nicht nur die Kirchen und Denkmäler, die auf dieser Vogelschau unsere besondere Aufmerksamkeit verdienen. Vor allem ist es auch der Wandel im Bild des Häuserbestandes der Innenstadt, der seit der Hoefnagel'schen Aufnahme eingetreten ist und unser Interesse auf sich zieht. In prägnanter Weise hat man die Unterschiede zwischen der Darstellung zu Anfang des 17. Jh. und der von Alten-Allen gegen Ende dieses Zeitraums mit der Gegenüberstellung „gotische" und „frühbarocke" Stadt definiert. Auf dem Bild von Alten-Allen ist es eben der Wandel in der Gestaltung der Häuser der Innenstadt, der auf einen wesentlichen strukturellen Wandel hinweist. Die Häuser zeigen nun vielfach eine größere Anzahl von Stockwerken, sie beginnen in die Höhe zu wachsen. Außerdem läßt sich bereits in mehreren Bereichen der Stadt (etwa am Graben, am Kohlmarkt) erkennen, daß die Häuser vielfach breiter sind als ihre spätmittelalterlichen Vorläufer und nun in steigendem Maße nicht mehr ihre Giebel, sondern ihre Längsseite der Straße zuwenden. Freilich dominiert noch in

weiten Teilen der Stadt auch bei Alten-Allen der alte Häusercharakter, so wird etwa die Abgrenzung des Grabens zum Stock-im-Eisen-Platz in bezeichnender Weise durch eine Gruppe von mit fünf spitzen Giebeln versehenen Häusern gebildet.

Was war nun der eigentliche Hintergrund für diese so markante Umgestaltung des Wiener Stadtbildes? Wollte man hier nur auf das Bevölkerungswachstum hinweisen, so träfe man zwar ohne Zweifel einen ganz wesentlichen Faktor, machte es sich aber bei der Erklärung des historischen Vorganges zu einfach. Seit der Zeit nach der Ersten Türkenbelagerung hatte sich der Residenzcharakter der Stadt in ganz besonderer Weise entwickelt und stellte trotz einer Unterbrechung unter der Regierung Kaiser Rudolfs II. einen der ganz prägnanten Wesenszüge von Wien dar. Mit diesem Faktor verbunden war ein seit dem 16. Jh. stetig zunehmender Zuzug des Adels in die Stadt, wobei auch die im Reichszentrum notwendige Konzentration von Behörden eine bedeutende Rolle spielte. Schon aufgrund dieser Entwicklung war mit einem steten Ansteigen der Raumnot in der Stadt zu rechnen. Selbstverständlich wurden Vorkehrungen getroffen, um diese Entwicklung einigermaßen steuern zu können, doch erwiesen sich diese Maßnahmen als im höchsten Grade unzulänglich. So war es vor allem das sogenannte Hofquartierwesen (1. Hofquartierbuch von 1563), mit dem man seitens des Hofes versuchte, eine Zwangseinquartierung in den Bürgerhäusern zu erreichen. Solche Verordnungen liefen freilich den städtischen Interessen diametral entgegen. Dazu kam, daß die Stadt infolge dieser Entwicklung, d. h. also der verstärkten Konzentration von Hof, Adel und Behörden innerhalb ihrer Mauern, auch große Einbußen hinsichtlich ihres Besteuerungsrechtes bei den einzelnen Häusern hinnehmen mußte. Mehr als ein Drittel aller städtischen Bauwerke war damals von den bürgerlichen Lasten befreit, das städtische Steueraufkommen demzufolge in bedrohlicher Weise reduziert. Die einzelnen Bürger wehrten sich vor allem gegen die Zwangseinquartierung auf alle nur erdenkliche Weise, sowohl für die Behörden als auch für den einzelnen war dieser Zustand eine Quelle ständigen Ärgers.

Die einzige Möglichkeit für die Verbesserung der Wohnraumnot in der Stadt, von der ja nicht nur die Behörden, sondern gerade auch die Bürgerschaft bedroht war, bestand in der konsequenten Aufstockung des vorhandenen Hausbestandes. An eine Vermehrung der Zahl der Häuser war angesichts der überaus beengten Bausituation in der Innenstadt von vornherein nicht zu denken, ja die Zahl der Häuser innerhalb der Mauern veränderte sich vom 16. bis zum 19. Jh. kaum. Das Wachsen der Stadt in die Höhe - ein Phänomen, das dem modernen Menschen heute ja im besonderen Maße vertraut ist — setzte damals ein und führte schon zu Anfang des 18. Jh. dazu, daß ein ausländischer Gast, die englische Diplomatengattin Lady Mary Worthley-Montague, darüber klagte, daß die Wiener Häuser so hoch seien und so eng beieinander stünden, daß auf die Gassen selber kaum mehr ein Sonnenstrahl fallen könne.

Schon zu Beginn der Beschäftigung mit der Alten-Allen'schen Ansicht haben wir darauf hingewiesen, daß ihr Wert nicht zuletzt auch darin besteht, daß sie uns einen Eindruck von den baulichen Verhältnissen in den Vorstädten, wie sie nach den Zerstörungen von 1529 nach und nach wieder aufgeblüht waren, vermittelt. Wenn wir bei einer etwas eingehenderen Betrachtung des Bildes mit dem Norden der Stadt beginnen (am linken Bildrand jenseits der Donau), so fällt die bereits in dieser Epoche ausgesprochen dichte Verbauung des Bereiches der Leopoldstadt auf. Die dortige Siedlung — seit der Vertreibung der Juden um 1670 in der Verfügung des städtischen Magistrats — hatte seit dem Bestand der Wiener Donaubrücke (somit seit dem 15. Jh.) an Bedeutung entschieden gewonnen, handelte es sich doch mit dieser neuen Lage an der Verbindungsstraße nach dem nordseitigen Donauufer um die Erringung einer wichtigen Brückenkopfposition. Schon in der ersten Hälfte des 17. Jh. waren in diesem Bereich die bei Alten-Allen hervorgehobenen Klöster der Barmherzigen Brüder und Karmeliter entstanden, die Pfarrkirche für diese Vorstadt verdankte ihre Entstehung der Vertreibung der Juden aus dem Unteren Werd, wobei man anstelle der jüdischen Synagoge 1670/71 die Leopoldkirche errichtete. Den mannigfaltigen Veränderungen der Donauarme in diesem Bereich war auch die allmähliche Ausweitung des kaiserlichen Lustgartens etwas außerhalb dieser Vor-

stadt, des Augartens, zu danken. Ein weiterer schon damals ziemlich dicht verbauter Vorstadtbereich befand sich dann in dem zwischen Wienfluß und Donau gebildeten Winkel vor der Nordostfront der Stadtbefestigung: das Weißgerberviertel. Die wirtschaftliche Bedeutung dieser Siedlung, die durch eine Brücke über den Wienfluß mit der Stadt verbunden war, zeigt sich nicht zuletzt darin besonders deutlich, daß die Stadt in der zweiten Hälfte des 17. Jh. energische Anstrengungen unternahm, das Weißgerberviertel in die städtische Jurisdiktion — und damit Besteuerung — einbeziehen zu können, was ihr nach der Türkenbelagerung in den frühen neunziger Jahren dann auch gelang.

Auffällig sind nun im Osten der Stadt die zwischen den einzelnen Siedlungskernen gelegenen, weit ausgedehnten unverbauten Gebiete, die — soweit erkennbar — durchwegs landwirtschaftlich genutzt wurden. Damit unterscheidet sich dieses östliche Vorfeld der Stadt ganz wesentlich von dem im Süden und im Westen gelegenen Vorstadtgürtel. So ist es vor allem der Bereich zwischen der recht deutlich ins Auge springenden Landstraße und der Vorstadt Wieden, die von der markanten Anlage der Favorita (heute Theresianum) dominiert wird, der im besonderen Maße von weit ausgedehnten Weinbergen beherrscht ist, die sich vom rechten Ufer des Wienflusses hinaus bis auf die Höhen des Wienerberges ziehen. Ab dem Bereich der Wieden beginnt dann rings um die Stadt verlaufend ein ziemlich gleichmäßig, freilich nicht übermäßig dicht bebautes Gebiet, das durch die Gruppierung seiner Häuserzeilen um die wichtigen Ausfallsstraßen hervorsticht. Auch hier seien einige der Baulichkeiten und topographischen Besonderheiten eigens hervorgehoben, handelt es sich doch gerade dabei um ein Gebiet, das bei der Türkenbelagerung des Jahres 1683 von neuem schwerstens verwüstet wurde und sein Aussehen während des Wiederaufbaus im Verlauf des 18. Jh. doch entscheidend geändert hat. Gerade im Bereich der Vorstadt Wieden fällt etwa unterhalb von der Steinernen Brücke, über die die Verbindung zwischen der Stadt (Kärntner Tor) und der Wieden verlief, auf dem rechten Wienflußufer der sogenannte „Spitall Gotts-Acker" auf, der sich sowohl seiner Bezeichnung als auch seiner Lage nach eindeutig als der seit dem 14. Jh. nachweisbare

Kolomanfreithof in unmittelbarer Nachbarschaft des 1529 zerstörten Wiener Bürgerspitals zu erkennen gibt. Damit läßt sich dieser Friedhof, den man besonders in Zeiten von Pestepidemien verwendete, noch am Vorabend der Zweiten Türkenbelagerung als bestehend nachweisen. Der Wienfluß präsentiert sich noch in völlig unregulierter, wild fließender Form, wobei auch der gegenüber von dem erwähnten Gottesacker vom linken Flußufer abzweigende Mühlbach, den wir ja auf dem Plan von Bonifaz Wolmuet *(Tafel 5)* so schön sehen können, auf der Alten-Allen'schen Ansicht zu erkennen ist. Im Bereich des heutigen 6. und 7. Wiener Gemeindebezirkes ist es vor allem die Ulrichskirche, die besonders im Bilde dieser Vorstädte hervorsticht. Das Gotteshaus kann auf eine lange Geschichte verweisen, wurde es doch schon zu Anfang des 13. Jh. im Zentrum der Wiener Vorstadt Zeismannsbrunn begründet, die dann im Verlauf des Spätmittelalters den Namen der sie beherrschenden Kirche angenommen hat. Im 15. Jh. befand sich an dieser Stelle ein Bollwerk der damals errichteten Vorstadtbefestigung, 1529 fiel sie den angreifenden Türken zum Opfer, auf dem Bild von Alten-Allen zeigt sie sich mit einem mit barockem Zwiebelhelm bekrönten Turm, der heutige hochbarocke Bau stammt erst aus dem 18. Jh. Zwischen den um die jeweiligen Ausfallsstraßen gruppierten vorstädtischen Häuserzeilen, deren zugehörige Gärten fast durchgehend mit Holzzäunen eingegrenzt sind, liegen mehr oder weniger ausgedehnte Felder, deren landwirtschaftliche Bedeutung vom Künstler durch die Darstellung von auf den Feldern arbeitenden Menschen und auch dort weidenden Tieren zum Ausdruck gebracht wird. Gegen Nordwesten des städtischen Vorfeldes zu fällt dann die Massierung von besonders schön gestalteten Gartenanlagen (stadtfernere Teile des heutigen 9. Bezirkes) auf, wobei von den dort eingezeichneten Objekten das „Spänische Clösterl", das 1633 gegründete Schwarzspanierkloster, aber auch der schon seit dem späten 16. Jh. bestehende, hier als „Gemeiner Gotts-Acker" bezeichnete Friedhof hervorstechen, eine der Friedhofsanlagen, die aufgrund von sanitären Überlegungen schon früh aus der Stadt hinaus verlegt worden waren. Interesse verdient hier schließlich noch die Eintragung des neuen und des alten Lazaretts. Am linken Ufer

des Alserbaches bestand die ältere Anlage schon seit dem 13. Jh. Nach ihrer Zerstörung im Jahre 1529 nur mehr notdürftig instand gesetzt, wurde 1540 von der Stadt ein neues Lazarett errichtet, das im 19. Jh. durch das sogenannte Bürgerversorgungshaus (Bereich des heutigen Arne-Carlsson-Parks) ersetzt wurde. Auch die erst 1677 fertiggestellte Servitenkirche, das Zentrum der Vorstadt Roßau, ist auf der Ansicht deutlich zu sehen, wobei auffällt, daß der im Norden des Klosters zur Donau hin anschließende Bereich mit Ausnahme des Uferstreifens an der Donau noch vollkommen unverbaut ist. Eine markante Trennlinie in diesem Gebiet stellt der damals offenbar schon regulierte, von drei Brücken überquerte Alserbach bis hin zu seiner Mündung in die Donau dar.

Genau in den zuletzt erläuterten Teil des auf der Alten-Allen'schen Ansicht dargestellten Wiener Umlandes führt uns ein in Entstehung und Ausgestaltung vollkommen anderer Plan, der sich in den Beständen des Wiener Stadt- und Landesarchivs erhalten hat *(Tafel 8)*. Auf diesem aus dem Jahre 1670 stammenden Blatt ist von einem nicht gerade als Meister seines Fachs anzusprechenden Zeichner ein Kartenbild des nordwestlich von der Stadt gelegenen Umlandes dargestellt. Dem „Kartographen" geht es dabei weniger um eine besonders detailreiche, künstlerisch ausgefeilte Darstellung, er ist vielmehr daran interessiert, dieses Gebiet im Zusammenhang mit der Beilegung eines Rechtsstreites zwischen dem aus dem Spätmittelalter stammenden, seit 1573 den Jesuiten übergebenen Annakloster und der Stadt Wien möglichst exakt im Kartenbild festzuhalten. Wir erkennen darauf nicht nur die bereits von der Ansicht des Folbert von Alten-Allen wohlvertrauten topographischen Gegebenheiten wie das „Spanisch Clösterl" (Nr. 4), den „Gotts Ackher" (Nr. 5) oder das „Lazareth" (Nr. 7), im besonderen ist es auch die Darstellung der Flußläufe — sowohl der Donau als auch des Alser- und des von Döbling her kommenden Krottenbachs —, die unser Interesse findet, handelt es sich dabei doch um eine Situation, wie sie sich im Laufe der Jahrhunderte ganz entscheidend verändert hat. Es ist dabei nicht zuletzt die Darstellung der Spittelau als eines völlig von Donauarmen umgebenen Inselbereiches, der noch an die allerdings ältere

Situation in diesem Gebiet erinnert, als es noch mehrfach von Wasserläufen unterteilt war und der Name „Oberer Werd" dafür in Verwendung stand. Die „Spitlaw" wurde, wie wir wissen, in Pestzeiten als eine Art von Quarantänestation für Pestkranke verwendet, die dort in hölzernen Baracken unter Militäraufsicht standen. Eine ähnliche Funktion kam ja auch dem ebenfalls auf dem Plan eingezeichneten Kontumazhaus (Nr. 6) zu, das erst 1657 auf Kosten der Stadtgemeinde unmittelbar an der Böschung zum Alserbach errichtet worden war. Dieser Kontumazhof hatte die Aufgabe, daß „alle von der Pest infizierten Personen nach ihrer Genesung, ebenso jene Leute, die um Infizierte gewesen, derselben gewartet, sie gehoben und gelegt haben, 40 Tage lang Contumaciam machen und ehender nicht unter andere Leute geschweige in die Stadt hereinzulassen sein".

Der Plan aus dem Jahre 1670 gibt uns darüber hinaus auch über den Verlauf einer für die Stadt höchst bedeutenden Grenze in diesem Bereich Auskunft. Der Burgfried von Wien, die Grenze des Jurisdiktions- und Administrationsgebietes des städtischen Magistrats, reichte seit der spätbabenbergischen Epoche über die Stadtmauer hinaus und umschloß einen Teil des städtischen Umlandes, ohne daß sein genauer Verlauf bis in das späte 17. Jh. je festgelegt worden wäre. Gerade während des 17. Jh. war das Interesse der Stadt an einer genauen Fixierung ihres Burgfrieds ständig gestiegen, wobei diese Entwicklung auf das engste mit dem Ausbau der Wiener Befestigungsanlagen zusammenhing. Die seit dem Anfang dieses Jh. immer wiederkehrenden landesfürstlichen Befehle zur Abtragung der im unmittelbaren Vorfeld der Fortifikationen, auf dem Glacis, befindlichen Gebäude, führten dazu, daß man seitens der Stadt beim Kaiser um eine Erweiterung des städtischen Einflußbereiches vorstellig wurde, war doch mit diesen Demolierungen eine entschiedene Einbuße hinsichtlich der von den betreffenden Häusern bisher eingehobenen Abgaben verbunden. Der vorliegende Plan ist nun das älteste Dokument, das uns wenigstens für einen Teil dieser für die geschichtliche Entwicklung unserer Stadt so bedeutsamen Grenze eine genaue Vorstellung von ihrem Verlauf vermittelt. Bereits hier wird klar ersichtlich, daß der städtische Jurisdiktions- und Administrationsbereich im

Nordwesten der Stadt weit über den späteren Linienwall hinausreichte, daß er hier das Gebiet bis nach Währing hinaus umfaßte. Der auf dem Plan verzeichnete „runde Stein mit einem Loch" *(Tafel 8 Nr. 10)* ist uns aus späteren Quellen als der mit der Jahreszahl 1637 datierte sogenannte „luckerte Stein" bekannt, der sich im übrigen als einer der wenigen Marksteine der alten Burgfriedsgrenze von Wien bis auf den heutigen Tag erhalten hat (im Hof des Hauses Wien 18, Gentzgasse 72).

Der auf diesem Plan dargestellte vorstädtische Bereich ist in mehrfacher Hinsicht mit der von der Stadt getroffenen medizinischen Vorsorge für die Bewohner verbunden. Dort befanden sich — wie wir sahen — mehrere Einrichtungen, die in engem Zusammenhang vor allem mit der Bekämpfung der immer wieder seit dem Spätmittelalter über Wien hereinbrechenden Pestepidemien standen. Im Jahre 1679 wütete in der Stadt und ihrer Umgebung eine der furchtbarsten derartigen Seuchen, die je hier auftraten. Zweifelsohne hat man diesen Faktor in der Entwicklung der Stadt nur wenige Jahre vor der Zweiten Türkenbelagerung im Auge zu behalten, wenn man versucht, sich die allgemeine Lage in Wien in der Zeit um 1680 zu vergegenwärtigen.

Über die türkische Invasion in Österreich während des Jahres 1683 stehen uns — im Gegensatz zu den Ereignissen des Jahres 1529 — Nachrichten in großer Fülle zu Gebote, und auch im Hinblick auf die Darstellung der Geschehnisse auf Plänen und Ansichten besteht kein Mangel. Die Osmanen erschienen damals mit einem gewaltigen Heer unter Führung des Großwesirs Kara Mustapha, eines überaus ehrgeizigen Emporkömmlings aus einfachen Verhältnissen, bereits im Juli vor Wien. In größter Eile hatte man in den Wochen vorher noch allerletzte Vorkehrungen zur Verbesserung der Fortifikationen unternommen und hatte sich — genauso wie anderthalb Jahrhunderte vorher — angesichts der bevorstehenden Belagerung zur Preisgabe der Vorstädte entschlossen. Am 13. Juli 1683 erschienen die ersten türkischen Einheiten auf dem Wienerberg, binnen weniger Tage war die Stadt von einem geschlossenen Belagerungsring umgeben. Nicht weniger als 25.000 Zelte zählte man rings um die Residenzstadt, an die 100.000 Mann berannten in den folgenden Wochen und Monaten die Stadtbefestigungen. Demgegenüber befanden sich in der Stadt nur etwa 11.000 Mann regulärer Truppen, denen etwa 5.000 Bürger und Freiwillige zur Seite standen. Stadtkommandant Ernst Rüdiger Graf von Starhemberg und der Wiener Bürgermeister Andreas Liebenberg leiteten die Verteidigungsmaßnahmen.

Anders als im Jahre 1529 hatten die Osmanen ihren Hauptangriff auf den Abschnitt zwischen Löwel- und Burgbastei konzentriert, in diesem Bereich gruben sie ein überaus dichtes Netz von Laufgräben, hier stellten sie ihre Meisterschaft im Anlegen von Minen unheilvoll unter Beweis. Die wichtigste Stellung befand sich im Gebiet der im Zug der Belagerung ebenfalls zerstörten Ulrichskirche, von hier und vor allem dem Hügel des Kroatendörfels, wo später das berühmt-berüchtigte Viertel des Spittelbergs entstehen sollte, leitete Kara Mustapha die Belagerung. Noch 1529 war es besonders der Bereich des Kärntner Tores gewesen, der im Sperrfeuer der Türken gelegen war, nun werden es vor allem strategische Überlegungen gewesen sein, wie die Tatsache des gegenüber der Stadtmauer erhöht gelegenen Terrains (besonders günstige Position für die türkische Artillerie), die für die Wahl dieses Standplatzes gesprochen haben. Vielleicht hat dabei auch die Tatsache eine Rolle gespielt, daß man den Angriff in diesem Abschnitt der Wiener Stadtmauer im besonderen Maße gegen den Bereich der Hofburg richten konnte, um damit die Verteidiger auch mit einer „psychologischen" Art der Kriegsführung zu demoralisieren.

Der bauliche Zustand der Wiener Fortifikationsanlagen war freilich ein ungleich besserer als dies im Jahre 1529 der Fall gewesen war, und tatsächlich konnten die Türken einige Wochen lang keine wesentlichen Erfolge verzeichnen. Darüber hinaus hatte man sich in der Stadt diesmal besser auf die Belagerung vorbereiten können, und es war dann auch erst die Dauer des türkischen Angriffs, die für Wien eine äußerst bedrohliche Situation entstehen ließ. Im August machten sich die Probleme einer Belagerung immer deutlicher bemerkbar, die Munition wurde knapp, die Lebensmittelversorgung funktionierte nicht mehr, das Wasser, das man ja nur aus den zahlreichen Hausbrunnen der Innenstadt beziehen konnte, ließ eine Ruhrepidemie unter den Belagerern ausbrechen, der ja zuletzt am Vorabend der Befreiung der Stadt auch Bürgermeister Liebenberg zum Opfer fiel.

Aus den zahlreichen Ansichten und Plänen der türkischen Belagerung unserer Stadt ist es im ganz besonderen Maße der Detailplan — im übrigen eine Mischung aus Grundrißdarstellung und Vogelschau — des aus Sachsen stammenden Daniel Suttinger, der die von ihm persönlich miterlebte höchst kritische Situation der türkischen Angriffe auf den Bereich zwischen Löwel- und Burgbastei zeigt *(Tafel 9).* Nachdem in diesem Bereich schon zu Ende Juli den Türken die Sprengung eines Vorwerkes der Befestigung gelungen war, konnten sie mit der Sprengung der Spitze des Burgravelins (im Stadtgraben genau zwischen Burg- und Löwelbastei) am 12. August zum erstenmal eine echte Bedrohung für die Belagerten erzeugen. Mit dem Fall dieses Ravelins verloren die städtischen Verteidigungstruppen die Möglichkeit, dem Feind bereits außerhalb der Stadtmauer — und damit im Vorfeld der Stadt — entscheidend entgegentreten zu können, in gewisser Weise war damit der vordere Schutzwall der Stadt gefallen. In der Folge mußten die Verteidiger ihren Kampf von den Basteien und von der eigentlichen Stadtmauer, der Kurtine zwischen den Basteien, fortsetzen. Die Türken konzentrierten ihre Bemühungen ab nun — ermutigt durch diesen großen Fortschritt — im ganz besonderen Maße auf diesen Abschnitt der Wiener Befestigungen. Wie hartnäckig dabei der Widerstand der Wiener war, gegen den sie anzukämpfen hatten, ersieht man nicht zuletzt daran, daß es ihnen erst am 3. September gelang, den lange Zeit für uneinnehmbar gehaltenen Burgravelin, von den Türken abergläubisch als „Zauberhaufen der Christen" bezeichnet, zur Gänze zu erobern. Gerade in diesem Abschnitt befand sich jedoch unmittelbar hinter der Burgbastei noch die alte Anlage des sogenannten „Spaniers", einer frühen Bastei, die bereits in den dreißiger Jahren des 16. Jh. als eines der ersten Bollwerke der damals begonnenen Neuerrichtung der Wiener Stadtmauer entstanden war. Dies trug wohl nicht zuletzt ganz entschieden dazu bei, daß es den Türken trotz Erfolgen bei der Bastei nicht gelang, von hier aus in die Stadt selbst einzudringen. So verlagerten sie ihre Aktivitäten auf das zweite Bollwerk in diesem Abschnitt und konnten am 6. September eine gewaltige Bresche in die Löwelbastei schlagen. Die endgültige Formierung des Entsatzheeres für die belagerte Stadt, die sich gerade in diesen Septembertagen auf den Anhöhen des Wienerwaldes vollzog, war also tatsächlich als Rettung in letzter Minute anzusprechen. Am 12. September 1683 stürmten diese Truppen unter Führung des Polenkönigs Johann Sobieski in breiter Front — zwischen Donau und Ottakring — auf das türkische Belagerungsheer vor. Es gelang dabei, die Türken, die den entscheidenden Fehler begingen, nicht sofort all ihre Kräfte gegen diesen Angriff zu konzentrieren, ja offenbar sogar noch daran dachten, die Belagerung siegreich beenden zu können, vollkommen über den Haufen zu werfen, sie mußten Hals über Kopf die Flucht ergreifen, dem christlichen Entsatzheer fiel ungeheure Kriegsbeute in die Hände, da die Türken nicht mehr Zeit gefunden hatten, einen geordneten Rückzug anzutreten.

In den Sammlungen des Historischen Museums der Stadt Wien befindet sich nun ein kulturhistorisch besonders wertvolles Dokument über die Ereignisse in diesen für Wien so schicksalsschweren Monaten im Sommer 1683. Es handelt sich dabei um einen nach den Ereignissen von einem Türken gezeichneten und kolorierten Plan *(Tafel 10)*, der den Ablauf der Belagerung aus der Sicht der Angreifer festhält, dabei aber neben einer für moderne Begriffe sehr wenig zuverlässigen topographischen Aufnahme großen Wert auf den Einbau von einzelnen Hinweisen auf Ereignisse während dieser militärischen Unternehmung legt und sogar Erinnerungen an die Geschehnisse der ersten Belagerung Wiens im Jahre 1529 enthält. So finden sich auf dem Plan unter anderem folgende Angaben: Der nur annähernd topographisch richtig eingezeichnete Bereich des Befestigungsabschnittes um das Kärntner Tor wird mit dem Zusatz „Die von Sultan Süleyman beschossenen Basteien" bezeichnet, womit in zutreffender Weise das Gebiet gekennzeichnet ist, das bei der ersten Belagerung Wiens im Jahre 1529 im Zentrum der türkischen Angriffe gestanden war. Bei der Einzeichnung der Donaubrücke — in allerdings topographisch unrichtiger Weise unterhalb der Stadt Wien — wird auf dem Plan der Heldentod des Hüseyin Pascha erwähnt, wobei auf eine auch in der osmanischen Historiographie überlieferte Episo-

de der Kämpfe des Jahres 1683 Bezug genommen wird. Dabei handelte es sich um den für die türkischen Waffen unrühmlichen Abschluß einer Reihe von Operationen am nördlichen Donauufer, die am 24. August mit einem völligen Erfolg der Kaiserlichen endeten. Ebenso werden die Geschützstellungen der „Giauren", aber auch die Positionen, die von den eigenen Truppenteilen eingenommen wurden, auf dem türkischen Plan eingetragen. Annähernd richtig eingezeichnet ist auch die „Schanze des Großwesirs", der Gefechtsstand Kara Mustaphas, der — wie wir aus anderen Quellen wissen — sich im Bereich von St. Ulrich befand. Sehr deutlich wird aus dem Plan jedenfalls trotz aller topographischen Mängel, daß sich der türkische Angriff in besonders massierter Weise auf den gesamten südlichen Abschnitt der Stadtbefestigungen konzentrierte. Im Herzen der ummauerten Stadt, deren Fortifikationen im übrigen in irreführender Weise in der Form einer zinnenbekrönten Mauer, verstärkt durch zahlreiche Türme (also annähernd so, wie die Babenbergermauer ausgesehen hatte!) dargestellt sind, liegt die Stephanskirche, deren hoher Turm die gesamte innerstädtische Situation des Plandokumentes beherrscht. Dabei sind in dem Halbmond und dem Stern, von dem der Turm bekrönt ist, keineswegs Symbole für eine eigenmächtige „Orientalisierung" zu sehen, vielmehr war die Spitze des Südturms von St. Stephan tatsächlich schon seit dem frühen 16. Jh. von einer derartigen Helmzier überragt, die man dann erst 1686 wegen der damals als besonders störend empfundenen Assoziation mit islamischen Symbolen endgültig entfernte (Original heute im Historischen Museum der Stadt Wien).

Unmittelbar links neben der Darstellung des Stephansturms hat nun der Verfasser dieses Planes die lapidare Erklärung „Tscherkessenplatz" hingesetzt, die sich als für die Wiener Lokalgeschichte höchst aufschlußreiche historische Reminiszenz an die Ereignisse von 1529 erwiesen hat. Aus der Reihe der Geschehnisse dieser ersten Türkenbelagerung Wiens ist nämlich die Episode vom heldenmütigen Vordringen eines türkischen Haudegens bis auf einen freien Platz inmitten der Stadt überliefert, wo er dann erst von einer Musketenkugel gefällt werden konnte. König Ferdinand soll dann aus Hochachtung vor diesem mutigen Verhalten für die Aufstellung eines Denkmals für diesen Mann gesorgt haben. Der Name des Mannes war Dayı Cerkes, in der türkischen Überlieferung wurde der betreffende Wiener Platz danach als „Tscherkessenplatz" bezeichnet. Ob sich von hier freilich eine Verbindung zu dem Hauszeichen „Zum Heidenschuß", die steinerne Figur eines säbelschwingenden türkischen Reiters, herstellen läßt, ist nicht zu erweisen, feststeht jedenfalls, daß die Ereignisse des Jahres 1529 in der türkischen Überlieferung überaus lebendig und farbig weitergewirkt haben und sich die Vorstellung der Osmanen von der belagerten Stadt in ganz wesentlichen Punkten mit den Erfahrungen des ersten Versuchs, sie zu erobern, verband.

Es sind aber nicht nur Detailaufnahmen und türkische Karten, die uns über dieses Wiener Schicksalsjahr unterrichten, es haben sich auch in größerer Zahl Pläne des gesamten Stadtgebietes und darüber hinaus auch Darstellungen des vorstädtischen Bereichs erhalten, die unsere Kenntnis von den Geschehnissen in wünschenswerter Weise vertiefen. Zunächst ist es dabei ein Plan der ummauerten Stadt mit dem unmittelbar daran anschließenden Umland, der uns über die Verteilung der türkischen Angriffsstellungen rings um Wien unterrichtet *(Tafel 11)*. Wenngleich die Darstellung darauf hinsichtlich der Ausgestaltung der türkischen Positionen nicht vollkommen zutreffend zu sein scheint — der Plan vermittelt den Eindruck, als hätten die Türken um ihre Stellungen eigene Befestigungssysteme errichtet —, ist es doch die räumliche Verteilung der Angreifer im Vorstadtfeld, die sehr eindrucksvoll das hohe Maß der Bedrohung zeigt, der die Stadt damals ausgesetzt war. Es waren dabei im Osten und im Südosten vor Wien zunächst die beiden wichtigen Brücken über den Wienfluß — die Stubenbrücke als Verbindung zur Vorstadt Landstraße und die Brücke vor dem Kärntner Tor als Verbindung mit der Wieden —, deren sich die Osmanen in besonderer Weise zu versichern verstanden, um die Möglichkeit einer Versorgung auf dem Landweg von vornherein zu unterbinden. Auch aus anderen Überlieferungen her bekannt ist die starke Massierung der angreifenden Truppen im Bereich des Südabschnittes der Stadt mit einer Konzentration zwischen Burg und Löwelbastei *(vgl. Tafel 9)*.

Darüber hinaus informiert uns dieser Plan *(Tafel 11)* aber auch über ein weiteres, besonders umkämpftes Angriffsziel der Belagerer im Gebiet der Nordwestecke der Stadt, unmittelbar am Donaufluß gelegen. Hinter diesen Maßnahmen der Türken stand die Absicht, die Stadt an einer Stelle anzugreifen, die seit jeher als besonders gefährdet angesehen wurde. In diesem Nordwestteil der Stadt war unter Ferdinand I. in Nachfolge einer älteren, außerhalb der Stadt auf einer kleinen Donauinsel gelegenen Anlage das „Neue Arsenal" angelegt worden — damit eines der Zentren der städtischen Verteidigungskraft. Seitdem man dort um die Mitte des 16. Jh. ein Streitschiffsarsenal eingerichtet hatte, das mit dem nahen Donauarm durch einen schiffbaren Kanal verbunden war, galt diese Stelle — insbesondere in Zeiten größerer Trockenheit — als eine der Schwachstellen der städtischen Verteidigungslinien von Wien. Gerade auf dem hier gezeigten Plan *(Tafel 11)* erkennt man nun sehr deutlich, daß der donaunah gelegene Teil des Stadtgrabens sowohl an der Ostseite als auch an der Westseite der Stadt über mehrere hundert Meter von Wasser erfüllt war, wobei der Wasserreichtum an der Ostseite weitaus größer war. Die türkischen Angreifer erachteten offenbar in kluger Einschätzung der Situation nicht nur den Südabschnitt der Fortifikationen, sondern eben auch dieses Herzstück der städtischen Verteidigung mit dem wichtigen Waffenarsenal als besonders geeignet für eine Massierung der vorgetragenen Attacken.

Besonders verheerend wirkte sich freilich die Türkenbelagerung des Jahres 1683 wie schon 150 Jahre zuvor in den rings um Wien gelegenen Vorstädten aus. In der Stadt selbst kam es zwar nicht nur hinsichtlich der Stadtmauern, sondern auch im Hinblick auf den innerstädtischen Häuserbestand zu schweren Zerstörungen durch die türkische Artillerieangriffe, in den Vorstädten, deren blühendes Bild uns noch auf der Alten-Allen'schen Ansicht wenige Jahre vor 1683 überliefert ist *(Tafel 4)*, blieb aber kein Stein auf dem anderen. War es 1529 die Rundansicht des Niclas Meldeman gewesen *(Tafel 2)*, die uns über die Verheerungen in den Vorstädten so eindrucksvoll unterrichtete, so gibt es für das Jahr 1683 eine ganz ähnlich gestaltete Rundansicht der Stadt, die von ihrem Verfasser, Heinrich Schmidts, einem nicht näher bekannten Künstler aus Geldern, niemand geringerem als dem Verteidiger von Wien, Ernst Rüdiger Graf Starhemberg, gewidmet wurde (Tafel 12). In künstlerischer Hinsicht ist diese Arbeit freilich in keiner Weise mit der Arbeit von Meldeman zu vergleichen, dennoch stellt auch sie für den Historiker ein wertvolles Zeugnis von den Ereignissen der Türkenbelagerung dar. In den Beständen einer der größten Sammlungen von historischen Karten auf der ganzen Welt, nämlich in der Kartensammlung des Österreichischen Kriegsarchivs, hat sich von einem Teil dieser Rundansicht, und zwar vom Nordabschnitt der Verteidigung, also dem Bereich an der Donau, auch ein koloriertes Exemplar erhalten (Tafel 13). Auf der Schmidts'schen Ansicht können wir nun die bereits mehrfach erwähnte Massierung der türkischen Angreifer im Abschnitt zwischen Burg- und Löwelbastei besonders gut erkennen. Wie auf dem Plan Daniel Suttingers (Tafel 9) so sehen wir auch hier das dichte Netz von Laufgräben, das die Osmanen im Vorfeld der Stadt zwischen diesen Basteien angelegt hatten. Die Häuser der hier gelegenen Vorstädte, vor 1683 eines der blühendsten Gebiete im städtischen Umfeld, stehen nur mehr als Ruinen da, starke Zerstörungen zeigt vor allem auch die zentrale Kirche dieser Gegend, St. Ulrich. Die türkischen Batterien haben durchwegs auf der Höhe des zum Glacis hin abfallenden Terrains Stellung bezogen und erstrecken sich vom Gebiet unterhalb des „Krabattendörffls", des späteren Spittelbergs also, bis hinüber zum „Rottenhoff", wo nach der Abwehr der Türken zu Anfang des 18. Jh. eines der prächtigsten Adelspalais der Wiener Vorstädte, das Palais Auersperg, entstehen sollte. Der auf dem kolorierten Ausschnitt der Schmidts'schen Ansicht (Tafel 13) gezeigte Nordabschnitt der Geschehnisse reicht vom Weißgerberviertel im Osten über das Gebiet der Donauinseln (Leopoldstadt) bis zum westlichen Vorfeld der Stadt mit der Roßau und den stadtferner gelegenen Orten (Sievering, Grinzing, Heiligenstadt usw.). Kämpfe sind in diesem Gebiet nicht dargestellt, wir erkennen aber, wie auch hier die Türken gewütet haben, und darüber hinaus sind die Zeltlager der Angreifer zu sehen, wie sie unterhalb von Sievering, Grinzing und Heiligenstadt, also etwa bei Währing und Döbling, und auch im Gebiet der späteren Brigittenau

bestanden. Wenn sich bei diesen Darstellungen nicht immer eine völlige Übereinstimmung in der Verteilung der türkischen Truppen rings um Wien feststellen läßt, es sogar vielfach zu recht beträchtlichen Unterschieden kommt (vgl. Tafel 11 und 12), so haben wir weniger mit der Ungenauigkeit der Zeichner, als vielmehr auch mit der Möglichkeit zu rechnen, daß uns dabei verschiedene Phasen der mehrmonatigen Belagerung der Residenzstadt vor Augen geführt werden.

All diese Beispiele von Karten und Darstellungen der Ereignisse belegen die überaus kritische Situation, in der sich Wien im Sommer 1683 befand. Gerade noch rechtzeitig gelang es, auf den Höhen des Wienerwaldes das christliche Entsatzheer zu sammeln, um am 12. September des Jahres den entscheidenden Angriff auf die türkischen Truppen zu unternehmen. Der Sieg, der an diesem Tag errungen werden konnte, war ein vollständiger, noch am Abend des 12. September konnte der Polenkönig, unter dessen Kommando der Entsatz der Stadt gestanden war, beim Schottentor in die befreite Stadt einziehen. Der geschlagene Großwesir mußte in ungeordnetem Rückzug von Wien fliehen, seinen Mißerfolg büßte Kara Mustapha durch seine Hinrichtung — der Sultan ließ ihn am 25. Dezember 1683 in Belgrad erdrosseln.

Genauso wie nach der Türkenbelagerung des Jahres 1529 stand die Stadt auch diesmal vor einer ungeheuer schwierigen Aufgabe. Zwar hatten sich die Stadtbefestigungen, die im 16. und 17. Jh. neu entstanden waren, im wesentlichen bewährt, und so gab es auch keine Diskussion über die Notwendigkeit ihrer raschen Instandsetzung, erneut war es aber die Verwüstung des vorstädtischen Gebietes, welche Wien vor große finanzielle Probleme stellte. Anders als im 16. Jh. konnte man diesmal allerdings einen militärischen Erfolg gegen die Osmanen auch ausnützen, indem man zu einem Gegenangriff antrat, der in den nächsten Jahrzehnten — verbunden vor allem mit dem Namen des Prinzen Eugen von Savoyen — zu entscheidenden militärischen Siegen der Reichstruppen und damit zur größten territorialen Ausdehnung der Monarchie führte, die diese jemals erreichen sollte.

Von seiten der Stadtverwaltung war es in den Jahren nach

1683 vor allem das Bemühen, vom Herrscher einen Ersatz für die erlittenen Schäden zu erhalten, das im Zentrum der Aktivitäten stand. Die weitgehende Zerstörung der vorstädtischen Häuser stellte für die Stadt eine überaus schwer zu verkraftende Einbuße an Einnahmen dar, man bemühte sich demzufolge auf der einen Seite um die endgültige Festlegung der Ausdehnung des städtischen Burgfrieds, innerhalb dessen der Stadt steuerliche Abgaben zustanden, andererseits versuchte man damals auch, eine möglichst großzügige Grenzbestimmung, mit anderen Worten also eine Ausweitung des jurisdiktionellen und administrativen Zuständigkeitsbereiches des Magistrats zu erreichen. Auf seiten des Hofes war man gerade in diesen Jahren, da die Residenzstadt in ganz Europa als Bollwerk gegen die Ungläubigen enorm an Ruhm und Prestige gewonnen hatte, eher bereit, ihren Wünschen entgegenzukommen, als dies früher der Fall gewesen war. Schon als die Stadt noch im Jahr der Türkenbelagerung bei Hofe die Bitte um die Überlassung der Jägerzeile (heute Wien 2. Bezirk) und des Weißgerberviertels (heute Wien 3. Bezirk) vorbrachte, antwortete man am 5. Juli 1684 mit einer vorläufigen Zustimmung, in den frühen neunziger Jahren des 17. Jh. gelang es dem Magistrat, seine Kompetenzen auf diesen Bereich, aber auch auf die Windmühle (heute Wien 6. Bezirk), Lerchenfeld und Erdberg auszudehnen. Freilich agierte man von seiten des Hofes mit großer Vorsicht und achtete nach Möglichkeit darauf, sich nicht endgültig festzulegen. Die Problematik des städtischen Burgfrieds nahm in dieser Epoche nicht zuletzt im Zusammenhang mit dem Wiederaufbau besonders an Brisanz zu. Wie gewunden man sich damals in Hofresolutionen auszudrücken pflegte, möge ein Beispiel aus dem Jahre 1695 zeigen, als bestimmt wurde, „daß alle die Jenige, welche hinführo in Ihren von Wienn bekhändtlichen und undisputirlichen gezürckh ihres Burgfridts Häuser erbauen wurden, von solchen iedoch sine praejudicio der grundtherrlichkeit und deß dahin gebührenden diensts, die Steuern und andere gaben reichen, wie auch die übrige burgl. onera tragen, und in das burgerl. Mitleyden gezogen werden sollen". Man trachtete also auf der einen Seite, die wohl als rechtmäßig und sicher auch als zweckmäßig anerkannten Rechte der Stadt auf ihren Burgfried seitens des

Staates deutlich zu unterstreichen, auf der anderen Seite wollte man aber die grundherrlichen Rechte in all diesen Bereichen der Wiener Vorstädte auf gar keinen Fall beschneiden.

Diese rechtliche Situation stellt ja eines der charakteristischen Merkmale des Verfassungslebens vor 1848 (Aufhebung der Grundherrschaften) dar. Man pflegte damals zwischen der Dorfherrschaft, der die Ausübung der wesentlichsten öffentlichen Rechte, wie etwa die Aufsicht über Straßen und Wege, die Gewerbeverleihung und anderes mehr, zustand, und der Grundherrschaft, der vor allem die Personaljurisdiktion (Vornahme von Verlassenschaftsabhandlungen, Einhebung von Abgaben im Zusammenhang mit Besitzwechsel usw.) zukam, zu unterscheiden. Dabei war es in der Regel so, daß die Grundherrschaft, die in einem Ort über die meisten Untertanen verfügte, in der Regel dort auch die Dorfherrschaft bildete. Die Regelung dieser Verhältnisse stellte freilich dort, wo nur eine oder einige wenige Grundherrschaften an einem Ort begütert waren, kaum ein Problem dar, gerade in Fällen stärkerer Besitzzersplitterung, wie etwa in den reichen Weinbaugebieten der Wiener Umgebung, ergaben sich im Zusammenhang damit nicht selten Schwierigkeiten. Ähnlich problematisch war diese Situation nun auch in der näheren Umgebung der Stadt, wo die städtische Verwaltung aufgrund der so mannigfaltigen Ausstrahlung der Stadt in ihre Umgebung schon seit dem Mittelalter einen Wirkungsbereich hatte, der über die Stadtmauer hinausreichte.

Nun gab es eben im vorstädtischen Bereich von alters her mehr oder weniger machtvolle, von der Stadt unabhängige Grundherrschaften, die dem Magistrat auf ihrem Gebiet keinerlei Rechte zuerkannten. Am bekanntesten darunter ist etwa das Wiener Schottenkloster, dessen alte, seit dem Mittelalter bestehende Position im Bereich des heutigen 7. und 8. Bezirks eine gewaltige Enklave einer nichtstädtischen Herrschaft unmittelbar vor den Mauern Wiens darstellte. Der nach 1683 so allumfassend einsetzende Wiederaufbau der Vorstädte führte nun gerade im Hinblick auf die Besteuerung der neuen Häuser immer wieder zu Rechtsstreitigkeiten. Als der Stadt dann am 15. Juli 1698 von Kaiser Leopold I. zum erstenmal ein Burgfriedsprivileg verliehen wurde und damit die Ausdehnung des städtischen Kompetenzbereichs erstmals definiert war, hoffte man, mit dieser Maßnahme in Zukunft für klare Verhältnisse gesorgt zu haben. Der enge Zusammenhang mit der Besteuerung der neuerbauten Häuser wird in der Urkunde überdeutlich formuliert, wenn es dort etwa heißt, „dass auf die ... in gemeiner stat burgfrid gelegen zu bauen tauglichen örtern künftig aufführenden gebäuen die steur und andere bürgerliche onera der proportion nach zu schlagen ihnen (den Vertretern der Stadt) erlaubt und der aigenthumber mit der spörr, inventur, abhandlungen und aller iurisdiction ... gemainer stat unterworfen und zugethan sein sollen".

Die Probleme waren damit freilich nur vorübergehend aus der Welt geschafft. Schon die überaus vage schriftliche Definition des Verlaufs der Burgfriedsgrenze — an eine kartographische Fixierung war damals eigenartigerweise nicht gedacht worden — war Anlaß für ein erneutes Aufleben von Grenzstreitigkeiten. Dazu kam, daß es sich die Dominien, die Inhaber der einzelnen Grundherrschaften, auf keinen Fall bieten lassen wollten, eine Beschränkung ihrer Rechte hinzunehmen. Als besonders instruktives Beispiel für diese Entwicklung kann etwa die Entstehung der Vorstadt Josefstadt angeführt werden: Dort hatte vor 1683 im wesentlichen nur der sogenannte Rote Hof existiert, der sowohl bei Folbert von Alten-Allen *(Tafel 4)* als auch bei Heinrich Schmidts *(Tafel 12)* im Bild zu sehen ist. 1690 wurde dieser Hof von Marchese Hippolyt Malaspina erworben, und dieser Adelige ließ in der Folge die dazugehörigen Gründe parzellieren, womit der Anfang einer vorstädtischen Bebauung gegeben war. Die Stadt versuchte, diese Entwicklung für sich nutzbar zu machen, und kaufte dem Marchese das Freigut am 22. April 1700 ab. Zu Ehren des damaligen Thronfolgers, Josephs I., erhielt das Gebiet den Namen „Josephstadt", womit man seitens der Stadt genauso vorging, wie im Fall der dreißig Jahre zuvor vom Kaiser erhaltenen Leopoldstadt. Obwohl damit die rechtlichen Verhältnisse an und für sich geklärt erscheinen mußten, ergaben sich dennoch im Verlauf des 18. Jh. immer wieder Schwierigkeiten.

Die eigentliche Problematik des städtischen Burgfriedsprivilegs von 1698 lag im wesentlichen darin, daß es zum Zeit-

punkt seiner Verleihung eine ganze Reihe von noch unverbauten Gebieten zum städtischen Jurisdiktionsbereich schlug und damit die Möglichkeit zum Ausbau der Vorstädte im städtisch-magistratischen Interesse schuf. Dabei erstreckte sich dieser Burgfried aber auch über zahlreiche fremde Grundherrschaften. Errichteten die dortigen Patrimonialherren dann in der Folge von großräumigen Parzellierungen neue Häuser, so behandelten sie diese häufig als Freigründe und Freihäuser, verweigerten damit der Stadt die ihr zustehenden Rechte. Die ersten Jahrzehnte des 18. Jh. brachten ein heftiges Tauziehen zwischen der Stadt und den Ständen, in das sich der Hof lange Zeit nicht einschaltete. Der Wiener Magistrat, aber auch die Vertreter der Grundherrschaften strebten in diesen Jahren mit wechselnden Argumenten und unterschiedlichen Zielsetzungen eine Bereitung des Burgfrieds an. Die Stadt hatte freilich schon zu Anfang des 18. Jh., in den Jahren 1702 und 1704, eine Ausmarkung des Burgfrieds durchführen lassen, wobei eine ganze Reihe von Grenzsteinen gesetzt wurden, als deren letzter sich bis auf den heutigen Tag der aus dem Jahre 1704 stammende Burgfriedsstein an der Ecke Mariahilfer Straße/Stiftgasse erhalten hat. Als man sich seitens des Hofes im Jahre 1725 zu einer Entscheidung aufraffte, fiel diese so wenig aussagekräftig und bestimmend aus, daß sie den Problemen kein Ende setzte, diese vielmehr prolongiert wurden. Die Stadt Wien entschloß sich angesichts dieser wenig aussichtsreichen Situation zu einer Politik, die sie schon in früheren Epochen mit einigem Erfolg betrieben hatte, sie ging an den Aufkauf von fremden Grundherrschaften und erwarb im Zuge dieser Aktivitäten etwa schon im Jahre 1727 vom Grafen von Sonnau die grundherrlichen Rechte über Margareten, Matzleinsdorf und Nikolsdorf (alles heute Wien 5. Bezirk).

Die gesamte, mit der Entwicklung des städtischen Burgfrieds zusammenhängende Problematik vermittelt uns freilich über ihre rechtshistorisch interessanten Bezüge auch ganz entscheidende Einblicke in einen Vorgang, der das Gesicht der Stadt an der Wende vom 17. zum 18. Jh. ganz entscheidend prägte und ihm bis auf den heutigen Tag besonders markante Konturen verleiht. Der schon mehrfach angesprochene städtische Wiederaufbau führte also zu einem erneuten und in Hinkunft nicht mehr durch kriegerische Ereignisse einschneidend unterbrochenen Aufschwung der Wiener Vorstädte. Dabei entstehen nicht nur an den früheren Standorten von neuem Siedlungen, es kommt jetzt auch zum Emporwachsen vollkommen neuer Vorstädte, an deren Stelle vor 1683 unverbauter Bereich gewesen war. Diese Entwicklung läßt sich vor allem in der westlichen Umgebung der Stadt nachweisen, wo wir in steigender Zahl neue Siedlungsnamen antreffen, wo neue Orte die zwischen den älteren Dörfern gelegenen freien Felder auszufüllen beginnen. Der Bereich der Josefstadt wurde bereits vorhin genannt, auf dem Hügel des alten „Kroatendörfels", wo sich 1683 ein Zentrum der türkischen Artillerie befunden hatte, wächst das später berüchtigte Spittelbergviertel empor, im Gebiet des heutigen 9. Bezirkes sind es die Vorstädte Lichtental und Althan, die hier zu nennen sind. Seitens der Stadt sucht man, an dieser Entwicklung Anteil zu nehmen, indem man große Anstrengungen unternimmt, manche dieser Vorstädte anzukaufen und damit enger an die Stadt zu binden. So setzt etwa im Bereich des Althangrundes ab der Erwerbung durch die Stadt im Jahre 1713 eine Phase intensiverer Bautätigkeit ein. Der Siedlungsausbau ist nunmehr aber nicht mehr nur auf die Vorstädte beschränkt, auch im weiteren Vorfeld des städtischen Umlandes erkennen wir im steigenden Maße neue Siedlungen, Manche von ihnen, wie etwa Fünfhaus oder Sechshaus, geben dabei schon in ihrem Namen zu erkennen, wie bescheiden die Anfänge ihrer Bebauung waren. Andere wieder dürfen als Musterbeispiel für überaus rational geplante neue Siedlungen gelten, wie wir das vor allem am Grundriß von Neulerchenfeld, das zu Anfang des 18. Jh. zum erstenmal genannt wird, erkennen können.

Das Aufblühen der barocken Stadt

Die Befreiung der Stadt von der über mehr als ein Jahrhundert latent vorhandenen Bedrohung eines neuerlichen türkischen Angriffs, im Zusammenhang mit den großen militärischen Erfolgen des Reichsheeres, nahm geradezu einen Druck von der Stadt. Wien strömte damals aus den in zunehmendem Maße als beengend empfundenen Mauern hinaus in den Bereich der Vorstädte und löste dort einen Bauaufschwung aus, der in seinen Ausmaßen dann erst wieder vom Bauboom der Ringstraßen- und Gründerära erreicht wird. Vor allem war es zunächst einmal der Adel, der nach dem Jahre 1683 nicht mehr in der Stadt, sondern vor deren Mauern seine Palais errichtete. War es schon im 17. Jh. zu einer auffälligen Wandlung des Bildes der Vorstädte durch die Anlage so zahlreicher Klöster der Gegenreformation mit ihren prachtvollen Gärten gekommen, so sollte dieser Prozeß nun im Zusammenhang mit der Entstehung der Barockpalais des Adels in noch viel größerem Maße fortgesetzt werden. Dabei kam es in den ersten Jahren nach der Türkenbelagerung des Jahres 1683 noch zu einigen neuen Palästen in der Stadt, bei denen eine Zeit hindurch auch noch italienische Architekten dominierten (z. B. 1685—1687: das heutige Palais Lobkowitz von Giovanni Pietro Tencala für den Oberstallmeister Philipp Sigismund Graf Dietrichstein oder ab 1690: das Palais Harrach auf der Freyung von Domenico Martinelli), während man sich gegen Ende des 17. Jh. verstärkt in die Vorstädte wandte. Es waren vor allem die beiden wohl prominentesten Vertreter des Wiener Barocks, Johann Bernhard Fischer von Erlach und Johann Lukas von Hildebrandt, denen dabei die größte Bedeutung hinsichtlich der Umgestaltung des Stadtbildes zukam.

Der Hof verfolgte damals schon weiter über die Vorstädte hinausreichende Baupläne, indem man in den neunziger Jahren des 17. Jh. mit der Errichtung des Schlosses Schönbrunn begann. Fischer von Erlach hatte in einem ersten frühen Entwurf für Schönbrunn eine Anlage projektiert, die in ihrer Ausgestaltung ein würdiges Gegenstück zum Schloß des „roi soleil", des Sonnenkönigs Ludwigs XIV. von Frankreich, in Versailles, dargestellt hätte. Dabei wäre der Haupttrakt der Anlage auf der Anhöhe zu stehen gekommen, dort, wo sich heute die 1775 vollendete Gloriette befindet. Die Bauarbeiten wurden dann nach einem einfacheren Plan begonnen, den ebenfalls Johann Bernhard Fischer von Erlach vorgelegt hatte, um 1700 war der Mittelteil im Rohbau fertiggestellt. Schönbrunn nahm dann freilich nach dem Tod seines Förderers, Kaiser Josephs I. († 1711), eine andere Entwicklung, als sie ursprünglich geplant gewesen war. Der Bruder und Nachfolger Josephs I., Kaiser Karl VI., suchte dieses Schloß nämlich kaum auf, er zog die zu Anfang des 17. Jh. errichtete „neue" Favorita (im Gegensatz zur „alten" Favorita, dem Augarten) im Bereich der Vorstadt Wieden (heute das Theresianum) vor.

Es waren freilich nicht nur die Bauten des Adels, die das Gepräge der Wiener Vorstädte seit der Zeit um 1700 in ganz wesentlicher Weise mitbestimmten, ebenso hatten auch die Kirchenbauten der Zeit einen erheblichen Anteil an der Entstehung dieses neuen Stadtbildes. Neben den schon vor 1683 entstandenen Klöstern, die nach mehr oder weniger starker Zerstörung durch die Türken wiederhergestellt wurden, wie etwa das Servitenkloster in der Roßau, gab es auch vollkommene Umgestaltung von bereits bestehenden Gotteshäusern. Dabei traten nicht nur die Stadt —

etwa beim Neubau der Leopolds-Pfarrkirche in der Leopoldstadt in den Jahren 1723—1728 — hervor, es waren auch die Grundherren, die in dieser Hinsicht Initiative entwickelten. So entstand in den Jahren ab 1721 im Bereich der alten schottischen Vorstadt St. Ulrich der barocke Neubau der Ulrichskirche, zu der Schottenabt Karl Fetzer am 21. April 1721 den Grundstein gelegt hatte. Darüber hinaus gab es aber auch eine Zahl von jetzt erst vollkommen neu entstandenen Kirchen und Klöstern. Schon 1698 ließ Kaiser Leopold I. den Bau der Piaristenkirche Maria Treu beginnen, deren Rohbau 1721 nach Plänen des Johann Lukas von Hildebrandt abgeschlossen war. Das wohl prachtvollste Gotteshaus der hochbarocken Phase der baulichen Entwicklung unserer Stadt entstand dann in Erfüllung eines im Pestjahr 1713 abgelegten Gelübdes Kaiser Karls VI. mit der ab 1716 errichteten Karlskirche, die auf einer bisher öden Anhöhe am Wienfluß in direkter Sichtverbindung über die Linie der Augustinerstraße vom Bereich der Hofburg her angelegt wurde.

Schließlich ist aber auch des Umstands zu gedenken, daß sich diese „befreiende" Wirkung des Endes der Türkenbelagerung und der Bedrohung durch die Osmanen auf die bauliche Entwicklung der Stadt nicht nur im Bereich des adeligen und geistlichen Baugeschehens niederschlug, es waren auch die Bürger der Stadt, die sich an dieser Entwicklung in zwar finanziell bescheidener, aber dennoch durchaus signifikanter Weise beteiligten. Das hohe künstlerische Niveau der Bauten der großen Künstler, die damals in Wien wirkten, fand in den Fähigkeiten geschickter Baumeister eine oft geradezu stupende Nachahmung. Die Namen der damals in diesen Schichten der bürgerlichen Gesellschaft tätigen Baumeister sind heute zumeist vergessen, dennoch stellen die Arbeiten von Josef Raymund, Johann Ferdinand Mödlhammer, Anton Grünn und anderer wichtige Beiträge zur Gestaltung des Stadtbildes während des 18. Jh. dar.

Trotz aller militärischen Erfolge, die man im Kampf gegen die Hohe Pforte ab 1683 verzeichnen konnte, war man sich nicht nur der Notwendigkeit eines Schutzes der Stadt durch die Befestigungslinien bewußt, sondern reagierte auf neu auftretende Bedrohungen besonders aufmerksam. Als zu Anfang des 18. Jh. ungari-

sche Aufständische unter Führung von Franz II. Rákóczi („Kuruzzenaufstand") bei ihren Streifzügen auch nach Niederösterreich kamen und sogar Wien bedroht schien, faßte man zu Anfang des Jahres 1704 eine Reihe von Entschlüssen hinsichtlich der Verteidigung der Stadt. Dem Kaiser unterbreitete man dabei eine Gruppe von Vorschlägen, die sich um folgende Themen konzentrierten: die Bereitstellung von regulären Truppen und der Bürgermiliz für die Verteidigung Wiens, Fragen der Verpflegung, die Herbeischaffung von Artillerie und Munition, die Errichtung von neuen Befestigungen, die allenfalls auch die Vorstädte umschließen sollten, und schließlich die Beschaffung der notwendigen Geldmittel. Es mochte nicht zuletzt das Eintreten des beim Kaiser in höchstem Ansehen stehenden Prinzen Eugen für diese Pläne gewesen sein, das Leopold I. zu einer Zustimmung hinsichtlich der Befestigungsvorschläge veranlaßte. Der Kaiser meinte dazu: „Ist alles wohl eingerathen worden und högst nöttig, allein ist es zwar jetzt zimblich spath, und all dises viel Zeit erfordert, doch ist besser spath alß niemahlens; solle man also alles Fleisses daran seyn, damit das, so disefalls eingerathen worden, ohne Verzug vollzogen werde."

Mit dieser allerhöchsten Einwilligung zu den Verteidigungsvorkehrungen ging man ab dem 26. März an die Realisierung des Bauvorhabens. Von vornherein hatte man dieses Mal an eine sehr weitreichende Ausdehnung der neuen Befestigungen gedacht, es sollten sich die neuen Linien also keinesfalls nur auf die Leopoldstadt erstrecken, für die es ja auch schon früher mehrfach Vorschläge zur Errichtung von Befestigungen gegeben hatte *(vgl. oben bei Tafel 7)*; nun war es auch das vorstädtische Gebiet im Osten, Süden und Westen der Stadt, das geschützt werden sollte. Anders als dies bei der Vorstadtbefestigung des Spätmittelalters der Fall gewesen war, deren Verlauf sich an den Wachstumsgrenzen der damals bestehenden Vorstädte orientierte, sah man nun ein weites unverbautes Feld außerhalb der Vorstädte vor, so daß sich innerhalb des neuen Walls ein genügend großer Bereich für den Aufmarsch von verteidigenden Truppen ergab, ja daß man die dortigen Felder unter Umständen sogar noch für die Versorgung der Stadt heranziehen konnte.

Alle Einwohner zwischen 18 und 60 Jahren waren verpflichtet, an den Bauarbeiten teilzunehmen, und in der Tat gingen die Schanzarbeiten unter der Aufsicht des Stadtguardiaobristen Marchese Obizzi so reibungslos vonstatten, daß die neue „Linea" bereits im Juni abgeschlossen werden konnte. Von militärischer Seite her traf man bereits im Juni Vorkehrungen für eine möglichst sinnvolle Verteidigung dieser Linien, für die sich später der Name Linienwall einbürgerte. Ein im Kriegsarchiv aufbewahrter Plan *(Tafel 14)*, dem es weniger um die kartographisch exakte Darstellung des Verlaufes der neuen Grenze geht, überliefert uns eine Aufstellung für die Verteilung der Wachtruppen im Bereich des neuen Schutzwalls rings um Wien.

Im Jahr seiner Entstehung konnte sich der Linienwall bereits bei einem Angriff der Kuruzzen am 11. Juni bewähren, in der Folge kam der ursprünglich als Befestigung errichteten Grenze zeit ihres Bestandes (bis Ende 19. Jh.) mit wenigen Ausnahmen (1809, 1848) praktisch nie eine militärische Bedeutung zu. Sie entwickelte sich im Lauf der Zeit vielmehr zu einer Grenze in sozialräumlicher Hinsicht, wobei die Vorteile ihres Bestandes von den staatlichen Behörden bald dazu genützt wurden, sie als Steuergrenze zu verwenden. Der Linienwall stellte ja nun tatsächlich eine neue Behinderung für den Zugang zur Stadt dar, von Anfang an verlief der Verkehr durch neun Tore, nämlich das St. Marxer, das Favoritner, das Matzleinsdorfer, das Schönbrunner, das Mariahilfer, das Lerchenfelder, das Hernalser, das Währinger und das Nußdorfer Tor, die später durch die Einrichtung von neuen Durchbrüchen durch den Wall ergänzt wurden.

Erst mit dem Bestand dieser Grenze war in Wien eine sehr klare Scheidung zwischen Vorstädten und Vororten gegeben. Diese in der Landschaft so überaus deutliche Grenze bot darüber hinaus noch einen weiteren Vorteil: Im Unterschied zum städtischen Burgfried, der — wie wir oben gesehen haben — erst wenige Jahre vorher in seiner Ausdehnung festgelegt worden war, war am Verlauf des Linienwalls nichts zu rütteln, hier konnten sich über die Ausdehnung der Grenze keinerlei Diskussionen ergeben. Dieser offenkundige Vorteil führte auch sehr rasch dazu, daß man seitens des Magistrats begann, das Gebiet innerhalb des Linienwalls als das eigentlich städtische zu betrachten. Die Bemühungen der Stadt richteten sich ab nun insbesondere darauf, den Raum bis hin zum Linienwall in den eigenen Zuständigkeitsbereich übertragen zu bekommen. Dieses Vorgehen wird schon 1705 daran ersichtlich, daß man die städtische Todfallsaufnahme in diesem Jahr auf das Gebiet bis zum Linienwall ausdehnte, besonders deutlich wird es im Verlauf des 18. und auch noch des 19. Jh. daran, daß die Stadt vor allem an einer Erwerbung der hier gelegenen Grundherrschaften interessiert war, ohne freilich bis zum Ende der grundherrschaftlichen Verwaltung im Jahre 1848 mit diesem Bemühen vollständig durchdringen zu können. Besonders in der Epoche Kaiser Josephs II. erfuhr die Stadt bei diesen Bemühungen von seiten des Hofes entscheidende Unterstützung, wobei für den Kaiser freilich weniger die Unterstützung der Stadt als vielmehr die Vereinfachung der Verwaltungsgeschäfte im Brennpunkt seiner Bemühungen stand. Eine 1783 vom Kaiser erlassene Verfügung, nach der die Stadt zum alleinigen Ortsgericht innerhalb der Linien bestimmt wurde, mußte wegen der geschlossenen Ablehnung durch die Inhaber der hiesigen Dominien noch im selben Jahr wieder rückgängig gemacht werden. Die entscheidende Bedeutung, die dem Linienwall in den Augen des Magistrats als eigentliche Grenze der städtischen Interessen zukam, wird nicht zuletzt daran ersichtlich, daß er auf weite Strecken zur Grenze des neuen Stadtgebietes bestimmt wurde, als man im Jahre 1850 die Eingemeindung der Vorstädte durchführte.

Die Existenz dieser neuen Grenze war zu Anfang des 18. Jh. einer der ganz wesentlichen Gründe für die Entstehung der ältesten kartographischen Darstellung von Wien, seinen Vorstädten und den unmittelbar daran anschließenden Bereichen der Vororte. Die Karte von Leander Anguissola und Johann Jakob Marinoni, die 1706 im Druck vorgelegt wurde *(Tafel 15)*, zeigt auf einer nach Ostnordost ausgerichteten kartographischen Aufnahme erstmals das Gebiet der Wiener Vorstädte, wie es sich in den Jahrzehnten nach der Türkenbelagerung von 1683 entfaltet hatte und wie es durch die 1704 errichtete Grenze des Linienwalls gegen die weitere Umgebung abgeschlossen wurde. Versuchen wir auch hier, uns die Situation — wie wir das bei der Ansicht des Folbert von Alten-Allen *(Tafel 4)* für die Zeit vor 1683 machen konnten — etwas genauer anzusehen, so ist es vor allem die überreiche Ausstattung des Vorstadtgebietes mit den üppigsten Parkanlagen, die besonders ins Auge sticht. In der Leopoldstadt, wo im übrigen gegen Nordwesten zu zwei verschiedene Befestigungslinien zu erkennen sind, fällt dabei der kaiserliche Augarten auf, wo man noch zu Ende des 17. Jh. das heutige Palais errichtet hatte. Die Gartengestaltung zeigte sich jedenfalls schon vor der Ausgestaltung des Parks, den Karl VI. ab 1712 durch Jean Trehet erneuern ließ, als überaus prächtiges Beispiel für die im 18. Jh. zu großer Blüte gelangende Gartenarchitektur.

Was wir bei einer eingehenden Betrachtung des Anguissola-Marinoni-Planes, an dessen Entstehen im übrigen auch niemand geringerer als Johann Lukas von Hildebrandt beteiligt war, als Mangel empfinden, ist freilich die Tatsache, daß die beiden italienischen Militärkartographen die einzelnen Häuser nicht immer mit der Präzision dargestellt haben, die die Wahl eines etwas größeren Maßstabs vielleicht erlaubt hätte. Dennoch ist es gerade die Art der Darstellung, die uns den Plan in anderer Hinsicht — neben seinem Umfang — so überaus wertvoll macht, treten doch die von den Häusern gebildeten Blöcke darauf besonders eindringlich hervor. Dabei wird es freilich im letzten nicht ganz klar, was die beiden Kartographen bei den außerhalb des Glacis' gelegenen, die Vorstädte rings um Wien beherrschenden Blöcken mit den schraffierten, zum Teil auch voll ausgezogenen Rändern bezeichnen wollten. Mit einiger Wahrscheinlichkeit läßt sich vermuten, daß es sich dabei noch nicht um vollkommen verbaute Bereiche handelt, daß wir es hier vielmehr mit den eigentlichen Zonen des damaligen Wachstums der Vorstädte zu tun haben. In der Darstellungsart deutlich davon abgehoben sind jedenfalls die landwirtschaftlich genutzten Flächen, die ja zu Anfang des 18. Jh. auch innerhalb des Linienwalls noch breiten Raum eingenommen haben. Dabei wird sehr säuberlich zwischen Bereichen, in denen der Ackerbau vorherrschte, und solchen, die von Weinkulturen dominiert waren, unterschieden.

Betrachten wir nun das städtische Umfeld, wie es uns Anguissola und Marinoni zeigen, im einzelnen, so treten südlich der Do-

nau folgende Bereiche in ganz spezifischer Weise hervor: An der Ostseite der Stadt ist es zunächst das sehr locker verbaute Weißgerberviertel, das offenbar nach der Türkenbelagerung sehr rasch wieder besiedelt worden war. Schon vor 1683 hatte hier ja eine recht dichte Besiedlung bestanden *(vgl. Tafel 4)*, es war dies ein auch in wirtschaftlicher Hinsicht (Ortsname weist auf das hier angesiedelte Gewerbe mit der für seine Ausübung lebensnotwendigen Lage am Fluß hin!) seit jeher interessanter Bereich, der bei den Vertretern der Stadt im 16. und 17. Jh. den Wunsch nach einer Einbeziehung dieser Vorstadt in den städtischen Burgfried hatte laut werden lassen. Diese Bemühungen des Magistrats wurden noch im Herbst des Jahres 1683 nach dem Abzug der Türken fortgesetzt und führten zu einem vollen Erfolg für die städtischen Interessen. — Trotz dieses offenkundigen Aufschwungs gerade auch hinsichtlich der Wiederbesiedlung fallen auf dem Plan in diesem Bereich noch weite unverbaute Flächen, vor allem an der hier in einem markanten Bogen vorbeifließenden Donau, auf. Vollkommen siedlungsleer ist auch noch die seit dem 14. Jh. bekannte Gänseweide, wo sich seit dem 16. Jh. — dem Zeitalter der beginnenden religiösen Auseinandersetzungen — die Hinrichtungsstätte für die Delinquenten befand, die den Tod durch Verbrennen zu erleiden hatten. Im Weißgerberviertel selbst war nach der Zerstörung der dortigen Kirche im Türkensturm des Jahres 1683 bereits 1690 mit dem Bau einer neuen Kirche begonnen worden (1872 demoliert, ehemals im Bereich von Wien 3, Löwengasse 10).

In ähnlicher Weise wie wir das auf der Vogelschau von Folbert von Alten-Allen *(Tafel 4)* für die Zeit vor 1683 hatten sehen können, war auch zu Anfang des 18. Jh. der Bereich zwischen Weißgerberviertel und Landstraße noch nicht völlig verbaut, es gab dazwischen noch unverbaute Flächen. Der Aufbau des heutigen 3. Bezirks aus den alten Vorstädten Weißgerberviertel, Landstraße und Erdberg wird auf der Karte Anguissolas und Marinonis besonders deutlich. Dennoch läßt sich hier erkennen, daß — ausgehend von der Vorstadt Landstraße — bereits eine Ausdehnung der Bebauung in Richtung Norden (etwa in den Bereich der heutigen Marxergasse) zu verzeichnen war, eine Tendenz, die dann in weiterer Folge im Verlauf des 18. Jh. zu einem allmählichen Zusammenwachsen der einzelnen Vorstädte zu einem geschlossenen Gürtel rings um die Residenzstadt führte.

Betrachten wir sodann die Situation im Bereich von der Landstraße nach dem Süden zu, dann fällt hier auf, daß nach 1683 auch dieses Gebiet, das vor der Türkenbelagerung noch vollkommen siedlungsleer gewesen war, wo die Weingärten bis in den Bereich des Glacis' gelegen waren, allmählich besiedelt zu werden begann. Vor allem läßt sich das in dem von Ungargasse und Rennweg gebildeten Zwickel erkennen, wo es Angehörige des Adels, aber auch schon Mitglieder des vermögenden Bürgerstandes waren, die sich durch die Anlage prachtvoller Gärten, deren Größe ins Auge sticht, hervortaten.

Zwischen dem Rennweg und der Heugasse, der heutigen Prinz-Eugen-Straße, hatten sich noch in den neunziger Jahren des 17. Jh. zwei hohe Militärs mit höchst einflußreichen Positionen bei Hofe angekauft. Schon 1692 hatte Heinrich Franz Mansfeld Fürst Fondi, Generalfeldmarschall und Oberstkämmerer Leopolds I., in diesem Bereich einige Weinrieden angekauft, um sich hier ein Sommerpalais vor der Stadt errichten zu lassen. 1704 war der Rohbau nach den Plänen des Lukas von Hildebrandt fertiggestellt. Nach dem Tod des Fürsten gelangte das immer noch nicht fertiggestellte Palais im Kaufweg an Adam Franz Fürst Schwarzenberg, der es dann in den zwanziger Jahres des 18. Jh. unter der Leitung von Johann Bernhard Fischer von Erlach und — nach dessen Tod — von dessen Sohn Joseph Emanuel fertigstellen ließ. Neben dem unmittelbar an der Heugasse liegenden Palais Schwarzenberg ist es aber vor allem das Belvedere, das Sommerpalais des Prinzen Eugen, von dem dieses Vorstadtgebiet dominiert wird. Auch Prinz Eugen hatte sich hier schon in den späten Jahren des 17. Jh. angekauft, die um 1724 abgeschlossenen Bauarbeiten stehen zur Gänze unter dem Stern des Johann Lukas von Hildebrandt. Dabei begann man in ganz selbstverständlicher Weise zunächst einmal mit der Anlage des Parkes, mußte man doch dafür stets einen längeren Zeitraum vorsehen. Der bis auf den heutigen Tag vielbewunderte Park des Schlosses entstand in den Jahren ab 1700 nach den Plänen des Garteningenieurs Dominique

Girard, der auch für die wasserbaulichen Anlagen — einen integrierenden Bestandteil jedes repräsentativen Parks seit den Tagen der Renaissance — verantwortlich zeichnete.

War damit der unmittelbar außerhalb des vom Wienfluß hier gebildeten Knies gelegene Bereich schon zu Anfang des 18. Jh. von zwei bis in die Gegenwart hochberühmten Adelspalais verbaut, so war die Gegend an der Westseite der Heugasse im Jahre 1706 noch von weit ausgedehnten Weingärten erfüllt. Nur am Rand des Glacis' am rechten Ufer des Wienflusses zog sich eine Zeile von neu entstandenen Baulichkeiten, bei denen von neuem die umfangreichen dazugehörigen Gärten auffallen. Die Wieden war ein seit dem Spätmittelalter stets dicht verbauter vorstädtischer Bereich gewesen, wofür nicht zuletzt der Umstand eine Rolle spielte, daß von hier die wichtige Straßenverbindung nach dem Süden über den Wienerberg ausging, womit eine seit der Wende vom 12. zum 13. Jh. vielbegangene Handelsstraße bezeichnet war. Die Wieden hatte aber nicht nur Anteil an dem über die Wiedner Hauptstraße führenden Handelsverkehr, ihre Wirtschafts- und Baustruktur erfuhr darüber hinaus auch durch die Lage am Wienfluß eine ganz spezifische Prägung. Das Vorhandensein von Mühlen, durch welche die Wasserkraft des Wienflusses genützt wurde, ist aus schriftlichen Quellen schon seit dem 13. Jh. bezeugt. Auf dem Plan des Bonifaz Wolmuet vom Jahre 1547 *(Tafel 5)* läßt sich zum erstenmal die Lage einiger dieser Mühlen feststellen, die sich an dem vom Wienfluß gespeisten Mühlbach an der Ostseite der Stadt befanden. Mit dem Plan von Anguissola-Marinoni ist es nun möglich, die Situation dieser Mühlen auch am weiter von der Stadt entfernten Lauf des Wienflusses zu verfolgen. Dort existierten zwei künstliche Nebenarme, zwei Mühlbäche, an denen diese Anlagen errichtet waren. Der erste dieser beiden Wasserläufe zweigte im Bereich von Meidling von der linken Seite des Wienflusses ab und nahm seinen Lauf — nach modernen Gegebenheiten etwa auch durch die heutige Ullmannstraße — über den Bereich von Sechshaus, das damals tatsächlich erst aus einigen wenigen Häusern bestand und damit seinen Namen rechtfertigte, und Gumpendorf bis zum sogenannten Gumpendorfer Wehr (etwas unterhalb von der heutigen Pilgrambrücke). Dort begann auf dem rechten Wienufer der zweite Mühlbach, der auf der Wieden zum Betrieb einiger Mühlen herangezogen wurde.

Als geistliches Zentrum der Wieden war in diesen Jahren eindeutig noch das im Zug der Gegenreformation 1626/27 gegründete Paulanerkloster zu bezeichnen, dessen Kirche an der Gabelung von Wiedner Hauptstraße und Favoritenstraße nach der Zerstörung durch die Türken wiederhergestellt worden war. Noch war die Anhöhe am rechten Wienflußufer, deren Geländestufe auf dem Plan von Anguissola-Marinoni durch eine Schraffierung gekennzeichnet ist, völlig unverbaut, wenige Jahre später begann hier das bedeutendste sakrale Architekturdenkmal des Barocks in Wien emporzuwachsen, die Karlskirche.

Auch am linken Wienflußufer, im Bereich des von der heutigen Mariahilfer Straße zum Flußbett hin abfallenden Geländes, war nach 1683 ein Wiederaufbau erfolgt. Im Gebiet der schon im 14. Jh. erwähnten Katerlucke, dem unteren Abschnitt der heutigen Gumpendorfer Straße, war mit der Kothgasse nach 1683 wieder ein vorstädtischer Siedlungskern entstanden, der damals freilich noch kaum über eine Verbindung zum Bereich von Gumpendorf verfügte. Auf dem Abhang von Gumpendorf zur Ebene des Wienflußtales befanden sich damals noch Weingärten, die im Westen unmittelbar anschließende Vorstadt Laimgrube wird ja auch später noch als Standort eines „guten Tropfens" gerühmt.

Die Laimgrube selbst lag am Anstieg der heutigen Mariahilfer Straße vom Glacis in Richtung stadtauswärts, im Südwesten schloß sich der Bereich von „Im Schöff" an, der damals noch seinen alten, seit dem 16. Jh. bezeugten Namen trug. Die Vorstadt Windmühle ist dagegen auf dem Plan nicht eingetragen. An dieser Ausfallstraße entwickelte sich dann um die Kirche Mariahilf der Barnabiten die gleichnamige Vorstadt. Zwischen dem Bereich von Gumpendorf über die Mariahilfer Straße hinweg bis hin zur Lerchenfelder Straße erstreckten sich damals noch breit ausgedehnte, durchwegs landwirtschaftlich genutzte Flächen, die den gesamten Raum zwischen den damaligen Wachstumsgrenzen der Vorstädte und dem Linienwall einnahmen und sich jenseits dieser Grenze fortsetzten.

Die Gegend des heutigen 7. Wiener Gemeindebezirkes war nur bis zur Bebauungszeile an der stadtäußeren Seite der Neubaugasse bereits besiedelt. Im unmittelbaren Grenzbereich zum Glacis sind es die alten Vorstädte St. Ulrich und der „Spitelberg", das frühere Kroatendörfel, welche die bauliche Situation dominieren. Dabei war es schon in diesen Jahren auf dem Spittelberg zu der für dieses Gebiet bis auf den heutigen Tag so bezeichnenden engen Verbauung gekommen. Es war das Wiener Bürgerspital gewesen, das dieses Gebiet am Ende des 17. Jh. erworben hatte (und ihm auch den neuen Namen gegeben hatte) und in der Folge die Parzellierung vorantrieb. Auf dem Spittelberg darf man angesichts der ansonsten im gesamten Umkreis der Wiener Vorstädte nirgends anzutreffenden dichten Bauweise wohl davon ausgehen, daß es hier schon früh zu einer Bauspekulation kam, die zu dieser höchst ungesunden Bauweise in einem Bereich führte, der aufgrund seiner günstigen Lage im unmittelbaren Vorfeld der Hofburg für Unterkunftssuchende von größtem Interesse sein mußte. Hier entstanden dann in der Folge eine Reihe von bald sehr verrufenen Vergnügungsetablissements, die zu dem lange fortwirkenden schlechten Ruf des Spittelbergviertels beitrugen.

Wieder ganz anders war die Situation jenseits der Lerchenfelder Straße im Gebiet des heutigen 8. Gemeindebezirkes. Dort kam es in ganz ähnlicher Weise, wie wir das im südöstlichen Vorfeld der Residenzstadt sehen konnten, bereits um die Wende vom 17. zum 18. Jh. zur Errichtung einer Reihe von bedeutenden Adelspalais. Dabei spielte offenbar für den sich hier ansiedelnden Adel der Umstand der besonderen Nähe zum Hof eine ebensolche Rolle, wie uns dieses Phänomen — freilich in ganz anderer Ausprägung — auch beim Spittelberg begegnet war. Schon zum Zeitpunkt der Aufnahme dieses Plans gab es jedenfalls die Anlage des Palais Trautson in dem zwischen Unterlauf des Ottakringer Baches und Lerchenfelder Straße gebildeten Zwickel, wo das Gelände merklich hin zum Glacis abfiel. Auf der gegenüberliegenden Straßenecke befindet sich zwar ebenfalls schon eine der prächtigen vorstädtischen Gartenanlagen Wiens, von dem Bau, der dieses Gebiet ab etwa 1710 auszeichnen sollte, dem vermutlich nach Plänen des Johann Lukas von Hildebrandt erbauten Palais Weltz, später Rofrano, heute Auersperg, war um die Mitte des ersten Jahrzehnts des 18. Jh. allerdings noch nichts vorhanden. Was dagegen auch schon bei Anguissola-Marinoni zu sehen ist, ist das 1702 von Maria Katharina Gräfin Strozzi erbaute Palais mit seinem prächtigen Park, der in dieser Zeit an Ausdehnung freilich von mehreren anderen, im Besitz verschiedener Bürger (deren Namen uns heute nichts mehr sagen) stehender Gartenanlagen übertroffen wurde. Zwischen Lerchenfelder und Josefstädter Straße erstreckte sich außerhalb des Strozzipalais dann nur mehr von einem einzigen Haus unterbrochen ein breiter Streifen von Weingärten bis zur „Linie".

Dort draußen lassen sich auf dem Plan im übrigen die Anfänge eines um 1700 planmäßig angelegten neuen Siedlungskomplexes erkennen. Es war der Propst des Augustinerchorherrenstiftes Klosterneuburg, der in diesem außerhalb des Linienwalls gelegenen Gebiet seit dem Hochmittelalter die grundherrschaftlichen Rechte ausübte. Nicht nur die Stadt Wien, auch die verschiedenen Dominien im Umkreis der Residenzstadt waren freilich durch die Ereignisse des Türkenjahres 1683 schwer in Mitleidenschaft gezogen worden, und auch hier regten sich am Ende des 17. und zu Beginn des 18. Jh. allenthalben Versuche, den Wiederaufbau der Siedlungen nach Möglichkeit zu fördern. Nun war es im Bereich der Klosterneuburger Herrschaftsbezirke unter anderem ganz besonders Ottakring gewesen, das unter den Zerstörungen von 1683 zu leiden gehabt hatte. Um 1700 initiierte der Prälat des Stiftes sodann auf diesen ihm zugehörenden Gründen den Anfang einer vollkommen neuen Siedlung. In den nächsten Jahren entstand an dieser Stelle Neulerchenfeld, dessen Straßenzüge sich als rational geplantes Rastersystem im Grundriß zeigen. Die bald faßbar werdende vorwiegende Zusammensetzung der hiesigen Bevölkerung aus Handwerkern und kleinbürgerlichen Gewerbetreibenden entsprach dabei im besonderen Maße der Lage des neuen Ortes unmittelbar außerhalb der neuen Stadtgrenze des Wiener Linienwalls.

Betreten wir nun wieder den vorstädtischen Bereich, so fällt auf, daß die Breite des unverbauten Gebietes zwischen vorstädtischer Bebauungsgrenze und Linienwall an der Nordseite der Jo-

sefstädter Straße allmählich abzunehmen beginnt, bis die Vorstadtbebauung im Bereich der Alser Straße fast bis an die Linien heranreicht. Dieser Umstand ist allerdings nicht zuletzt auch in engstem Zusammenhang mit der Tatsache zu sehen, daß hier der Linienwall die geringste Entfernung von der Stadt aufweist.

Unweit des Hernalser Tores im Zug des Linienwalls wurde diese Stadtgrenze vom Alserbach durchflossen, der dann im vorstädtischen Bereich eine markante Grenze zwischen den — allerdings sehr locker — bebauten Gebieten zwischen der Alser und der Währinger Straße sowie einem durchgehend noch landwirtschaftlichen Bereich am linken Bachufer bis hin zum Linienwall bildete. Die dortigen Gründe standen seit der ersten Hälfte des 17. Jh. im Besitz des Klosters Himmelpforte, das sich an der im frühen 18. Jh. so starken Förderung des Bauwesens in Wien und Umgebung nicht beteiligte. Erst nach der Aufhebung dieses Klosters im Zug der josephinischen Klosterreformen wurde auch dieses Gebiet nach und nach verbaut, hier entstand die selbständige Vorstadt Himmelpfortgrund, die der Magistrat erst im Jahre 1825 durch Kauf von der k. k. Staatsgüter-Administration (Verwaltung der Liegenschaften der in den achtziger Jahren des 18. Jh. aufgehobenen Klöster) in seine Verfügungsgewalt bringen konnte.

Wir befinden uns damit bereits inmitten des Gebietes des heutigen 9. Wiener Gemeindebezirkes, jenseits der Alser Straße. Bei der Fortsetzung unseres Rundganges rund um die Stadt Wien zu Anfang des 18. Jh. gelangen wir sodann in die donaunah gelegenen Teile dieses heutigen Wiener Bezirkes, wo nach 1683 neben den alten Vorstädten ebenfalls neues Leben aufzublühen begann. So finden wir dort zwar auch die alten, vertrauten Namen, wie etwa Roßau oder Thury wieder, die schon vor der Katastrophe der Zweiten Türkenbelagerung als Orte bestanden hatten, daneben treffen wir aber hier auf die neue Bezeichnung „Liechtenthal". In diesem Abschnitt des städtischen Umlandes, der zwischen einem Arm der Donau, dem Unterlauf des Alserbaches und dem in diesen mündenden Währinger Bach gelegen ist, war es der Fürst Liechtenstein, der sich hier in den Jahren nach der türkischen Katstrophe ankaufte. Zunächst ging es ihm offenbar ebenso wie seinen adeligen Standesgenossen hauptsächlich darum, sich außer-

41

halb der beengenden Stadtmauern eine repräsentative Residenz für den Sommer zu errichten. Johann Adam Fürst Liechtenstein beauftragte den italienischen Architekten Domenico Martinelli mit dem Entwurf eines Sommerpalais, und in den Jahren 1691—1711 entstand der Liechtensteinsche Sommerpalast in der Roßau. Schon in den unmittelbar nach dem Baubeginn dieses repräsentativen Sommersitzes folgenden Jahren entwickelte der Fürst aber weiterreichende Pläne für diese neu von ihm erworbenen Besitzungen. Von 1694—1698 ließ er hier ein Brauhaus errichten, daß — unweit des Nußdorfer Tores des Linienwalls gelegen — auf dem Plan von Anguissola-Marinoni eingezeichnet ist. Als Fürst Liechtenstein 1699 die übrigen Gründe parzellieren ließ, entstand 1701 das erste Haus und binnen einem Jahrzehnt eine neue Vorstadt. Die günstigen Ansiedlungsbedingungen — den Bauwilligen wurde eine zehnjährige Steuerfreiheit zugesichert — mochten das Ihre dazu beigetragen haben, den Aufschwung des Bereiches ganz entscheidend zu fördern.

Zwischen dem Gebiet von „Liechtenthal" und dem Wiener Donauarm ist auf dem Anguissola-Marinoni-Plan das Palais Althan mit dem zugehörigen Park zu sehen, das Johann Bernhard Fischer von Erlach am Ende des 17. Jh. für den Oberhofmeister und Landjägermeister Christoph Johann Graf Althan erbaut hatte. Er dachte offenbar im Gegensatz zu seinem Nachbarn, dem Fürsten Liechtenstein, in keiner Weise an einen Ausbau seines Besitzes zu einer Vorstadt, diese Entwicklung setzte erst ein, als dieser Bereich 1713 von der Gemeinde Wien erworben wurde. Im übrigen fällt ganz besonders auf, daß weite Teile des Gebietes des heutigen 9. Gemeindebezirkes schon zu Beginn des 18. Jh. als bevorzugtes Wohngebiet für den Hochadel gelten konnten. Unter den Gartenbesitzern der Roßau und von Lichtental werden neben dem Fürsten Liechtenstein und dem Grafen Althan nicht weniger als sechs weitere Vertreter des Hochadels genannt, nämlich die Grafen Breuner, Hardegg, Harrach, Collalto, Kaunitz und Sinzendorf. Vergleicht man nun diese Situation mit den übrigen Vorstadtbereichen in Wien, so fällt auf, daß es offenbar schon zu Anfang des 18. Jh. zur Präfiguration einer sozialräumlichen Gliederung des städtischen Umfeldes kam, wie sie uns dann in der zweiten Hälfte des 19. Jh. noch sehr viel deutlicher und auch mit Datenmaterial besser belegbar entgegentritt. Gerade sozialhistorische Untersuchungen jüngeren Datums haben nämlich besonders deutlich machen können, daß sich neben der Innenstadt vor allem in den Gebieten des 4. und 9. Wiener Gemeindebezirkes, der Wieden und des Alsergrundes also, eine stärkere Konzentration an sozial höherstehenden Einwohnern feststellen läßt, als dies sonstwo in den Wiener Vorstädten der Fall ist. Die Wieden und der Alsergrund sind in gewisser Hinsicht als die Teile der Stadt anzusprechen, wohin sich in der zweiten Hälfte des 19. Jh. die Reste des Hochadels zurückzuziehen begannen, während die damals neu aufstrebenden Stadtteile, vor allem die Zone an der Ringstraße, von den Angehörigen des aufgrund ihres wirtschaftlichen Geschicks erst relativ kurz nobilitierten Geldadels dominiert wurden.

Vermittelt uns die Karte der beiden italienischen Militärkartographen Leander Anguissola und Johann Jakob Marinoni zum erstenmal ein umfassendes Bild von der Situation in den nach 1683 wiederaufgebauten Vorstädten von Wien, so ist es der Plan von Werner Arnold Steinhausen *(Tafel 16)*, eines Mannes, der sich wie die beiden genannten Italiener als großer Fachmann des Festungsbaues erwiesen hatte und der auch als Mitwirkender an der Entstehung der ausführlich behandelten Vorstadtkarte von 1706 erwähnt wird, dem wir eine besonders eindringliche Kenntnis der topographischen Verhältnisse in der Innenstadt verdanken. Wenige Jahre nach der Drucklegung des Kartenwerkes von Anguissola-Marinoni verfaßte Steinhausen einen dem Grafen Weltz gewidmeten Plan der Innenstadt und der nächsten Umgebung von Wien (nur die glacisnah gelegenen Teile der Vorstädte samt dem Kern der Leopoldstadt), der — anders als das Blatt von Anguissola-Marinoni — nun auch für den innerstädtischen Bereich auf exakten Vermessungsarbeiten beruhte und von einer geradezu unglaublichen kartographischen Präzision ist. Innerhalb der Stadt sind dabei sämtliche Verkehrsflächen, aber auch alle Hausbesitzer namentlich angeführt, im Bereich der Vorstädte gibt es in dieser Hinsicht zwar einige Lücken, doch erstaunt die Karte auch dort durch die Reichhaltigkeit ihrer Aussage. Um nur einige Details dieser so informativen Karte besonders hervorzuheben, sei etwa darauf hingewiesen, daß hier noch der rings um die Stephanskirche gelegene Friedhof, der sich seit dem 13. Jh. nachweisen läßt und der erst 1732 über Anordnung Kaiser Karls VI. aufgehoben wurde, im Herzen der Stadt zu sehen ist. Der Fortschritt der Bebauung des vorstädtischen Bereiches innerhalb der nur wenigen Jahre seit der Aufnahme des Anguissola-Marinoni-Planes ist im Randbereich des Glacis' ebenfalls zu erkennen, wo es vor allem das um 1710 errichtete Palais des Grafen Weltz (heute Palais Auersperg) als des Widmungsträgers der Steinhausen-Karte ist, das hier besonders ins Auge fällt.

Bereits aus diesen ersten Plänen des Wiener Bereiches aus dem Anfang des 18. Jh. wird die tiefgehende Umgestaltung deutlich, die sich hier im Zug der nach 1683 einsetzenden Bauwelle vollzog. Diese Erscheinung hat das Bild unserer Stadt vor allem im vorstädtischen Raum ganz nachhaltig geprägt. Dabei ist diese bauliche Entwicklung in vielfacher Hinsicht ein Spiegelbild der allgemeinen wirtschaftlichen, sozialen und politischen Abläufe des Zeitraums.

Das städtische Wiener Wirtschaftsleben war seit dem Mittelalter durch die beiden Faktoren Handel und Handwerk nachhaltig dominiert, im Spätmittelalter kam daneben auch dem Weinbau große Bedeutung zu. Die wichtige Rolle, die der Stadt als Umschlagplatz an der Donau zukam, war durch die Verleihung des Stapelrechtes schon im babenbergischen Stadtrecht vom Oktober 1221 gesichert worden. Bis in die erste Hälfte des 16. Jh. haben wir mannigfache Belege für weitreichende Handelsverbindungen von Wiener Kaufleuten und hiesigen Gesellschaften, obwohl es gerade um diese Zeit zu einer immer stärker werdenden Entwertung der mit dem Stapelrecht ehedem verbundenen Vorteile gekommen war. Aus europäischer Sicht hatte sich in dieser Epoche das Handelsleben zunächst nach Oberdeutschland verlagert (Fugger in Augsburg), während dann ab dem Zeitalter der großen Entdeckungen überhaupt der westeuropäische Bereich besser von der neuen Entwicklung profitieren konnte. Die zweite Basis der Wiener Wirtschaft, das Handwerk, spielte mit seiner seit dem Mittelalter starr bewahrten zünftischen Organisationsform,

die sich durch eine besonders streng gehandhabte Beschränkung der Zahl der Meister und des Umfangs der Produktion im Sinne eines Schutzes des einzelnen vor übermächtiger Konkurrenz auszeichnete, vor allem in gesellschaftlicher Hinsicht für das Leben in der Stadt eine bedeutende Rolle. Dies wird nicht zuletzt aus der rechtlichen Besonderheit deutlich, die der frühere Bürgerstand aufwies. Das Bürgerrecht besaß im älteren Städtewesen nämlich nicht jeder in der Stadt Ansässige, vielmehr war es — gesetzlich seit der Stadtordnung Ferdinands I. von 1526 geregelt — der Hausbesitz innerhalb der Stadt und (oder) die Ausübung eines Handwerks in der Stadt als von der betreffenden Zunft anerkannter Meister, die als die einzig zulässigen Voraussetzungen zur Erlangung dieses Rechtes galten. Dieser für die verfassungsgeschichtliche Situation im älteren Städtewesen ganz typischen Rechtslage kommt natürlich für jede sozialgeschichtliche Betrachtungsweise eine ganz eminente Bedeutung zu. Daraus wird aber auch ersichtlich, daß es die Handwerksmeister waren, die in der bürgerlichen Gesellschaft gemeinsam mit den Kaufleuten eine tonangebende Rolle spielte. Bereits in der Mitte des 17. Jh. versuchte man, von seiten des Staates an neue wirtschaftliche Ideen Anschluß zu finden, die in dieser Epoche zu blühen begannen. Es war das Wirtschaftskonzept des Merkantilismus, das vor allem auf eine Hebung der Produktion des eigenen Landes und eine möglichst große Unabhängigkeit von aus dem Ausland einzuführenden Gütern abzielte, mittels dessen man damals eine ökonomische Verbesserung herbeizuführen trachtete. Dabei kamen die neuen Ideen weniger auf dem Sektor des Handelsgeschehens der Zeit zum Tragen; die Gründung von Handelsgesellschaften („Kommerzkollegium", „Compagnien") knüpfte in vielfacher Weise an Gegebenheiten älteren Datums an, allerdings war die Forderung nach staatlicher Förderung solcher Unternehmungen ein neues Element, in dem sich eben das grundsätzliche Interesse des merkantilistischen Staates an der Hebung der Wirtschaft zeigte. In einschneidender Weise waren es aber die Produktionsverhältnisse, die sich im Zusammenhang mit diesen Neuerungen im Wirtschaftsgeschehen zu ändern begannen. Das in vieler Hinsicht rückständige, an der Idee der zünftischen Organisation festhaltende Handwerk konnte nämlich vor allem eines nicht leisten — eine entscheidende Erhöhung der Produktionsziffern. Gerade das war es aber, das den großen Vorteil des Manufakturbetriebes bildete, der sich ab der Mitte des 17. Jh. allmählich auszubreiten begann. Im besonderen Maße war es dabei die Textilerzeugung, die hier als bahnbrechend voranging. — Bei all diesen Vorgängen handelt es sich um ganz entscheidende strukturelle Veränderungen in der allgemeinen wirtschaftlichen Entwicklung, wobei der Weg über den Einsatz der arbeitsteiligen Produktionsweise, bei der man nicht mehr das fertige Werkstück herstellte, sondern nur mehr an einem Teil des Arbeitsprozesses beteiligt war, und die Unterstützung der Produktion durch Maschinen (ab dem frühen 19. Jh.) zur Industrialisierung führte.

Schon vor 1683 war es nicht nur in der weiteren Wiener Umgebung (Schwechat), sondern auch im Bereich der Vorstädte (Manufakturhaus Am Tabor in der Leopoldstadt) zu ersten Manufakturgründungen gekommen, die allerdings mehrfach im Experimentierstadium steckenblieben. Der Türkensturm machte diesen ersten zaghaften Ansätzen ein jähes Ende, die Jahre danach hatten zunächst mit anderen Problemen zu kämpfen. Die Finanzkraft des Staates, aber auch die der Stadt war durch die Verwüstungen von Land und Stadt schwer getroffen, dazu kamen die im Zusammenhang mit den Feldzügen gegen die Türken notwendigen Geldaufwendungen. Am Ende des 17. Jh. griff man bei den Maßnahmen zur Finanzierung dieser Auslagen erneut auf Kapitalgeber aus den Kreisen der Juden zurück, womit diese Bevölkerungsgruppe der Stadt — vertreten durch Repräsentanten wie etwa vor allem Samuel Oppenheimer — nach ihrer erst zwei Jahrzehnte zuvor erfolgten Vertreibung aus dem Unteren Werd (Leopoldstadt) von neuem eine wichtige Position in Wien gewinnen konnte. Im Gefolge des Bankrotts von Samuel Oppenheimer, des bedeutendsten Kreditgebers des Staates, entstand dann 1705 nach dem Fehlschlagen des Versuchs zur Gründung einer staatlichen Bank der „Wiener Stadt-Banco", ein Kreditunternehmen, das auf der Basis des Kapitals der Stadt Wien mehrere Jahrzehnte hindurch mit Erfolg agieren konnte.

Diese Epoche, der Anfang des 18. Jh. also, war es dann, der den allgemeinen wirtschaftlichen Aufschwung in der Stadt nicht zuletzt in der zunehmend dichteren Verbauung des Vorstadtbereiches zeigte (vgl. Tafel 15). Den damals steigenden Ansprüchen des Hofes, des Adels, aber auch der wohlhabenderen bürgerlichen Schichten konnten die vom ansässigen Handwerk hergestellten Erzeugnisse vielfach nicht mehr genügen, die Anfänge stärkerer Ansiedlung eines Luxushandwerkes liegen in diesen Jahren. An eine Eingliederung dieser neuen Produktionsstätten in das bodenständige Zunftsystem war von allem Anfang an nicht zu denken. Trotz des erbitterten Widerstandes, den man von seiten der ansässigen Handwerker der neuen Konkurrenz entgegenbrachte, nahm die Erteilung von nichtbürgerlichen Gewerbebefugnissen immer mehr zu, war es auf diesem Weg doch auch möglich, die Abhängigkeit der heimischen Wirtschaft von Importen aus dem Ausland zu verringern und damit für eine Verbesserung der Zahlungsbilanz zu sorgen. Zunächst versuchte man freilich nach Tunlichkeit, die Ansiedlung neuer Gewerbe vor allem in solchen Branchen zu betreiben, die im Aufbau des heimischen Handwerks nicht vertreten waren. Um 1700 faßte etwa die späterhin in Wien so wichtig werdende Seidenmanufaktur hier Fuß, im Jahre 1718 erhielt der Niederländer Claude Innocent du Paquier ein Privileg zur Errichtung einer Porzellanmanufaktur in der Roßau, womit er einen neuen Werkstoff nach Österreich brachte, der erst wenige Jahre vorher in Sachsen erstmals auf europäischem Boden erzeugt worden war.

Unter der Regierung Kaiser Karls VI. verstärkte und beschleunigte sich die hier skizzierte Entwicklung ganz beträchtlich, damals führte man auch die Neuerung der sogenannten „Schutzverwandten" im Wirtschaftsleben ein, wobei gegen Entrichtung eines Schutzgeldes unbefugte, zünftisch nicht organisierte Handwerker zeitlich befristete Erlaubnisscheine erhielten. Eine Zahl möge den gewerblichen Aufschwung in der damaligen Residenzstadt verdeutlichen: 1736 zählte man in Wien mit rund 11.000 Handwerktreibenden ziemlich genau doppelt so viele, wie 1674 in der Stadt gearbeitet hatten, wobei der Anteil der außerhalb der Zünfte arbeitenden Handwerker mit 3.100 Schutzverwandten und 1.400 Hofbefreiten auffällig hoch war.

Diese erste „Liberalisierung" im Wirtschaftsleben der Stadt blieb allerdings mangels eines energischen Vorantreibens der erforderlichen Maßnahmen nur Stückwerk. So übernahm man etwa 1732 die zunftschützenden Bestimmungen der Reichsgewerbeordnung auch für Wien. Die Zünfte stellten ja allerdings trotz aller Schwerfälligkeit und Rückschrittlichkeit für die in ihnen organisierten Handwerker den einzigen sozialen Rückhalt dar, und gerade dieses Schutzes mußten die in diesen Jahren so zahlreichen, außerhalb der Zünfte entstehenden Gewerbebetriebe entbehren. Im Falle einer wirtschaftlichen Rezession — und zu solchen Rückschlägen in der ökonomischen Entwicklung kam es immer wieder — mußten arbeitslos gewordene Handwerker ihr Dasein dann als „Störer" oder „Pfuscher" fristen; die ersten überlieferten sozialen Spannungen in Wien sind uns im Zusammenhang mit der Entwicklung dieser Jahre bekannt. Als es in den Jahren 1721/22 zum sogenannten „Schuhknechtaufstand" in Wien kam, wurden die Forderungen nach Verbesserungen von oft skandalösen Arbeitsbedingungen von den Behörden blutig unterdrückt. Viele von den in dieser Epoche gegründeten neuen Manufakturen mußten ihren Betrieb nach ersten Erfolgen wieder einstellen, so erging es nicht zuletzt auch der bereits genannten Porzellanmanufaktur in der Roßau, die dann 1744 vom Staat übernommen wurde und seit dieser Zeit — mit neuem Standort — als Augartenporzellanmanufaktur fortbesteht.

Die in dieser Epoche von Staatsseite initiierten Maßnahmen waren aber nicht nur auf eine unmittelbare, sondern auch auf eine mittelbare Förderung des Wirtschaftslebens gerichtet. So legte man damals großen Wert auf eine Verbesserung der Verkehrswege. Die Regierungszeit Kaiser Karls VI. brachte die Entstehung eines ganzen Systems von „Kommerzialstraßen" (Ausbau der Semmeringstraße, 1728, „Kaiserstraßen" nach Brünn und Prag in den dreißiger Jahren), erneut kam es zur Einleitung von Flußregulierungen, unter denen dem Durchstich des neuen Donauarms im Bereich flußabwärts vom Nußdorfer Spitz für den Wiener Bereich erhöhte Bedeutung zukam. Das Verkehrswesen nahm freilich in diesen Jahren nicht nur im überregionalen Sinne einen Aufschwung, auch der innerstädtische Verkehr nahm in der Zeit

nach der Zweiten Türkenbelagerung ganz entscheidend an Dichte zu. Zu den schon seit dem 17. Jh. in der Stadt verkehrenden Fiakern traten ab der Erteilung des Privilegs für die Sesselträger im Jahre 1703 neue Verkehrsmittel im innerstädtischen Bereich. Das Straßenleben wurde bewegter, man empfand damals zum erstenmal auch die Einengung von Durchfahrten durch alte Bauwerke im steigenden Maße als störend und ging an die Realisierung erster baulicher Regulierungen innerhalb der Stadt zur Verbesserung der Verkehrssituation. So kam es etwa im Jahre 1732 zu zwei das Stadtbild ganz entscheidend verändernden Regulierungen, als zum einen der alte Stephansfriedhof aufgelöst und durch eine neue Anlage vor dem Schottentor ersetzt und zum anderen das uralte Peilertor an der Ecke Graben/Tuchlauben, das seiner Lage und seinen Fundamenten nach auf das Südtor des römischen Legionslagers Vindobona zurückging und wohl schon seit der vorbabenbergischen Siedlungsentwicklung des innerstädtischen Bereichs Bestand gehabt hatte, aus Verkehrsrücksichten abgetragen wurde.

Das Leben in der barocken Stadt läßt sich mit all diesen Angaben im letzten freilich nur unzulänglich verdeutlichen. Wie widersprüchlich die damalige Stadtentwicklung in vieler Hinsicht war, erkennt man immer wieder auch an Einzelnachrichten, die zum Teil erstaunliche, ja sogar befremdlich anmutende Einblicke ermöglichen. Noch im Jahre 1724 ist es etwa erforderlich, eine Verordnung herauszugeben, die besagt, daß die Dachrinnen künftig entweder an der Rückseite des Hauses münden müssen oder entlang der Hausmauer herab zu führen haben, da ihre bisherige Ausmündung in der Mitte der Wege diese durch das herabströmende Wasser zur Gänze zerstörten. Obwohl man wenigstens im Hinblick auf die Abwässerbeseitigung unter der Regierung Karls VI. entscheidende Fortschritte erzielte — 1739 war das innerstädtische Gebiet weitgehend kanalisiert — lag der Zustand der Straßen also weiterhin im argen. Schon in der Mitte des 17. Jh. war die Einrichtung der Müllbeseitigung von seiten der Stadt institutionalisiert worden („Mistbauer"), dennoch sah man sich noch im Dezember 1738 genötigt, die Gassensäuberung in Wien durch alle Klöster, Hauseigentümer und Gewölbeinhaber (Besitzer von Verkaufsläden) anzuordnen, wozu nicht nur der in den winterlichen Straßen der Stadt liegende Schnee, sondern auch die mangelhafte Sauberkeit der Verkehrswege Anlaß geben mochte. Bauliche und wirtschaftliche Entwicklung, Aufschwung des Verkehrswesens und die Vornahme regulierender Maßnahmen durch die Behörden waren ihrerseits wieder ein Spiegelbild einer im 18. Jh. einsetzenden Zunahme der Bevölkerungszahlen. Dabei gab es freilich in dieser Hinsicht immer wieder Rückschläge, die Cholera war infolge der unzulänglichen Wasserversorgung und der mangelhaften sanitären Vorkehrungen eine immer wieder auftretende Seuche, die Pestepidemie des Jahres 1713 traf Stadt und Umland schwer. Dazu trat eine für Wien ganz typische hohe Sterblichkeitsrate bei Geburten. Dennoch ist es das 18. Jh., das zum erstenmal seit der Entwicklung der Stadt im Spätmittelalter zu einem deutlichen Ansteigen der Bevölkerungszahlen führt. Als man am 13. Februar 1754 in Wien erstmals eine Volkszählung durchführte ("Seelenkonsignation"), ergab sich für den Bereich der Stadt und ihrer Vorstädte eine Einwohnerzahl von genau 175.609 Personen, womit sich der Bevölkerungsstand seit dem Anfang des Jh. annähernd verdoppelt hatte.

Eine solche steile Aufwärtsentwicklung der Einwohnerzahlen hatte nicht zuletzt auch in der Notwendigkeit neuer organisatorischer Maßnahmen der städtischen Verwaltung wichtige Folgewirkungen. So wurde damals von seiten der Behörden großer Wert auf eine genauere Erfassung des städtischen Grundbesitzes gelegt. Aus diesem Grund kam es in der Mitte des 18. Jh. zur Anlage eines städtischen Urbars und damit einer Form des Grundbuches, die im Unterschied zu den älteren Gewährsbüchern (Verzeichnung der Besitzwechsel) nun nach topographischen Gesichtspunkten angelegt war. Als Vorarbeit für diese Umstellung im städtischen Grundbuchswesen versteht sich ein Plan der Innenstadt, der die Innenstadt sowie einen Teil der Leopoldstadt zeigt und dabei zum erstenmal eine durch Farben unterschiedene Darstellung der vier Stadtteile, des Stuben-, Kärntner-, Widmerund Schottenviertels, aufweist *(Tafel 17)*. Dieser von dem sonst nicht näher bekannten Verfasser Th. Messmer (als Zeichner) und T. B. Prasser (als Stecher) stammende Plan ist nun nicht nur we-

gen des verwendeten Materials — er ist auf Pergament gestochen — von Interesse, er gibt auch den eigentlichen Zweck seiner Entstehung an, indem er auf die dringenden Notwendigkeiten der Erstellung eines neuen städtischen Urbars verweist. Als Gliederungsprinzip der Stadt zog man beim Grundbuch die alten Stadtviertel heran, die sich seit dem späten Mittelalter in vielfacher Weise als räumliche Unterteilung des innerstädtischen Gebietes bewährt hatten. Nach dem Wohnsitz der Bürger in den jeweiligen Stadtvierteln waren nämlich von alters her die Belange der Feuerpolizei, das Sanitätswesen, das Steueramt und zeitweise auch die politische Vertretung der Bürgerschaft organisiert gewesen. Schon zu Beginn des 18. Jh. war diese Gliederung dem ältesten erhaltenen Häuserschematismus von Wien zugrunde gelegt worden. 1701 hatte der Oberste Hof-Post-Amts-Tax-Briefträger und Bürger Johann Jordan nämlich ein Häuserverzeichnis der Innenstadt drucken lassen, das der Erleichterung der Briefzustellung dienen sollte und in seinem Aufbau die Viertelsgliederung als Basis nahm, diese aber nicht konsequent durchhielt. Damals war das Auffinden von Adressen in der Stadt in der Tat noch ein überaus mühsames Unterfangen, waren die Häuser doch nur durch ihre alten Hausnamen voneinander unterschieden. In dieser Hinsicht sollte es noch bis in die späte Phase der Regierungszeit Maria Theresias dauern, bis die Durchführung der ersten Wiener Häusernumerierung (Konskriptionsnummern) eine erste Abhilfe schuf.

In die Spätzeit der Regierung Kaiser Karls VI. führt uns auch einer der frühesten kolorierten Pläne von Wien und seinen Vorstädten, nämlich der 1739 entstandene "Neu Vermerte und Vollkommene Plan" des ansonsten kaum bekannten Kartographen Reichenberger, der auf seinem Werk nicht einmal seinen Vornamen nennt *(Tafel 18)*. Dieser Plan ist nun vor allem im Vergleich mit der mehr als drei Jahrzehnte älteren Aufnahme desselben Bereiches durch Anguissola-Marinoni *(Tafel 15)* interessant. Rund um die Stadt ist ganz deutlich eine Verdichtung des Baubestandes in den Vorstädten zu bemerken, allerdings herrschen im stadtferneren Teil zum Linienwall zu immer noch weite, nur von der landwirtschaftlichen Nutzung geprägte Bereiche vor. Was sich aber in der Zwischenzeit ganz wesentlich geändert hat, ist der

Grad, in dem die einzelnen Vorstädte zusammenzuwachsen beginnen. Das wird etwa besonders im Gebiet im Osten der Stadt deutlich, wo die bauliche Ausdehnung des Weißgerberviertels, der Landstraße und von Erdberg dazu führt, daß hier ein früher, zusammenhängender Komplex im Entstehen begriffen ist. Das Sommerschloß des erst wenige Jahre vor der Entstehung des Planes verstorbenen Prinzen Eugen, das Belvedere, ist hier schon in vollkommen ausgebauter Form, d. h. also auch mit dem ab 1721 errichteten Oberen Belvedere zu sehen. Wie schon bei Anguissola und Marinoni sind es die Gebiete von Wieden-Matzleinsdorf, Gumpendorf, Altlerchenfeld, Alstergasse und Lichtental, in denen die vorstädtische Verbauung bis an den Linienwall heranreicht, erstmals ist aber auf dem Reichenberg-Plan auch entlang der Mariahilfer Straße die Fortsetzung der Bautätigkeit zu erkennen. Noch nicht namentlich angeführt, aber bereits an der Eintragung mehrerer Häuser zu erkennen, ist der Bereich von Sechshaus zu sehen, der — unweit des Mühlbachs der Wien gelegen — zu einer der in den Vororten unmittelbar am Linienwall aufblühenden Siedlungen wurde. In ganz ähnlicher Weise verhält es sich mit dem Gebiet von Neulerchenfeld, das seinen baulichen Aufschwung nicht zuletzt auch der günstigen Lage am Lerchenfelder Tor des Linienwalls verdankt. Bei Sechshaus gab es dagegen unmittelbar kein Linienwalltor, südlich der Wien verließ die Straße nach Schönbrunn das gleichnamige Tor, etwas nördlich von Sechshaus war es das Mariahilfer Tor, durch das hier die Straße „Nacher Hietzing" führte.

Neben der in den ersten Jahrzehnten eingetretenen Verdichtung der Baustruktur der Vorstädte überliefert uns dieser Plan auch den ältesten Beleg für die Anfänge einer neuen Vorstadtsiedlung im Bereich außerhalb der Neubaugasse. Das gesamte hier gelegene Land stand unter der Grundherrschaft des Wiener Schottenklosters, und von diesem leitete sich auch der bei Reichenberger 1739 erstmals genannte Name des Schottenfeldes ab. Zwar war dieser vor allem dann ab der Wende vom 18. zum 19. Jh. aufblühende Bereich, der wegen des Reichtums der dort in großer Zahl ansässigen Seidenweber auch den Namen „Brillantengrund" führte, in der ersten Hälfte des 18. Jh. noch beinahe zur Gänze

von ausgedehnten Ackerflächen geprägt, dennoch weist die Nennung der späteren Vorstadtbezeichnung darauf hin, wie sich auch die geistlichen Grundherrschaften in den Vorstädten an der Förderung der Siedlungsbewegung beteiligten. In nächster Nähe mochte den Schotten gerade hier ja auch das Beispiel des Stiftes Klosterneuburg vor Augen stehen, das mit der Gründung von Neulerchenfeld einen so großen Erfolg hatte verzeichnen können.

Das Erscheinungsjahr des Reichenberg-Planes war aber auch das letzte Jahr der Regierung Kaiser Karls VI. Am 20. Oktober 1740 verstarb der Monarch in dem von ihm so geschätzten kaiserlichen Lustschloß Favorita auf der Wieden. Ihm folgte seine seit 1736 mit Franz Stephan, Herzog von Lothringen, vermählte Tochter Maria Theresia, die auf die Entwicklung unseres Landes, aber auch auf die ihrer Residenzstadt nachhaltigen Einfluß genommen hat. Zunächst waren die Voraussetzungen für ein ruhiges Antreten der Herrschaft in Nachfolge ihres Vaters freilich keineswegs gegeben. Eine Allianz feindlicher Mächte, allen voran der König von Preußen und der den Kaiserthron besteigende Wittelsbacher Karl VII., wandte sich gegen das Haus Habsburg und seine Länder. Dazu kam in Wien eine Stimmung unter der Bevölkerung, die angesichts eines bevorstehenden „Weiberregiments" Maria Theresia alles andere als günstig gesinnt war. Als gleich zu Anfang ihrer Regierung bayerische Truppen in Österreich einfielen und auch ein Angriff auf die Residenzstadt binnen kurzem zu befürchten war, traf man in Wien wieder einmal in großer Hektik letzte Verteidigungsvorkehrungen. Ein von einem Mitglied der Militärkartographie des 18. Jh., Anton Baron Schernding, im Jahre 1741 verfaßter Plan der Wiener Innenstadt *(Tafel 19)* nennt in seiner Legende ausdrücklich die mit Nr. 41 in den Plan eingezeichneten, eben 1741 verfertigten neuen „Wercker" im Zug der städtischen Befestigungslinien. In der Tat führte man damals also in aller Eile zwischen den nach 1683 wiederaufgebauten Ravelins und den Bastionen der eigentlichen Stadtmauer im Stadtgraben gelegene ravelinartige Schanzen auf, von denen man sich eine Erhöhung der Schlagkraft der Stadtverteidigung erhoffte. Diese Maßnahmen blieben dann aber Episode, da die bayerischen Angreifer von St. Pölten nach Norden abschwenkten und ihren Angriff auf Böhmen richteten. So blieb Wien das Schicksal erspart, nach zwei Belagerungen durch den türkischen Gegner aus dem Osten einem Angriff durch ein christliches Heer aus dem Westen standhalten zu müssen.

Der Plan ist uns freilich auch wegen der Einblicke in die topographischen Gegebenheiten der Wiener Innenstadt von Interesse. So sind darauf unter anderem die etwa beim Schottenkloster, bei der Hofburg und beim Kapuzinerkloster ausgedehnten Gartenanlagen zu sehen, womit auch innerhalb der Stadt ein gewisses Gegenstück zu den prachtvollen Parks der Wiener Vorstädte gegeben war. Gerade bei der Hofburg erkennen wir den von Joseph Emanuel Fischer von Erlach 1726 vollendeten Bau der Hofbibliothek (heute Prunksaal der Nationalbibliothek), der damals noch inmitten einer auch über den heutigen Josephsplatz ausgedehnten Gartenanlage stand. Die beiden Flügeltrakte entstanden ja erst in den sechziger Jahren des 18. Jh. unter der Bauleitung des damals vielbeschäftigten Nicolaus Pacassi. Schernding verzeichnet um die Wiener Stephanskirche noch immer den alten Friedhof, ein Zeichen dafür, daß die 1732 verfügte Auflassung dieses Gottesackers erst nach und nach realisiert werden konnte.

Im Bereich der Stadtbefestigung sind es sodann die in gelber Farbe eingezeichneten sogenannten „Basteihäuseln", die unsere Aufmerksamkeit auf sich lenken. Gerade im Jahr der Entstehung dieses Planes, 1741, war es in Wien zu einer Umgestaltung des veralteten und höchst unzulänglich organisierten Sicherheitswesens in der Stadt gekommen. Seit dem Spätmittelalter und vor allem dann ab dem 16. Jh. hatte es in der Stadt im Laufe der Entwicklung drei verschiedene Exekutivorgane, die Stadtguardia, die Tag- und Nachtwache und die Rumorwache, gegeben, die für die Aufrechterhaltung der öffentlichen Sicherheit zuständig waren. Diesem Kompetenzenwirrwar setzte man 1741 ein Ende, indem man die Stadtguardia aufhob (die beiden anderen Wacheorgane folgten später) und zunächst — der bedrohten Lage der Stadt entsprechend — eine Verstärkung der militärischen Präsenz in Wien (Bau von Kasernen) vornahm. In der Mitte des 18. Jh. kam dann zur Begründung der Polizei, die hinfort die alleinige Zustän-

digkeit für Fragen der öffentlichen Sicherheit besaß. Die Stadtguardisten hatten stets unter großen Benachteiligungen zu leiden gehabt, ihr Sold wurde mitunter durch Jahre hindurch nicht ausgezahlt, für ihre Unterbringung wären an und für sich Quartiere bei den Bürgern vorgesehen gewesen, doch wehrten sich diese vehement gegen die unangenehmen „Gäste". Die Quartierfrage wurde für die Stadtguardia eben durch die Errichtung der auf dem Schernding-Plan eingezeichneten „Basteihäuseln" mehr schlecht als recht gelöst, diese Bretterbuden stellten nicht nur eine beständige Brandgefahr für die Stadt dar, sie waren infolge der unzulänglichen Besoldung ihrer Bewohner Zentren des unbefugten Ausübens von Handwerken, des Ausschankes und der Prostitution. Mit der Reorganisation des Sicherheitswesens in Wien um die Mitte des 18. Jh. verschwanden in der Folge die „Basteihäuseln".

In der Mitte der vierziger Jahre des 18. Jh. konnte sich Maria Theresia nach dem Tod ihres Rivalen, Karls VII., im Reich durchsetzen, in der Stadt Wien empfing man das von der in Frankfurt vollzogenen Krönung des Kaisers zurückkehrende Herrscherpaar am 28. Oktober 1745 mit einer Festbeleuchtung. In den nächsten Jahren wurden die zahlreichen staatlichen Reformen in die Wege geleitet, mit deren Hilfe man eine Einschränkung der Macht der Stände und eine Ausweitung des Einflußbereiches der zentralistisch organisierten Behörden des Staates, die damals neu geschaffen wurden, durchsetzen konnte. Von unmittelbaren Auswirkungen dieser Maßnahmen auf die Stadt war freilich nicht allzuviel zu merken. Am deutlichsten war noch im Hinblick auf einen weiteren Ausbau der in der Residenzstadt zentral zuammengefaßten Staatsbehörden von echten Konsequenzen zu sprechen. Die Bautätigkeit in der Stadt selbst war der vorherrschenden Raumnot wegen auf einige wenige Neubauten beschränkt, unter denen der Neubau des Universitätsgebäudes (heute Sitz der Österreichischen Akademie der Wissenschaften) durch den französischen Architekten Jean Nicolas Jadot de Ville-Essey in den Jahren 1753—1756 nicht zuletzt auch deshalb zu erwähnen ist, weil sich hier in der Beschäftigung eines aus Frankreich stammenden Architekten eine der ganz zentralen Veränderungen im Gebäude der von der Monarchie betriebenen Außenpolitik spiegelte, nämlich die Annäherung an das französische Königtum, das im 17. und 18. Jh. zu den erbittertsten Gegnern des Hauses Habsburg gezählt hatte.

Der Ausbau der Vorstädte ging in diesen Jahren langsam weiter, der Hof ging mit seinen durch Maria Theresia initiierten baulichen Maßnahmen in Schönbrunn nun von neuem über den Linienwall hinaus, womit der Bereich der weiteren Umgebung der Stadt stärker in das Blickfeld trat. Aus der Mitte der fünfziger Jahre des 18. Jh. hat sich in den Beständen der Kartensammlung der Österreichichen Nationalbibliothek eine von Jean Brequin de Demenge handgezeichnete Karte der Umgebungen von Schönbrunn und Laxenburg erhalten, womit die beiden zentralen kaiserlichen Lustschlösser in der südlichen und westlichen Umgebung der Residenzstadt zum Anlaß genommen wurden, einen Plan von ihren Umgebungen vorzulegen *(Tafel 20)*. Der aus Guise in Lothringen stammende Kartograph, der wie so zahlreiche seiner Fachgenossen im 18. Jh. in militärischen Diensten stand, ja sogar als Lehrer an der Ingenieur-Schule in Gumpendorf wirkte, dürfte wohl im Zusammenhang mit der Hochzeit seines Landesherzogs mit der Thronfolgerin in den späten dreißiger Jahren des 18. Jh. nach Wien gekommen sein. Sein hoher Rang als Fachmann für die Abfassung von Karten zeigt sich nicht zuletzt darin, daß er die hier gezeigte Arbeit über direkten Auftrag von seiten des Kaisers oder der Kaiserin in Angriff nahm. Über den eigentlichen Zweck dieser Karte hinaus, hat uns Brequin dabei aber ein höchst eindrucksvolles Bild von der Situation in der südlichen und westlichen Umgebung von Wien vermittelt. Wie wenig es ihm dabei auf die Darstellung des eigentlich städtischen Bereiches innerhalb des Linienwalls ankam, ersieht man schon daran, daß er dieses Gebiet bis auf einige Orientierungspunkte (St. Stephan, Belvedere) vollkommen weiß gelassen hat. Außerhalb des Linienwalls zeigt er uns aber die Wiener Umgebung zwischen der Gegend von Währing und Weinhaus im Nordwesten bis nach Mödling im Süden. Die Brequin'sche Karte ist damit die älteste exakte kartographische Aufnahme der weiteren Umgebung der Stadt und darf in dieser Hinsicht als ein früher Vorläufer der späteren Landesaufnahmen gelten. Für die Topographie der darauf dargestellten Orte überliefert er uns wertvollste Hinweise, dies gilt nicht nur für die überaus lockere Verbauung dieses Bereiches, wo das Bild noch zur Gänze von kleinräumigen Einzelorten geprägt wurde, dies gilt auch für die baulichen Verhältnisse in den dargestellten Orten selbst, wo der Baubestand in einer Epoche gezeigt wird, da das Ortsbild noch nicht durch die spätere industrielle Entwicklung überformt war. Um hier nur ein Beispiel für eine später vollkommen veränderte bauliche Situation anzuführen, sei darauf hingewiesen, daß auf der Brequin'schen Karte noch die alte Mödlinger Martinskirche eingezeichnet ist, die wenige Jahrzehnte später, 1787, im Zug der josephinischen Reformen des Kirchenwesens abgetragen wurde (heute Waisenhauskirche in Mödling).

Maria-Theresianisches und Josephinisches Wien

Das Wachstum der Stadt Wien hielt in der zweiten Hälfte des 18. Jh. weiter an, bei der am 10. März 1770 durchgeführten „Seelen-Beschreibung", der zweiten Volkszählung in Wien nach der Seelenkonsignation des Jahres 1754, wurde im Bereich von Stadt und Vorstädten eine Einwohnerzahl von 192.971 ermittelt, womit sich binnen 16 Jahren eine Steigerungsrate von annähernd 10 Prozent ergab. Gleichzeitig entschloß man sich in Wien, von der zunehmend als unzulänglich betrachteten Art der Unterscheidung der Häuser durch ihre alten Hausnamen abzugehen und eine moderne Numerierung einzuführen. Die älteste und auch die folgenden Konskriptionsnumerierungen wiesen freilich den großen Nachteil auf, daß sie unbebaute Flächen nicht in ihre Zählung miteinbezogen, womit immer wieder Umnumerierungen erforderlich wurden, die es dann ihrerseits wieder nötig machten, Konkordanzen zwischen den verschiedenen Numerierungen herauszubringen. Trotz dieser Unzulänglichkeiten bildete die Konskriptionsnumerierung dennoch einen ganz wesentlichen Fortschritt in der administrativen Durchdringung des Stadtgebietes und spielte ohne Zweifel auch eine ganz entscheidende Rolle bei der in der Zeit ihrer ersten Durchführung begonnenen neuen kartographischen Aufnahme des Stadtgebietes in zwei technisch voneinander abweichenden, einander aber in der Aussagekraft vorzüglich ergänzenden Planaufnahmen. Auf Befehl des Hofes begannen in den Jahren um 1770 die beiden Kartographen Joseph Daniel von Huber und Joseph Nagel mit zwei Planaufnahmen der Stadt und ihrer Vorstädte. Huber legte dabei eine Planaufnahme vor, die am Vorbild der früheren Vogelschauen orientiert war, jedoch einen weitaus genaueren Maßstab auf-

wies und vom Künstler selbst als „Scenographie" bezeichnet wurde. Gemeinsam mit dem unter der Leitung des Hofmathematikers Joseph Nagel aufgenommenen Grundrißplan stellen diese beiden Kartenwerke die vorzüglichste Grundlage für eine intensive Durchforschung der baulichen Situation in Wien in der zweiten Hälfte des 18. Jh. dar. Der fast völligen Übereinstimmung der beiden Aufnahmen in zeitlicher Hinsicht wegen — sie entstanden in den ersten Jahren des achten Jahrzehnts des 18. Jh. —, kann man Ausschnitte aus beiden Plänen einander gegenüberstellen und auf diese Weise nicht nur den Stadtgrundriß, sondern auch deren Aufriß und damit die Fassaden der Baulichkeiten im Detail kennenlernen *(Tafeln 21—26)*.

In ganz besonderem Maße ist es dabei freilich die Huber'sche Aufnahme, die das Auge des modernen Betrachters fesselt, ermöglicht uns dieser Blick in die Stadt doch eine sehr genaue Vorstellung der baulichen Veränderungen, die im 18. Jh. inner- und außerhalb der Stadtmauern vor sich gegangen waren. Wenden wir uns dabei zunächst einem Teil der Innenstadt zu, dem Bereich zwischen Stephanskirche und Tiefem Graben *(Tafel 21)*, so ist es die Höhe der innerstädtischen Häuser, die besonders auffällt. Schon früher haben wir darauf hingewiesen, daß das Bauen in die Höhe für die innerhalb des Befestigungsgürtels eingeengte Stadt die einzige Möglichkeit zur Gewinnung neuen Wohnraums darstellte. Dieser Prozeß, der sich schon knapp vor der Zweiten Türkenbelagerung im Stadtbild angekündigt hatte *(Tafel 4)*, war nun bereits weit fortgeschritten, das wuchtige barocke Haus mit seinen in der Regel zahlreichen Fensterachsen dominierte das Stadtbild. Daneben fallen dem modernen Betrachter aber auch eine

Reihe von zum Teil recht beträchtlichen Unterschieden zum modernen Verlauf der Straßenzüge in der Innenstadt auf. Der Bereich um die Stephanskirche war in der Spätzeit Maria Theresias zwar schon als Platz gestaltet, der ehedem hier gelegene Friedhof längst nicht mehr vorhanden, die Häuserzeile, die diesen alten Gottesacker aber vor der Westfassade von St. Stephan begrenzte, bestand damals sehr wohl noch. Der eigentliche Stephansplatz vor dem Riesentor entstand erst an der Wende vom 18. zum 19. Jh., als man diese Baulichkeiten demolierte. An der Südseite von St. Stephan ist auf dieser Ansicht auch noch die aus dem 14. Jh. stammende gotische Maria-Magdalena-Kirche zu sehen. Diese fiel am 12. September 1781 einem Brand, der im Gotteshaus ausgebrochen war, zum Opfer und wurde in der Folge wegen der erforderlichen Vergrößerung der Verkehrsfläche nicht mehr wiederaufgebaut. In diesen Jahren begann man erneut, aus Verkehrsrücksichten alte Baulichkeiten zu entfernen und schloß damit in gewisser Weise an städtebauliche Aktivitäten der Spätzeit Karls VI. an. 1776 fiel solchen Demolierungsmaßnahmen auch das alte Rotenturmtor zum Opfer, das nach der Errichtung der neuen Stadtmauer nach 1529 ohnehin schon längst funktionslos geworden war. — Gegenüber der Stephanskirche befand sich, von der Straße durch das langgestreckte Gebäude des nach seinem Besitzer am Ende des 17. Jh. benannten „Bauernfeindschen Hauses", getrennt, der Platz der Brandstätte. Seit dem Spätmittelalter war dieser Platz ein Zentrum des Wiener Wirtschaftslebens, wo lange Zeit vor allem Wechselbänke ihren Stand hatten. Die heutige Situation in diesem Bereich ist durch die Bauregulierung in den Jahren 1874/75 geprägt, die den Charakter dieses Stadtgebietes vollkommen verändert hat.

Um auch einen Blick auf die bauliche Situation am Stadtrand im Bereich der Fortifikationen zu ermöglichen, wird hier ein Ausschnitt am Südabschnitt des Basteiengürtels mit dem Kärntner Tor im Zentrum gezeigt (Tafel 23). Der Fortbestand der Basteien war in dieser Epoche erstmals auch von den Hofstellen kritisch erörtert worden, in vieler Hinsicht mochte der Bestand einer mittelalterlich anmutenden Stadtmauer rings um die Residenzstadt des Kaisers in einer Epoche, da in Deutschland und in Frankreich eine regelrechte „Entfestigungswelle" rollte, nicht mehr zeitgemäß erscheinen. Eine in den späten sechziger Jahren eingesetzte „Verschönerungskommission", der auch Joseph Nagel angehörte, beschäftigte sich mit Plänen zur Umgestaltung des Stadtbildes. Eine anonyme Denkschrift des Jahres 1780 weist unter dem Titel „Betrachtung über die Notwendigkeit der Aufhebung der Grundherrlichkeit innerhalb der Linien und Verbauung der Felder" auf das den Ausbau der Stadt so stark hemmende Fortbestehen von privaten Grundherrschaften innerhalb des Linienwalls hin und zielt damit in Richtung einer Behebung der damals in Wien bereits schmerzlich verspürten Wohnungsnot. Auch für solche Bestrebungen war der Bestand der Stadtmauern ein Umstand im Baugefüge der Stadt, den es energisch zu bekämpfen galt.

Erste Erfolge in dieser Hinsicht brachten gerade die Jahre ab 1770, als man unter anderem über das Glacis neue Geh- und Fahrwege anlegte, um eine bessere Verbindung zwischen Stadt und Vorstädten zu ermöglichen, damit aber gleichzeitig die fortifikatorische Bedeutung dieses integrierenden Bestandteils der Wiener Schutzanlagen minderte. Joseph II. ging auf diesem Weg noch weiter, als er 1785 die Basteien zum Besuch für die Öffentlichkeit freigab. Der Spaziergang auf den städtischen Befestigungswerken zählte fortan zu den bevorzugten Freizeitvergnügungen der Wiener. Zu Anfang des 19. Jh. heißt es darüber in einem der von Joseph Richter verfaßten, berühmten „Eipeldauer Briefe" an seinen Vetter in Kagran: „D'ganze Basteyn hat ein andres Gsicht kriegt. Da ist jetzt ein wunderschöner Weg für d'Fußgeher angelegt, und der ist mit ein Schranken eing'faßt, und wie d'Frauenzimmerröck, mit ein grün Wasen garnirt, und wenn auch hundert Wagen aufn Platz dort zsam kommen solln, so können d'Kutscher mitn Fußgeher nimmer ihrn Spaß treibn; denn man geht jetzt in Schranken drin so sicher, wie auf sein Zimmer."

In einen dieser späterhin so beliebten Basteienabschnitte führt uns gerade der hier gezeigte Ausschnitt aus dem Huber'schen Plan (Tafel 23). In der Tat boten sich die Stadtmauern und die Basteien als wunderschöne Promenade geradezu an. Doch so weit war die Entwicklung zur Zeit Hubers noch nicht gediehen. Noch war der Zugang zu diesen militärischen Anlagen der Öffentlichkeit streng untersagt. Der Zugang zur Stadt führte im Bereich des Kärntner Tores zunächst vom Glacis über eine Brücke zu dem dem Tor vorgelagerten Ravelin, von dem aus das eigentliche Tor erst über eine weitere Brücke über den Stadtgraben erreicht werden konnte. Die Kärntner Straße präsentiert sich hier bereits in ihrem barocken Gepräge, sie wird durch prächtige Häuser begrenzt, die jeweils ihre Längsseite der Straße zuwenden und damit ein ganz anderes Bild ergeben als im 17. Jh. *(vgl. Tafel 6)*. Der große Reichtum gerade dieses Stadtviertels an Klöstern aus den verschiedensten Bauepochen der städtischen Entwicklung läßt sich an diesem Ausschnitt gut erkennen. Von den heute nicht mehr bestehenden Baulichkeiten ist es vor allem das Bürgerspital, das nach der Türkenbelagerung des Jahres 1529 in die Gebäude und die Kirche des aus dem Spätmittelalter stammenden Claraklosters eingezogen war, welches das Stadtbild im Bereich südlich des Neuen Marktes dominierte. Als das Bürgerspital in den Jahren 1783—1790 zu einem großen Zinshaus umgebaut wurde, wurde die Kirche entweiht, geschlossen und in der Folge abgetragen. In markanter Weise ist auf der Huber'schen Ansicht der Platz des Neuen Marktes mit dem im Zentrum gelegenen Providentiabrunnen zu erkennen. Dieser im Gegensatz zu seinem Namen selbstverständlich ebenfalls „alte" Marktplatz der Wiener Innenstadt war im frühen 13. Jh. im Zug der Errichtung der babenbergischen Stadtmauer und des damit aufs engste verknüpften Ausbaus der Stadt vom Graben nach dem Süden zu entstanden und bildete seit jeher eines der Zentren des städtischen Marktlebens. Im besonderen Maße war es der Getreide- und Mehlhandel, der hier seit dem Spätmittelalter seinen bevorzugten Standort hatte, wonach der Platz ja auch durch lange Jahrhunderte den Namen Mehlmarkt trug. Gerade der im Jahre 1739 hier aufgestellte Brunnen, den der aus Eßling gebürtige Georg Raphael Donner im Auftrag der Stadt geschaffen hatte, war eines der frühen Denkmale, bei denen ein städtisches Interesse an der Verschönerung des Stadtbildes zu erkennen war. Schon seit dem Anfang des 18. Jh. war dieser Platz darüber hinaus auch ein beliebter Standort für Marionettenspieler, Seiltänzer und Spielleute, der „Wiener Hanswurst" Josef An-

ton Stranitzky hatte hier ab 1708 seine Schaubühne. In der am Platz gelegenen Mehlgrube (heute Neuer Markt 5) fanden im 18. Jh. vom Adel veranstaltete, geschlossene Bälle statt, die Glanzzeit des Hauses und seines Tanzsaales für Maskenbälle und Musikfeste war die Epoche zwischen 1725 und 1790. Während des Winters veranstalteten der Hof und der hohe Adel auf dem Neuen Markt überaus beliebte Schlittenfahrten.

Allgemein ist als Eindruck, den uns die Huber'sche Ansicht von der Wiener Innenstadt vermittelt, festzuhalten, daß das gesamte Stadtbild im überwiegenden Maße von dem einheitlichen, modernen Stilempfinden des 18. Jh. geprägt ist. Im Hinblick auf die Dichte der Verbauung bleibt zu bemerken, daß man damals offenbar die letzten Reste der noch vorhandenen Grünflächen nach und nach verbaute. Waren noch zu Beginn der Regierungszeit Maria Theresias *(Tafel 19)* im Gebiet des Schottenklosters, der Hofburg, des Kapuzinerklosters und des Franziskanerklosters nicht unerhebliche Gartenanlagen festzustellen gewesen, so haben diese angesichts des hohen Verbauungsgrades der Innenstadt ohnehin nur mehr bescheidenen Reste von Grünflächen nun noch weiter abgenommen. Unter Joseph II. sollte dieser Prozeß dann seinen letzten Höhepunkt erleben, als man im Zug der damals durchgeführten Klosterreformen manche alte Klostergärten von diesen abtrennte und zur Verbauung freigab.

Die „Scenographie" Joseph Daniel von Hubers läßt uns aber nicht nur in die Häuserschluchten der Innenstadt blicken, sie überliefert uns auch die Vogelschau des vorstädtischen Bereiches bis hinaus zum Linienwall und ermöglicht uns damit zum erstenmal nach der Aufnahme des Folbert von Alten-Allen *(Tafel 4)* wieder eine sehr unmittelbare Vorstellung von der Situation der Bebauung außerhalb des Glacis'. Betrachtet man nun diese Teile des Huber'schen Kartenwerkes im Detail *(Tafel 25)*, so bestätigt sich zunächst der Eindruck, den man schon aus den Grundrißdarstellungen des Vorstadtbereiches seit dem Anfang des 18. Jh. gewinnen konnte. Die Bebauung in diesen Gebieten ist überaus locker, konzentriert sich vor allem an den alten, wichtigen Ausfallsstraßen — auf unserem Ausschnitt an der Favoritenstraße und der Wiedner Hauptstraße —, eigentlich dominantes Element in der

Landschaftsgestaltung stellen die prachtvollen Gärten und Parkanlagen dar, die als integrierender Bestandteil zu den etwas abseits
der Hauptstraßen gelegenen Häusern und Palästen gehören.
Selbstverständlich wissen wir um die Bedeutung der sogenannten
„Küchengärten" in den Vorstädten von Wien, welche einen wesentlichen Beitrag zur Versorgung der Großstadt mit Obst und
Gemüse leisteten. Dennoch hat man bei einer intensiven Betrachtung des von Huber gebotenen Bildes nicht den Eindruck, daß es
sich hier in erster Linie um solche der Lebensmittelversorgung
dienende Anlagen gehandelt hätte, es herrscht vielmehr ganz eindeutig der Ziergarten und der nach gartenarchitektonischen Prin-
zipien gestaltete Park vor, wobei freilich auch auf regionale Unterschiede hinzuweisen ist. Eine wichtige Rolle spielte dabei
zweifelsohne das prägende Vorbild der adeligen Sommerresidenzen, denen das wohlhabende Bürgertum nach Möglichkeit nach-
zueifern trachtete. Im Zentrum des hier wiedergegebenen Aus-
schnitts der Huber'schen Aufnahme *(Tafel 25)* befindet sich das
kaiserliche Lustschloß Favorita, das zur Zeit Karls VI. Schönbrunn als Sommerresidenz vorgezogen wurde, von seiner Tochter Maria Theresia aber deshalb gemieden wurde, weil Karl VI.
hier gestorben war. Noch in den vierziger Jahren des 18. Jh. über-
gab sie das Gebäude einer neuen Zweckbestimmung, es wurde in
der Folge zum Sitz von Ausbildungsstätten, deren Ausrichtung
im Lauf der Zeit wechselte. Heute ist das — jetzt als Theresianum
bezeichnete Gebäude — Sitz der 1964 eröffneten Diplomatischen
Akademie des Bundes.

Diese prächtigen und aussagekräftigen Pläne Hubers und Nagels lassen sich aufgrund ihres Maßstabes leider nicht in Gesamt-
reproduktionen wiedergeben. Viel instruktiver erscheint daher
der Weg von Detailwiedergaben, der hier eingeschlagen wurde.
Dennoch ermöglicht uns der gesamte Plan nun auch für die Zeit
um 1770 eine Vorstellung vom Wachstum der Vorstädte rings um
Wien, wie es sich seit dem Reichenberg-Plan von 1739 *(Tafel 18)*
vollzogen hatte. Bei einem raschen „Rundgang" um die Stadt sind
es nun folgende Wesensmerkmale, die besonders zu unterstreichen sind: Im östlichen Vorfeld der Stadt herrschen immer noch
relativ weite, unverbaute Ackerflächen vor, doch erreichen zum

einen die hiesigen Wachstumsspitzen an den Ausfallsstraßen bereits die Stadtgrenze des Linienwalls, zum anderen kommt es zu
einer weiteren Verdichtung der Bebauung zwischen den einzelnen Vorstädten. Bedeutung kommt dabei vor allem dem Umstand zu, daß die zwischen Landstraßer Hauptstraße, Ungargasse
und äußerem Rennweg liegende Fläche zusehends besiedelt wird,
wobei dem Vorstadtpalais adeliger und bürgerlicher Prägung die
zentrale Rolle zukommt. An der Landstraßer Hauptstraße befindet sich jedenfalls um 1770 bis hinaus zum St. Marxer Tor im Zug
des Linienwalls eine nur mehr von einem einzigen größeren
Weingarten unterbrochene, ansonsten fast völlig geschlossene
Häuserzeile.

Ganz ähnlich wie im Bereich des heutigen 3., sieht es auch in
der Gegend des jetzigen 4. Wiener Gemeindebezirkes aus. Auffällig ist dabei vor allem der Fortschritt der Verbauung an der westlichen Seite der Heugasse, der jetzigen Prinz-Eugen-Straße, wo die
Errichtung neuer Häuser mit weitläufigen Gärten in der Spätzeit
der Regierung Maria Theresias bereits die Linie erreicht hatte, die
heute annähernd durch die Theresianumgasse bezeichnet wird.
Der gesamte Raum zwischen den weitgehend parallel verlaufenden Straßenzügen der Heugasse und der Favoritenstraße weist ein
Netz von weitläufigen Gartenanlagen auf, in das zwar nur einige
wenige Bauten eingestreut waren (Der Struktur nach ein Bild, wie
es sich in diesem Bereich der Wieden bis heute zeigt!), womit man
aber auf der anderen Seite doch einen ganz wesentlichen Eingriff
in dieses frühere Weinbaugebiet unternommen hatte und ihn in
eine Gartenkulturlandschaft umgestaltet hatte.

Die Wiedner Hauptstraße zeigt sich — wie schon früher — bis
nach Matzleinsdorf hinaus bereits dicht verbaut, jüngeren Datums ist dagegen die nämliche Entwicklung an der Schönbrunner
Straße, wo es das Gebiet der Vorstadt Hundsturm ist, das um
1770 bereits weitaus stärker verbaut ist als in der ersten Jahrhun-
derthälfte. Der bevorzugten Stellung von Schönbrunn als Sommerresidenz Maria Theresias kommt dabei natürlich besondere
Bedeutung zu.

Wird uns auf der Huber'schen „Scenographie" das Bild der
außerhalb des Linienwalls gelegenen Gegenden nicht gezeigt, so

können wir hier wieder auf den Grundrißplan Nagels zurückgreifen, der — in der Tradition seit Anguissola und Marinoni stehend — auch den sich nach dem Kartenausschnitt ergebenden Bereich der Vororte aufgenommen hat. Dabei läßt sich nun deutlich ein Fortbauen auf den bereits vorhandenen baulichen Gegebenheiten erkennen, wobei es darüber hinaus jetzt neue Siedlungsbereiche gibt. So tritt zu dem schon stärker ausgebauten Bereich von Sechshaus, der uns ja schon auf älteren Karten des 18. Jh. begegnet war, ein neuer dörflicher Kern im Zug eines schräg durch die Felder verlaufenden Verbindungsweges vom Linienwall zur äußeren Mariahilfer Straße, des Vorläufers der heutigen Clementinengasse. Noch 1751 hatte es hier tatsächlich nur fünf Häuser gegeben, in der zweiten Hälfte des 18. Jh. nahm die hiesige Siedlung einen raschen Aufschwung, bewahrte aber in ihrem Namen — „Fünfhaus" — die Erinnerung an die ursprünglich so überaus bescheidenen Anfänge (Bei der Benennung mochte freilich auch das Vorbild des benachbarten Sechshaus eine Rolle spielen!).

Die Mariahilfer Straße hatte sich als eines der dynamischsten Zentren der vorstädtischen Verbauung herauskristallisiert, schon auf diesen Plänen war die Verbauung im wesentlichen bis zum Linienwall abgeschlossen. Im Norden dieses Verkehrsweges war die Verbauung allerdings auch damals erst bis zum Bereich der heutigen Stollgasse vorgedrungen, während von hier bis zur Lerchenfelder Straße außerhalb des Verlaufes der heutigen Zieglergasse immer noch ein vollkommen siedlungsleeres Gebiet lag. Die auf dem Reichenberg-Plan von 1739 *(Tafel 18)* mit dem Namen „Schottenfeld" angeklungenen Fortschritte in der zunehmenden Verbauung dieser Vorstadtgründe waren offenbar noch nicht allzu weit gediehen, wie ja die Schotten dann überhaupt erst gegen Ende des 18. Jh. stärkere Aktivitäten im Hinblick auf den Siedlungsausbau auf den ihrer Grundherrschaft unterstehenden Gebieten setzten. — Durchgehend aufgeschlossen war dagegen bereits der Abschnitt zwischen äußerer Lerchenfelder und äußerer Josef-städter Straße, das Altlerchenfeld, das ja außerhalb des Linienwalls in dem im 18. Jh. so kraftvoll emporgewachsenen, Klosterneuburg unterstehenden Neulerchenfeld eine Fortsetzung in die Vororte besaß.

Zwischen Josefstädter und Alser Straße lagen im stadtferneren Abschnitt in der Zeit um 1770 ebenfalls noch unverbaute Ackerflächen, dort sollte um die Wende vom 18. zum 19. Jh. die neue schottische Vorstadt Breitenfeld entstehen.

Das Gebiet des heutigen 9. Bezirkes hatte unter der Regierung Maria Theresias ebenfalls eine Siedlungsausweitung erfahren. Dabei ging es vor allem um den ehedem unverbauten Bereich zwischen dem Lauf des Alserbaches (Zug der Lazarett- und Spitalgasse) und dem Linienwall, wo schon vor den josephinischen Klosteraufhebungen auf den Gründen des Salzburger Klosters Michelbeuern und des Wiener Frauenkonvents des Himmelpfortklosters (ehemals Wien 1, Himmelpfortgasse 7—9) erste Ansätze zur Bildung neuer Vorstädte gegeben waren. Beiden Grundherren ging es dabei wohl in erster Linie um die Nutzung der dortigen Lehmböden zu Zwecken der Ziegelerzeugung. Ein echter Siedlungsaufschwung setzte in diesen Gebieten allerdings erst gegen Ende des 18. und dann im 19. Jh. ein, als beide Vorstädte in den Besitz des Magistrats gelangten und der Siedlungsausbau massiv vorangetrieben wurde.

Einer der bereits damals wohl am dichtesten verbauten vorstädtischen Bereiche ist ebenfalls in diesem nordwestlich der Stadt gelegenen Gebiet zu sehen, die erst zu Anfang des 18. Jh. auf Initiative des Fürsten Liechtenstein entstandene Vorstadt Lichtental. Dies war einer der wenigen Abschnitte der rings um die Residenzstadt gelegenen Vorstädte, der kaum ausgedehntere Grünflächen aufwies, vielmehr schon in der zweiten Hälfte des 18. Jh. einen Verbauungsgrad aufwies, wie er ansonsten erst im 19. Jh. für die Vorstädte typisch werden sollte.

Näheres und weiteres Umland der Stadt vor und um 1800

Die Regierungszeit Maria Theresias brachte in Österreich eine große Zahl von staatlich eingeleiteten Reformbemühungen, die es sich zum Ziel gesetzt hatten, die im Lande ruhenden wirtschaftlichen, finanziellen, aber auch geistigen Reserven für die Zwecke des Staates nutzbar zu machen. Damals begann der Aufbau des staatlichen Beamtenapparates, der zur Durchführung all dieser Maßnahmen eine unumgängliche Voraussetzung bildete. Gleichzeitig leitete man in dieser Epoche verschiedene Maßnahmen ein, die einer genaueren Kenntnisnahme des Landes — angefangen von seiner Topographie bis hin zu seinen Bodenschätzen und den auf ihm zu gewinnenden Kulturfrüchten — dienten. In diesem Zusammenhang sind die um die Mitte des 18. Jh. begonnenen Aufnahmen des Landes zu Zwecken einer exakteren Besteuerung der Untertanen zu sehen, zunächst die in den fünfziger Jahren entstandene Theresianische Fassion, die in ihrem Quellenwert vor allem dadurch leidet, daß sie die einzelnen Erhebungen noch unter dem Aspekt der Grundherrschaften durchgeführt hat, wodurch man zwar den Umfang der Güter einer Grundherrschaft, nicht aber die Besitzstruktur an einem bestimmten Ort erkennen kann. Bei der in den achtziger Jahren durchgeführten Josephinischen Fassion ging man dann bereits nach topographischen Gesichtspunkten vor, so daß sich damals erstmals die Verhältnisse in den einzelnen Orten genau und übersichtlich aufhellen ließen. Die Josephinische Fassion und vor allem der unter dem Neffen Josephs II., Kaiser Franz II., entstandene Franziszeische Steuerkataster, dessen Quellenwert durch die Beifügung von großmaßstäbigen Landkarten (Maßstab 1:2.880) noch beträchtlich erhöht wurde, sind dann als ganz wesentliche

Informationsquellen über die topographische, wirtschaftliche und soziale Situation in den betreffenden Ortschaften noch vor dem entscheidenden Wandel des Gefüges des Wirtschaftslebens im Zug der industriellen Entwicklung zu bewerten.

Neben solch einer bis in kleinste Einzelheiten vorangetriebenen Erfassung der Gegebenheiten in einzelnen Ortschaften kam es aber in der zweiten Hälfte des 18. Jh. zur Entstehung eines Landkartenwerks, das ebenfalls den Gesamtstaat umfaßte, in seiner Zielsetzung aber doch von anderen Überlegungen her bestimmt wurde. Die in den Jahren 1763—1787 entstandenen handgezeichneten Blätter der Josephinischen Landesaufnahme *(Tafel 27)* dienten einem ausdrücklich militärischen Zweck, waren von den im 18. Jh. mehrfach bewährten Mitgliedern der Militärkartographie der Zeit hergestellt und standen — ganz ihrem Zweck entsprechend — unter strengster Geheimhaltung. Es waren insbesondere die Erfahrungen der verschiedenen Kriege, die man seit 1740 hatte führen müssen, die den Militärs die Vorteile einer genauen Kenntnis des Terrains vor Augen führten, und schon um die Mitte des 18. Jh. wurden die Offiziere bei ihren Einsätzen im Gelände dazu angehalten, im besonderen auf die Bodenformationen und landschaftlichen Gegebenheiten zu achten und darüber stets auch Meldung zu machen. Was man erreichen wollte, war in dem mit dem Habsburgerreich verbündeten französischen Königreich der Bourbonen schon vor der Mitte des 18. Jh. in die Wege geleitet worden, stand dort allerdings keineswegs unter Geheimhaltung, war vielmehr öffentlich zugänglich. Nachdem dort schon ab 1733 mit der vollständigen Triangulierung des Landes begonnen worden war, setzten die Arbeiten an den Landkarten unter der Leitung von César François Cassiny de Thury ab dem Jahre 1750 ein. In Wien wurde der Startschuß für das entsprechende Unternehmen nach dem Ende des Siebenjährigen Krieges mit Preußen gegeben, allerdings verzichtete man dabei von vornherein auf die Erstellung eines das gesamte Reichsgebiet umfassenden Triangulierungsnetzes, so daß man erst bei der im 19. Jh. entstandenen Franziszeischen Landesaufnahme die Möglichkeit besitzt, die einzelnen Karten auch miteinander zu einem Ganzen zu verbinden.

Das „Wiener" Blatt der Josephinischen Landesaufnahme *(Tafel 27)* gibt uns nun zum erstenmal im Lauf der historischen Entwicklung die Gelegenheit, einen Ausschnitt der ländlichen Umgebung von Wien im Kartenbild zu sehen, wie er heute etwa vom gegenwärtigen Stadtgebiet erfaßt wird. Das hier zur Gänze wiedergegebene Kartenblatt zeigt uns den Bereich zwischen Neustift am Wald und Pötzleinsdorf („Petzelsdorf") im Nordwesten, Breitenlee („Breitenleeh") im Nordosten, Mannswörth im Südosten und Atzgersdorf und Mauer im Südwesten. Dabei ist es nicht zuletzt die Darstellung der Geländeunterschiede mittels der aus Frankreich übernommenen Schraffenmethode, durch die das ältere System der Darstellung von Hügeln und Bergen auf Grundrißkarten im Aufriß („Maulwurfshügel") endgültig abgelöst wurde, die das Bild der Karte so ungemein plastisch macht. Zum erstenmal ist uns damit ein Hilfsmittel in die Hand gegeben, das uns die Situation von Stadt, Vorstädten und Vororten auf einem gemeinsamen Kartenblatt erkennen läßt. Hinsichtlich der naturräumlichen Gliederung der Wiener Landschaft fallen dabei unter den bewaldeten Gebieten die Abhänge des Wienerwaldes, der Bereich des Lainzer Tiergartens, die ausgedehnten Auwälder im Bereich der Donauarme und schließlich — als kleinere Waldgebiete — der obere Teil des Abhanges zwischen dem Schloßpark von Schönbrunn und dem Zug der Meidlinger Hauptstraße sowie die Kuppe des Laaerberges auf. Weinkulturen, die noch zu Anfang des 18. Jh. in großer Ausdehnung auch innerhalb der Vorstädte zu sehen waren, finden sich nunmehr vor allem in den alten traditionellen Anbaugebieten des Wiener Umlandes westlich vor der Stadt im Bereich der Abhänge des Wienerwaldes sowie in eher be-

scheidenen Resten auch noch auf den Höhen des Wiener- und des Laaerberges. Abgesehen von Wald- und Weinbaugebieten ist das Wiener Umland ansonsten von ausgedehnten Ackerbau- und Wiesenflächen beherrscht, wobei sich eine Unterscheidung zwischen diesen beiden Nutzungsarten des Bodens auf der Karte nicht mit letzter Sicherheit feststellen läßt.

Seit den Tagen der Antike hatte die Wiener Umgebung als Fundort zumindest eines Bodenschatzes Bedeutung gehabt, der hier weit verbreitete lehmige Boden stellte nämlich den wichtigen Rohstoff für die Erzeugung von Ziegeln zur Verfügung. Erinnert man sich nun des gewaltigen baulichen Aufschwungs, den die Stadt und ihre Vorstädte seit 1700 genommen hatten, so ist die dringende Notwendigkeit von Ziegelproduktionsstätten in ihrer Umgebung verständlich. Auf dem Plan der Josephinischen Landesaufnahme sind nun mehrere solcher Ziegelhütten und -öfen eingezeichnet, wobei uns deren Standorte zum Teil schon aus dem 17. Jh. bekannt sind (im Bereich der Spittelau, *vgl. Tafel 8)*, zum Teil handelt es sich dabei aber auch eindeutig um neue Produktionsstätten, wie wir das vom Bereich des Abhanges des Wienerberges wissen. Dort war es erst in der Mitte des 18. Jh., als Maria Theresia die Ziegelöfen aus der unmittelbaren Umgebung der Stadt verbannt wissen wollte, zur Entstehung neuer Produktionsstätten gekommen. Wurden um 1780 dort erst rund eineinhalb Millionen Ziegel im Jahr erzeugt, so nahmen diese Werke dann im 19. Jh. unter der Leitung von Alois Miesbach und seinem Neffen, Heinrich Drasche Ritter von Wartinberg, einen wirtschaftlichen Aufschwung, der sie zur bedeutendsten Ziegelproduktion der gesamten Monarchie werden ließ.

In markanter Weise treten auf dem Kartenbild der Josephinischen Landesaufnahme dann auch die wichtigen Fernverkehrsverbindungen hervor, handelte es sich dabei doch um gerade für militärische Zwecke höchst interessante Gegebenheiten der Topographie eines Bereiches. Mit roter Farbe sind nämlich die wichtigen Ausfallsstraßen von Wien nach dem Süden und Südosten hervorgehoben, so daß der Verlauf der heutigen Triester Straße, der Favoritenstraße im außerhalb des Linienwalls gelegenen Abschnitt und der Zug der Simmeringer Hauptstraße deutlich ins

Auge springen. Mit roter Farbe ist auf dem Plan auch die Verbindung über die Donaubrücken durch das Auengebiet des Flusses und die Hauptstromrichtung der Donau im stadtferner gelegenen Bereich der Flußlandschaft kenntlich gemacht. Seit der ersten Hälfte des 18. Jh. hatte man sich ja die Förderung der Verkehrsverbindungen in zunehmendem Maße angelegen sein lassen, seit dieser Epoche ging man auch — vor allem zwischen den wichtigen Sommerresidenzen in der städtischen Umgebung — an die Errichtung von Prachtstraßen in der Form von zumeist vollkommen geradlinig verlaufenden Alleen. Dabei gibt es freilich engste Zusammenhänge zwischen der Entstehungszeit dieser Straßen und der Vorliebe des jeweiligen Herrschers für den einen oder anderen Sommersitz. Die Laxenburger Allee, die ihrer Funktion nach nichts anderes ist, als eine möglichst günstige Verbindung zwischen dem kaiserlichen Lustschloß der Favorita auf der Wieden und dem Schloß Laxenburg, gehört ihrer Entstehung nach demzufolge noch in die Zeit Kaiser Karls VI., der die Favorita als Sommeraufenthaltsort bekanntlich dem Schloß Schönbrunn vorgezogen hat. Als sich die Situation dann unter seiner Tochter, Maria Theresia, änderte und die große Zeit von Schönbrunn begann, gerieten in der Folge auch neue Verbindungswege in den Blickpunkt des Interesses, es kam zur Anlage einer weiteren Verbindung nach Laxenburg, dem Zug der Altmannsdorfer Straße, die in ihrem stadtferneren Teil bis heute den Namen „Schönbrunner Allee" führt und damit an die ursprüngliche Funktion erinnert. Auf dem Blatt der Josephinischen Landesaufnahme erkennt man des weiteren auch die Straßenverbindung zwischen dem im Jahre 1742 in den Besitz des Hofes gelangten Schloß Hetzendorf und der Stelle, wo die nach Laxenburg führende Allee in den Schloßpark von Schönbrunn einmündet (auf der Anhöhe des Grünen Berges). In ganz ähnlicher Weise, wie man bei dem baulichen Aufschwung der Wiener Vorstädte ab der Wende vom 17. zum 18. Jh. eine Abfolge von Adelspalais und Bürgerhäusern feststellen kann und damit auf eine gewisse Vorbildwirkung bzw. eine Nachahmung durch eine zweite Gesellschaftsschicht hingewiesen wird, so folgte der Adel hinsichtlich der Errichtung von Prachtstraßen mitunter dem Vorbild des Hofes. Gerade auf dem

hier gezeigten Kartenblatt erkennt man im Süden des heutigen Stadtgebietes die Anlage der vom Erlaaer Schloß der Fürsten Starhemberg wegführenden, schnurgeraden Straßenverbindung zum Zug der heutigen Breitenfurter Straße, deren Alleecharakter freilich erst später entstehen sollte und sich bis heute erhalten hat (die Schloßallee, heute Gregorygasse im 23. Wiener Gemeindebezirk).

Der vorliegende Plan ermöglicht uns aber auch einen Blick in den nördlich der Donau gelegenen Bereich der heutigen Bezirke 21 und 22. Dabei fällt vor allem die im Vergleich zu der südlich des Stromes gelegenen Umgebung der Stadt deutlich geringere Dichte der Besiedlung auf. Hierher wirkte sich der im 18. Jh. erreichte Aufschwung des Siedlungsgeschehens im Wiener Raum lange Zeit in keiner Weise aus, das Bild der hiesigen Landschaft erinnert in mancher Hinsicht an die Siedlungsarmut, wie sie südlich der Residenzstadt im Bereich von Wiener- und Laaerberg anzutreffen war.

Seit dem Anfang des 18. Jh. war es in steigendem Maße zur Vornahme von Eingriffen in das Landschaftsbild gekommen, wovon nicht nur das Aussehen des vorstädtischen Bereiches (prächtige Gartenanlagen) betroffen war. Diese Eingriffe zeigten sich auch in einem deutlichen Ansteigen der Zahl von Regulierungsmaßnahmen, die wieder ihrerseits besonders der Verbesserung der Verkehrssituation dienten. Die beiden Hauptflüsse des Wiener Bereiches, der Donaustrom und der Wienfluß, waren seit der Zeit um 1700 mehrfach reguliert und begradigt worden. Diese Maßnahmen richteten sich zunächst hauptsächlich auf die Abschnitte, die der Stadt nahe lagen und diese daher gefährden konnten. In der Folge ging man aber auch an die Regulierung stadtferner gelegener Flußbereiche. Dazu kam — gerade im Hinblick auf das Landschaftsbild im Bereich der Donauauen — in der zweiten Hälfte des 18. Jh. im Zusammenhang mit den Aktivitäten Josephs II. das Phänomen einer stärkeren Eröffnung der Landschaft für den Menschen. Die damals nicht zuletzt auch in der künstlerischen Entwicklung der sogenannten Vedutenmalerei faßbare, deutlich zunehmende Vorliebe für die Landschaft ist in enger Verbindung mit jener schwärmerischen Naturbegeisterung der Aufklärungszeit zu sehen, die in Jean Jacques Rousseau und seiner Forderung „Zurück zur Natur!" ihren wohl namhaftesten Vertreter hat.

Diese die kulturhistorische Entwicklung des ausgehenden 18. Jh. so nachhaltig prägende Erscheinung machte sich nun gerade im Wiener Landschaftsbezirk in vielfältiger Weise bemerkbar. Ein wesentlicher Faktor in dieser Fühlungnahme der Wiener mit der sie umgebenden Landschaft war ohne Zweifel der all diesen geistigen Strömungen überaus aufgeschlossen gegenüberstehende Sohn Maria Theresias, Joseph II. Bereits im ersten Jahr der Mitregentschaft neben seiner Mutter setzte er mit der Eröffnung des Praters für die Allgemeinheit einen wichtigen Markstein für die kommende Entwicklung (1766). Damit war ein Schritt getan, wie er etwa unter dem Großvater Josephs II., Kaiser Karl VI., noch völlig undenkbar gewesen wäre. Das bevorzugte Jagdrevier des Hofes in den Praterauen stand seither den Spaziergängen der zahlreichen Besucher offen, schon in den frühen siebziger Jahren entwickelte sich dieser Bereich zu einem der beliebtesten Vergnügungszentren Wiens. In diesen Jahren entstand, in bewußter planerischer Absicht angelegt, der Strahlenkranz des Pratersterns, mit der Zuschüttung des sogenannten Fugbaches, der die Leopoldstadt, den alten Unteren Werd, vom Prater abgrenzte, wurde hier ein zusammenhängendes Landgebiet geschaffen, wo sich in weiterer Folge der „Wurstelprater" auszubreiten begann. Wenn man dabei auch auf Vorformen aufbauen konnte und die Tradition, den Bereich des Praters für Veranstaltungen heranzuziehen, auch schon älter war, so war es doch erst die Epoche nach 1766, in der sich die Entwicklung zum Volksprater vollzog.

Nicht einmal zehn Jahre später ließ der Monarch der Eröffnung des Praters die des Augartens (1775) folgen. Seine Absichten sind aus der Inschrift über dem noch im Jahre 1775 von Isidor Canevale errichteten Eingangsportal zu erkennen: „Allen Menschen gewidmeter Erlustigungs-Ort von Ihrem Schätzer." Mit dieser Maßnahme wich der Kaiser noch viel deutlicher von der bisher so streng beobachteten Haltung des Hofes mit all ihrem Zeremoniell und ihrer Abgesetztheit von der gesamten übrigen Gesellschaft ab. Hatte es sich beim Prater nur um ein kaiserliches Jagdrevier gehandelt, so war der Augarten eine der kaiserlichen Sommerresidenzen des 18. Jh. in der vorstädtischen Umgebung der Stadt gewesen. Hier hatte Karl VI. einen prachtvollen Garten anlegen lassen — sein Enkelsohn überließ ihn nun der Allgemeinheit. Solche Maßnahmen des Monarchen stellen integrierende Bestandteile der von ihm betriebenen Politik dar, auch im Bereich der Stadt selbst war es ja Joseph II. gewesen, der etwa die Basteien der Öffentlichkeit freigegeben hatte.

Derartige Maßnahmen erhöhten aber auch die Popularität des Kaisers ungemein, sie fanden breite Zustimmung in der Öffentlichkeit. In den Beständen der Kartensammlung der Nationalbibliothek hat sich in diesem Zusammenhang eine kulturhistorische Besonderheit aus dem Bereich der überlieferten historischen Karten erhalten. Nach dem Aufbewahrungsort dieses Kartendokuments in der sogenannten Fideikommißbibliothek zu schließen, dürfte der unbekannte Verfasser seine Arbeit wohl im Auftrag des Hofes gemacht haben. Die kolorierte Handzeichnung in vier Teilblättern zeigt uns eine „Vue d'oiseau", eine Vogelschau des Bereiches der westlichen Vororte Wiens in Verbindung mit einem Grundrißplan der Leopoldstadt sowie des Gebietes der Donauauen. Als unmittelbarer Zweck des Plandokuments ergibt sich nach dem Titel die Darstellung gerade der Gegenden, die durch die Erlaubnis des Kaisers in den sechziger und siebziger Jahren des 18. Jh. der Allgemeinheit zugänglich gemacht worden waren (Tafel 28). Der Wert dieser kartographischen Rarität läßt sich in künstlerischer und in topographischer Hinsicht nicht hoch genug einschätzen, verbindet er doch die beiden alten Traditionen der Plandarstellung, nämlich die Vogelschau und die Grundrißzeichnung, in überaus geglückter Weise zu einer Gesamtschau der ihn interessierenden Gegend. Dabei geht der anonyme Künstler so vor, daß er den zentralen Abschnitt der auf den Donauinseln gelegenen Vorstädte in der Draufsicht bietet, während er gegen den Horizont zu in die Manier der Vogelschau wechselt. Die Kombination aus diesen beiden Darstellungsarten hatte sich ja gerade in der Zeit um 1780 mit den beiden — allerdings getrennten — Aufnahmen Hubers und Nagels als überaus wertvoll für den topographisch Interessierten erwiesen.

Über diese Besonderheiten hinsichtlich der Darstellungsart

hinaus macht uns der Künstler — das Wort Kartograph wäre hier wohl zu farblos — aber auch mit einem im 18. Jh. immer wieder anzutreffenden Prinzip der Landschaftsgestaltung bekannt, nämlich der bewußten Anlage von Wegen und Straßen unter dem Gesichtspunkt, damit eine möglichst gute Sichtverbindung zu entfernteren markanten Punkten oder Bereichen in der Landschaft herzustellen. Besonders deutlich läßt sich dies bei den hier dargestellten Alleen im Augarten verfolgen, wo durch ein System von miteinander korrespondierenden Buchstaben darauf hingewiesen wird, wohin sich der Blick des Spaziergängers in diesem Garten in den jeweiligen Alleen richten sollte (auf den Leopoldsberg, auf Sievering usw.).

In den Bereich eines anderen Flusses führen uns zwei weitere Pläne aus den letzten Dezennien des 18. Jh. Der Wienfluß stellte seit altersher ebenfalls nicht nur in landschaftlicher Hinsicht, sondern auch im Hinblick auf die mit ihm verbundenen Siedlungen einen markanten Wasserlauf in der Wiener Umgebung dar. Als großes Problem empfand man dabei immer wieder die überaus großen Schwankungen in der Wasserführung dieses Flusses. Sein Verlauf führt auf weite Strecken durch eine weitgehend wasserundurchlässige Flyschzone, so daß sich im Fall eines plötzlichen Regengusses keine Abflußmöglichkeit für die Wassermassen ergaben und es in der Folge zu Überschwemmungen kam. Wesentlichen Anteil an diesen Hochwässern hatte freilich auch das geringe Gefälle der Wien in dem näher der Residenzstadt gelegenen Abschnitt. Im 18. Jh. erfahren wir etwa aus den Jahren 1711, 1741, 1768, 1770, 1771, 1774, 1777, 1779, 1783, 1784 und 1785 von Wienflußüberschwemmungen, im Jahre 1774 drang das Hochwasser sogar bis in die Küchen des Schlosses Schönbrunn vor. In dieser Epoche begann man sich dann mit Gedanken über eine Regulierung des Flusses zu beschäftigen, die hier Abhilfe schaffen sollte. Der erste bekannte Regulierungsentwurf für die Wien stammt von dem Architekten und Statuarius Wilhelm Bayer aus dem Jahre 1781, aus dem Jahre 1783 hat sich die älteste kartographische Darstellung in diesem Zusammenhang erhalten, die uns freilich nicht nur des hier eingezeichneten Projektes wegen, sondern im besonderen als älteste genaue Karte des Wienflußverlau-

fes von der Einmündung des Mauerbaches oberhalb von Auhof bis zur Brücke vor dem Kärntner Tor von größtem Wert ist *(Tafel 29)*. Erstmals können wir uns auf der Grundlage dieses Planes eine genauere Vorstellung von dem von der Wien durchflossenen Gebiet der Wiener Vororte machen. Das Regulierungsprojekt selbst — es ging im wesentlichen um eine Begradigung des Flußlaufes — ist dabei von geringerem Interesse. Als Verfasser des Planes nennt sich der uns bereits bekannte, aus Lothringen stammende Kartograph und Angehörige des militärischen Ingenieurkorps, Oberst Jean Baptiste Brequin de Demenge *(vgl. Tafel 20)*, der hier in seiner Funktion als „Banco und Wasser-Bauamts-Administrator" tätig war.

Mit einigem Bedauern müssen wir allerdings zur Kenntnis nehmen, daß es Brequin bei dieser Karte weniger um die Darstellung der topographischen Verhältnisse der hier gelegenen Siedlungen als eben vielmehr um den Lauf des Wienflusses ging. Demzufolge beschränkt sich der Kartograph hinsichtlich der Orte auf eine nur sehr skizzenhaft anmutende Darstellung, ohne auf die Zahl der Häuser näher einzugehen. Dennoch ist darauf zu erkennen, daß sich in den achtziger Jahren des 18. Jh. bereits über den Bereich von Sechshaus hinaus nun auch schon weitere Bebauungsanfänge im Zug der hier gelegenen Straßenverbindungen zeigten. An dem stadtferneren Teil der heutigen Sechshauser Straße lassen sich die beiderseits der Straße gelegenen Häuserzeilen von Reindorf erkennen, nördlich davon, an der heutigen Mariahilfer Straße gelegen, ist die Bezeichnung „die Dreyhäusel" eingetragen, womit man also offenbar auch im Gebiet von Rustendorf — um diese Gegend der Wiener Vororte handelt es sich hier ganz eindeutig — die Besiedlungsanfänge mit einem sprechenden Namen kennzeichnete (vgl. die benachbarten Vororte „Sechshaus" und „Fünfhaus"!). Gut läßt sich auf diesem Plan auch der schon früher erwähnte, etwas oberhalb von Meidling von der Wien abzweigende Mühlbach verfolgen, dessen Verlauf im heutigen 15. Gemeindebezirk durch den Straßenzug der Ullmannstraße fortlebt.

Die Planung für ein weiteres Wienflußregulierungsprojekt ist uns in einem anderen Plan überliefert, der allerdings keinerlei

Angaben über seinen Verfasser oder über sein Entstehungsjahr bietet *(Tafel 30)*. Schon vorhin haben wir das älteste bekannte Regulierungsprojekt im Zusammenhang mit der Wien aus dem Jahre 1781 erwähnt. Der damals von dem nicht näher bekannten Architekten Wilhelm Bayer vorgelegte Entwurf war allerdings weniger im Zusammenhang mit der Hochwasservorsorge als vielmehr als Vorschlag von wirkungsvollen Gegenmaßnahmen zur Bekämpfung der häufigen Wasserarmut der Wien entstanden. Darin lag neben den Überschwemmungen nämlich ein weiteres schwerwiegendes Problem für die Bewohner des Wientales. Das schon erwähnte geringe Gefälle des Flusses im engeren Wiener Bereich führte nämlich auch dazu, daß das Wasser in Zeiten größerer Trockenheit, wie sie im Sommer immer wieder auftraten, beinahe zum Stillstand kam. Nun war die Wien — wie auch die übrigen Bäche der Umgebung — seit jeher zur Abfallbeseitigung herangezogen worden, man hatte also allen möglichen Unrat in den Fluß geworfen. Ab dem Bereich von Purkersdorf mündeten flußabwärts in steigender Zahl Kanäle und Ausläufe von Häusern in die Wien, welche der Reinlichkeit des Wassers nicht gerade zuträglich waren. Diese Zustände machten den Wienfluß zu einem beständigen Herd für Seuchen, wobei es vor allem die Cholera war, die eine Folge der verheerenden Verschmutzung des Wassers war. Der Bayer'sche Regulierungsentwurf des Jahres 1781 hatte seinen Ausgang davon genommen, daß der städtische Arzt Bock das Wohnen am Wienfluß für gesundheitsschädlich erklärt hatte. Bayer strebte in seinem Projekt deshalb die Erhaltung einer möglichst gleichmäßigen Wassermenge im Fluß an. Die hier abgebildete Karte verfolgt nun gerade die nämlichen Zielsetzungen wie der Bayer'sche Plan, so daß hier ein engerer Zusammenhang vermutet werden darf. Auf der Karte sind alle Quellen, Bäche, Reservoirs usw. eingezeichnet, deren Wasser in Fällen größerer Trockenheit zur Speisung des Wienflusses herangezogen werden könnten.

Der Plan zeigt uns allerdings nicht nur den Wienfluß, auch der hier als „Neuen Lerchenfelder Bach" bezeichnete Ottakringer Bach und der Alserbach sind eingezeichnet. An der Wien und der Als befinden sich eine große Zahl von Mühlen. Der unbekannte Verfasser des Planes hat aber nicht nur für die Beseitigung der drohenden Austrocknung des Flußbettes einen Vorschlag, er befaßt sich auch mit der landschaftlichen Verschönerung des künftig zu regulierenden und auf weite Strecken zu begradigenden Wienflußbereiches, indem er an den beiden Flußufern Alleebäume zu pflanzen vorschlägt.

Die frühen Ideen zur Regulierung der Wien erlebten freilich keine Realisierung, damit wurde erst im 19. Jh. begonnen, als mit dem Bau der Wienflußsammelkanäle in den dreißiger Jahren und der regelrechten Regulierung des Flußlaufes am Ende des 19. Jh. die grundlegenden Überlegungen Wirklichkeit wurden.

Die Epoche der ersten frühen Wienflußregulierungsprojekte stand bereits unter dem Zeichen der Alleinherrschaft Josephs II. Dieser Herrscher hatte schon in den Jahren seiner Mitregentschaft neben seiner Mutter (ab 1765) erkennen lassen, daß mit ihm ein überaus reformeifriger, vielen modernen Ideen zugewandter Mensch den Thron bestiegen hatte. Den von ihm initiierten Maßnahmen kommt natürlich gerade auch im Hinblick auf seine Residenzstadt große Bedeutung zu. In topographischer Hinsicht waren es dabei nicht zuletzt die Ereignisse der von ihm eingeleiteten Klosteraufhebung, durch die das Bild der Stadt eine merkliche Veränderung erfuhr. War ein erster Anfang zu dieser Entwicklung schon mit der allerdings (noch) nicht vom Kaiser ausgehenden Aufhebung des Jesuitenordens im Jahre 1773 gemacht worden, so folgten in den achtziger Jahren zwei Wellen von Klosteraufhebungen. 1782 wurde der Anfang mit den beschaulichen Klöstern (Kartäuser, Kamaldulenser, Karmeliterinnen usw.) gemacht, die Aktivitäten wurden dann schon im Jahr darauf mit der Veröffentlichung eines Verzeichnisses der „in Absicht auf die Seelsorge entbehrlichen" Klöster fortgesetzt. In Wien waren es vor allem die in der Innenstadt gelegenen Klöster, die von diesen Verordnungen betroffen waren. Wie man dabei durchaus moderne Überlegungen damit verknüpfte, erkennt man etwa bei der Aufhebung des Königinklosters der Klarissen (ehemals Wien 1, zwischen Dorotheergasse, Stallburggasse und Bräunerstraße), als man zunächst die Absicht hatte, hier ein Hotel unterzubringen, wofür der günstige Standort in der Nähe des Hofes, zweier Theater und des Redoutensaales sprach. Der Plan wurde dann allerdings nicht verwirklicht, die Kirche gelangte in den Besitz der evangelischen Gemeinde Augsburger Konfession, womit der Herrscher ganz nach den Grundgedanken des von ihm erst 1781 erlassenen Toleranzpatentes vorging, die Klostergebäude wurden von Johann Graf Fries erworben, der in den Jahren 1783/84 dort sein Palais errichten ließ.

Diese Folgewirkungen der josephinischen Kirchenpolitik kamen aber nicht nur im Hinblick auf eine Umstrukturierung der baulichen Substanz und auch der sozialen Gegebenheiten zum Tragen, mitunter waren solche Klosteraufhebungen auch für Veränderungen in den innerstädtischen Verkehrswegen verantwortlich; das läßt sich gerade im Fall des Königinklosters feststellen, wo die Abtragung der im Norden gelegenen Klostermauer die Möglichkeit einer durchgehenden Verbindung der Bräunerstraße mit dem 1783 vom Kaiser eröffneten und nach ihm benannten Josefsplatz schuf. Vielfach entstanden an der Stelle der alten Klöster freilich Wohnhäuser, wie sich dies unter anderem beim Nikolaikloster in der Singerstraße oder dem Chorfrauenstift St. Agnes zur Himmelpforte ersehen läßt. Verschiedene Ämter und Behörden konnten damals neue Quartiere beziehen, indem die alten Klosterbaulichkeiten herangezogen wurden. So zog in das am Kienmarkt gelegene Siebenbüchnerinnenkloster ein Polizeigefangenenhaus ein, in das Dorotheerstift zog 1788 das Versatzamt ein, wodurch sich der Name des Ordenshauses bis heute hat halten können, im Chorfrauenstift St. Jakob auf der Hülben brachte man die k. k. Tabaksgefällenverwaltung unter.

Die Klosteraufhebungen hatten aber nicht nur in der Stadt, sondern auch im Land rings um die Stadt ihre Auswirkungen. In den Vorstädten waren davon nicht wenige Konvente betroffen — eine Entwicklung, die sich im übrigen auch noch nach Joseph II. fortsetzte. Außerhalb der Stadt und ihres Linienwalls kam es im Zusammenhang mit diesen einschneidenden Maßnahmen sogar zur Entstehung neuer Orte, wie wir das bei den Anfängen von Josefsdorf sehen können, wo die Aufhebung der dortigen Kamaldulensereremie die Parzellierung der Gründe und die Errichtung von Häusern möglich machte. Daneben veränderten die josephi-

nischen Klosteraufhebungen aber auch die Sozialstruktur der Grundherrschaften im Wiener Umland im Bezug auf deren Inhaber ganz wesentlich, hatten doch die Wiener Klöster zuvor eine große Zahl dominialer Rechte in diesem Gebiet besessen. Damals kam eine neue Schicht von Patrimonialherren auf, wobei es vor allem das neu aufkommende Unternehmertum der ganz verschiedensten Wirtschaftszweige war, das an diesem Prozeß wesentlich beteiligt war. Um hier nur zwei Beispiele für diese Entwicklung anzuführen, sei auf die Situation in Pötzleinsdorf und in Liesing verwiesen. Beide Orte standen vor den josephinischen Reformen unter der Herrschaft von Wiener Ordenshäusern, Pötzleinsdorf unter der des Himmelpfortklosters, Liesing unter der des Chorherrenstiftes St. Dorothea. In beiden Fällen gelangten die patrimonialen Rechte an Vertreter der oben erwähnten Gesellschaftsschicht, in Pötzleinsdorf ist dabei Johann Heinrich Freiherr von Geymüller zu nennen, der sich durch die Anlage des prächtigen Schloßparkes einen bleibenden Namen schuf, in Liesing kam die Herrschaft an den Besitzer der Wiener Universitätsbuchdruckerei, Joseph Edlen von Kurzböck.

Die Erwähnung von Kurzböck bietet einen wichtigen Hinweis auf den wirtschaftlichen Aufschwung, den in dieser Epoche das Druck- und Verlagswesen in der Residenzstadt nahm. Davon waren nicht nur der reine Buchdruck und die zunehmende Publikation von gestochenen Landschaftsbildern betroffen, dies wirkte sich auch auf dem Gebiet der Planherstellung ganz entscheidend aus. Man hat in diesem Zusammenhang das Wort vom Aufkommen der sogenannten „Privatkartographie" in Wien in der Zeit ab etwa 1780 geprägt. Dabei handelt es sich im Unterschied zu den älteren Kartenwerken um jenes kartographische Schaffen, das in der Regel über den Weg privater, kommerziell ausgerichteter Verlage an die Öffentlichkeit gelangte. Nun trugen verschiedene Entwicklungen in diesen Jahren ganz wesentlich dazu bei, daß sich dieses neue Phänomen so nachhaltig entfalten konnte: Mit der Gründung der Wiener Kupferstecherschule im Jahre 1766, die im übrigen ab 1773 mit der älteren Akademie (ab 1726) vereinigt wurde und unter dem Namen der „Akademie der bildenden Künste" weiterbestand, wurden in technischer und künstlerischer

Hinsicht wichtige Voraussetzungen für die Aufnahme einer erfolgreichen Kartenproduktion in Wien geschaffen. Große Bedeutung kommt des weiteren der Ansiedlung neuer Verlage in der Residenzstadt zu, die sich der Herstellung und dem Vertrieb von Karten als ganz wesentlichem Teil ihrer Verlagsproduktion zuwandten, wie das vor allem bei dem ab 1770 bestehenden Verlagshaus Artaria und Compagnie der Fall war. Nicht zu übersehen ist freilich auch das gestiegene Interesse und das Verständnis des Publikums für Landkarten. Das allgemeine Bildungsniveau war im Gefolge der Einführung der allgemeinen Schulpflicht im Steigen begriffen, das Interesse an der Länderkunde wuchs im Zusammenhang mit der Kenntnisnahme von spektakulären Forschungsunternehmen, wie etwa den Entdeckungsreisen von James Cook (1768—1780), aber auch von seiten der Regierungsgewalt wurde im Sinne des aufgeklärten Absolutismus die Länderkunde — zum Teil gemeinsam mit der damals beginnenden Statistik — ganz entschieden gefördert.

In Wien selbst war das Interesse am Bild der Stadt in dieser Epoche bereits durch die beiden kartographischen Großleistungen der Pläne von Joseph Daniel von Huber und von Joseph Nagel *(Tafeln 21—26)* deutlich geworden, für das breite Publikum waren diese Kartenwerke aber wegen ihres hohen Preises, sicher aber auch wegen des unhandlichen Formats kaum geeignet. Der Wunsch nach dem preisgünstigen Exemplar eines Wiener Stadtplanes war also in weiteren Kreisen in den achtziger Jahren des 18. Jh. zweifelsohne gegeben. Es war dann Maximilian Grimm, über dessen Leben allerdings so gut wie nichts bekannt ist, der sich dieses Interesse als erster zunutze machte und im Jahre 1783 seinen „Grundriss der k. k. Residenzstadt Wien mit allen Vorstädten und der umliegenden Gegend" auf den Markt brachte *(Tafel 31)*. Grimm legte damit — in Abweichung von seinem Vorbild, dem Nagel'schen Plan — eine nach Norden orientierte Karte vor, die beim Publikum ihres Preises und ihres handlichen Formates wegen (Maßstab von etwa 1:19.000) sehr gut ankam. Dem topographischen Interesse der Benützer kam die Einzeichnung von über zweihundert „merkwürdigen Gebäu und Kirchen in der Stadt Wien" (innerhalb des Linienwalls) sowie die Verzeichnung wichtiger Details im Bereich von Schönbrunn entgegen. Der Verkaufserfolg der Grimm'schen Karte war so groß, daß ihr Verfasser schon zwei Jahre später eine Neuauflage mit den inzwischen eingetretenen Veränderungen — an solchen bestand in der josephinischen Ära ja kein Mangel — herausbrachte. 1786 wurde die Kupferplatte von dem schon genannten Verlagshaus Artaria und Comp. angekauft, das in der Folge noch weitere Auflagen herausbrachte. Als die Platte 1796 an Tranquillo Mollo, einen früheren Teilhaber von Artaria und Comp., kam und dieser sich zwei Jahre später selbständig machte, brachte der neue Verlag noch im Jahr seiner Gründung eine weitere Auflage der Grimm'schen Karte heraus.

Das Interesse der Zeitgenossen an der Wiener Landschaft, die Vorliebe des Städters für die weitere Umgebung seiner Stadt war zu Ende des 18. Jh. immer mehr gestiegen. Die Ursachen für diese Entwicklung sind überaus vielfältig, einige Streiflichter darauf konnten wir schon vorhin bei der Erwähnung der Klosterreformen Josephs II. bieten. Das weitere Umland der Stadt wurde in dieser Epoche nicht nur zunehmend als Erholungsraum betrachtet, auch seine wirtschaftliche Bedeutung kam immer deutlicher zum Tragen. Eine wichtige Rolle spielten in diesem Zusammenhang realisierte und nicht realisierte Projekte zur besseren Durchdringung dieses Bereiches.

Das ganze 18. Jh. über war bereits immer wieder an Verbesserungen der Verkehrsverbindungen gearbeitet worden, vor allem die Landstraßen hatten nachhaltige Förderungen erfahren. Die ökonomisch günstigste Verkehrsverbindung war freilich nicht die auf dem Land-, sondern die auf dem Wasserweg. Dem entsprachen verschiedene Aktivitäten, die auf eine bessere Ausnützung der vorhandenen Wasserstraßen, aber auch auf die Errichtung neuer, künstlicher Kanalverbindungen gerichtet waren. Schon am 19. September 1766 hatte man von Staats wegen eine Belohnung von 1000 Gulden für denjenigen ausgesetzt, dem es gelingen würde, ein Schiff zu entwickeln, mit dem man gegen den Strom segeln könnte und das die Fahrkosten entscheidend vermindert hätte. Man wollte damit das leidige Problem der Bergfahrt auf der Donau in den Griff bekommen, doch konnte sich die Prämie niemand verdienen, die österreichische Flußschiffahrt stagnierte weiterhin. Projekte zur Errichtung von Kanälen hatte es in der Monarchie schon seit dem Beginn des 18. Jh. gegeben, wobei gegen Ende dieses Zeitraums umfassende Pläne für ein Donau-Adria-Projekt in den Vordergrund rückten. Noch aus der Zeit Josephs II. liegt uns nun für den Wiener Raum eine Karte vor, die der aus Lothringen stammende Ingenieur-Hydrograph François Joseph Maire verfaßte *(Tafel 32)*. Maire weilte schon seit den frühen siebziger Jahren in Österreich und war mit Unterstützung des Wiener Bankhauses Friedrich Bargum und Comp. in den achtziger Jahren mit der Publikation mehrerer Projekte hinsichtlich von Kanalbauten hervorgetreten. Nachdem er in diesem Zusammenhang eine das gesamte Reichsgebiet diesseits des Rheines umfassende Karte vorgelegt hatte, brachte er 1788 in Fortführung seiner dabei entwickelten Ideen seine „Topohydrographische Karte" des Wiener Bereiches heraus *(Tafel 32)*. Es ist dies die erste der Öffentlichkeit zugängliche Landkarte — die Blätter der Josephinischen Landesaufnahme unterlagen ja bis dato der militärischen Geheimhaltung —, auf der ein größerer Ausschnitt des Wiener Umlandes zu sehen ist. Dabei ist auch das darauf eingezeichnete Kanalprojekt, das ja der eigentliche Grund für die Entstehung des Planes war, von wirtschaftsgeschichtlichem Interesse. Maire dachte im Wiener Bereich an die Errichtung zweier Kanäle, deren einer — im Titel der Karte genannt — von Purkersdorf annähernd parallel zum Wienfluß etwas nördlich der Mariahilfer Straße den vorstädtischen Raum erreichen sollte, um dann — von einem Hafenbecken in der Gegend des heutigen Volkstheaters ausgehend — auf dem Glacis einen Ringkanal rund um die Stadt zu bilden. Auf den donaunah gelegenen Glacisabschnitten hätten zwei weitere Hafenbecken gebaut werden sollen, von wo aus mit einer Verbindung zur Donau der Anschluß an den Schiffsverkehr auf diesem Fluß gegeben gewesen wäre. Der zweite Kanal wäre vom Wienfluß im Bereich oberhalb von Hietzing ausgegangen und wäre in die südliche Umgebung der Stadt verlaufen. Der Zweck beider Wasserstraßen ist nicht zuletzt durch ihre Benennung als „Kommerzial Kanal" deutlich gemacht. Der Bereich der Residenzstadt hätte nach den Plänen Maires nun auch im Hinblick auf die neu-

en Kanäle zum wahren Zentrum des Gesamtstaates werden sollen. Zur Verwirklichung eines Kanalprojektes im Wiener Umland kam es dann tatsächlich ab 1795, als unter der technischen Leitung des Oberstleutnants Sebastian von Maillard ein Teil des Maire'schen Donau-Adria-Kanal-Projektes in der Form des in Resten bis auf den heutigen Tag bestehenden Wiener-Neustädter-Kanals in die Tat umgesetzt wurde.

Freilich war diese Maire'sche Karte in keiner Weise dazu geeignet, das bestehende Interesse an Plänen von Wien und der städtischen Umgebung zu befriedigen — ein solcher Zweck war ja mit der Arbeit des lothringischen Kartographen auch gar nicht verbunden gewesen. Es waren aber die im Verlauf der Regierungszeit Josephs II. in großer Zahl eintretenden topographischen Veränderungen der Residenzstadt und ihres Umlandes, die den Wunsch nach der Herausgabe einer all diese Neuerungen enthaltenden Karte laut werden ließen. An baulichen Veränderungen in Wien herrschte in der Zeit von 1780—1790 gewiß kein Mangel, innerhalb und außerhalb der Stadtmauern hatte etwa die Klosterpolitik des Herrschers zu einer Reihe von folgenschweren Umgestaltungen geführt, in manchen Bereichen der Vorstädte kam es im Gefolge der Errichtung von Großbauten (Bau des Allgemeinen Krankenhauses an der Alser Straße 1783/84) zu einem tiefgreifenden Strukturwandel im Grundrißgefüge. Es entsprach nun ganz dem auch sonst schon mehrfach beobachteten Verhalten des Kaisers, daß er selbst es war, der den Auftrag zur Herstellung einer solchen zeitgemäßen Karte erteilte, ja dafür sogar die strengen Geheimhaltungsvorschriften der nach ihm benannten militärischen Landesaufnahme für den Wiener Bereich aufhob. Joseph II. erteilte 1789 dem Militärkartographen Stephan Jakubicska den Auftrag, eine Umgebungskarte für die Residenzstadt *(Tafel 33)* zu veröffentlichen. Jakubicska durfte dabei die Josephinische Landesaufnahme heranziehen und legte eine in Ausführung und Maßstab diesem Kartenwerk eng verwandte Planarbeit vor. Dabei kam er aber selbstverständlich dem Wunsch des kaiserlichen Auftraggebers nach, indem er die in der Zeit seit der Landesaufnahme eingetretenen topographischen Veränderungen getreulich eintrug. Ebenfalls mit einem Wunsch des Kaisers oder einer Reverenz des Kartographen gegenüber seinem Auftraggeber dürfte die Umorientierung des Kartenbildes zusammenhängen. Im Gegensatz zur Josephinischen Landesaufnahme hat Jakubicska seinen Plan nämlich nach Südosten orientiert, womit er in die Lage versetzt wurde, bei Verwendung des damals üblichen Formates auch die kaiserliche Sommerresidenz Laxenburg einzeichnen zu können. Die Jakubicska-Karte — eine Meisterleistung der Wiener Kartographie der Zeit — vermittelt uns jedenfalls ein besonders eindrucksvolles Bild der topographischen Situation im Bereich der heutigen Großstadt vor annähernd zweihundert Jahren. Obwohl die Übersichtlichkeit des Kartenblattes durch die Schwarzweißdarstellung etwas leidet, entschädigt uns doch der reiche Inhalt bei weitem.

Jakubicska hatte mit seiner Karte großen Verkaufserfolg, genauso wie im Fall der Grimm'schen Karte *(Tafel 31)* kam es auch hier schon zwei Jahre nach der ersten Veröffentlichung zu einer inhaltlich unveränderten Neuauflage (diese Ausgabe ist hier, *Tafel 33*, auch abgebildet!), 1799 folgte dann noch eine im Südwesten um ein schmäleres Zusatzblatt erweiterte Fassung.

All diese Karten sind zum einen deutliche Hinweise auf ein gestiegenes Verständnis für Pläne, auf ein erhöhtes Interesse an der landschaftlichen Umgebung, sie belegen aber auch den Aufschwung des städtischen Baugeschehens, ohne den wiederum die damals steil ansteigende Zahl von Stadtkarten kaum erklärlich wäre. Gegen Ende des 18. Jh. schaltete sich im Bereich der Wiener Vorstädte nun mit dem ältesten Kloster der Stadt, dem hiesigen Schottenkloster, eine weitere sehr aktive und potente Kraft in die bauliche Entwicklung ein. So war etwa der Bereich des Schottenfeldes, der schon auf dem Reichenberg-Plan des Jahres 1739 mit Namen eingetragen gewesen war *(Tafel 18)*, im Jahre 1777 zu einer eigenen Vorstadt geworden, hatte damit Selbständigkeit von der ursprünglichen Zugehörigkeit zu Neubau-Neustift erlangt. In den nächsten Jahren siedelten sich hier zahlreiche Gewerbebetriebe an, wobei der Erzeugung von Seidenzeug und Samt die größte Bedeutung zukam. Die Seidenweberei war in Wien schon im Spätmittelalter heimisch gewesen, hatte aber dann vor allem ab dem frühen 18. Jh. als eines der von der merkantilistischen Wirt-

schaftspolitik insbesondere geförderten Luxusgewerbe einen steilen Aufschwung genommen. Als dann in der Folge der Ereignisse der Französischen Revolution ab 1789 die französische Konkurrenz, darunter besonders die Lyoner Seidenerzeugnisse, für den mitteleuropäischen Markt ausfielen, brach die eigentliche Blütezeit der Seidenerzeugung in Wien an. Schon um 1800 arbeiteten im Bereich des Schottenfeldes mehr als 300 Fabriken mit über 30.000 Arbeitern, dies war die Epoche, da für diesen Wiener Vorstadtgrund der bezeichnende Name „Brillantengrund" aufkam. Der Baufortschritt läßt sich dabei gerade auch an den Plänen aus der Zeit um 1790 zeigen. Noch auf dem Grimm'schen Plan von 1783 *(Tafel 31)* sind die hier gelegenen Gründe als Ackerflächen ausgewiesen, während die Karten von Maire und Jakubicska von 1788 bzw. 1789/91 *(Tafeln 32 und 33)* bereits deutlich den Fortschritt der Baumaßnahmen erkennen lassen.

Bei den solchen baulichen Maßnahmen vorausgehenden Planungen kam es zur Herstellung von besonders großmaßstäbigen Parzellierungsplänen, auf denen die neu zu schaffenden Baublöcke und Häuser exakt eingetragen waren. Ein solcher Parzellierungsplan hat sich nun für den Bereich der weiteren schottischen Vorstadt Breitenfeld in der Kartographischen Sammlung des Wiener Stadt- und Landesarchivs erhalten *(Tafel 34)*. Dieses Gebiet, das ursprünglich die „Alsbreite" genannt wurde, war noch in den neunziger Jahren des 18. Jh. ein unverbautes Getreidefeld. Die Gegend war damals — zu einer Zeit, da bereits das Schottenfeld besiedelt wurde und auch am linken Ufer des Alserbaches im Bereich des Himmelpfortgrundes und von Michelbeuern die Verbauung voranschritt — der letzte siedlungsleere Raum innerhalb der zwischen dem Wiental und der Donau gelegenen Wiener Vorstädte. Nicht zuletzt auch aus diesem Umstand mochte sich für den dortigen Grundherrn, das Wiener Schottenkloster, ein besonderer Anreiz ergeben, das Gebiet zur Verbauung freizugeben. Dabei kam es dann zu einem langwierigen Streit zwischen den Schotten und dem städtischen Magistrat, da man seitens der Stadt versuchte, die Zugehörigkeit des Breitenfeldes zum Burgfried und damit die Berechtigung zur Besteuerung der hier neugebauten Häuser durchzusetzen. Der darüber geführte Prozeß wurde erst zu Ende der dreißiger Jahre des 19. Jh. entschieden, wobei die rechtlichen Vorstellungen der Schotten durchdrangen.

Die Freigabe des oberen Teiles des Breitenfeldes zur Verbauung erfolgte 1801 durch den Schottenabt Benno Pointner. Aus dem Jahre 1803 stammt der hier gezeigte Parzellierungsplan *(Tafel 34)*, dessen wechselvolles Geschick — erkennbar an der Zahl der daran beteiligten Verfasser — zugleich einen Spiegel für die Streitigkeiten zwischen Magistrat und Schotten bildet. In geometrisch genau durchgeplanter Form ging man hier im Herzen der Vorstadt an die Anlage eines Straßenkreuzes (Breitenfelder Gasse — Albertgasse), das im Kreuzungsbereich einen Marktplatz ausbildete. Der Erfolg dieser Parzellierung schlug sich in dem raschen Anwachsen der hiesigen Häuserzahlen deutlich nieder, nachdem 1802 die ersten drei Häuser vollendet worden waren, befanden sich im Jahre 1830 hier nicht weniger als 93 Häuser.

Der nunmehr schon auf weite Strecken fast vollkommen geschlossene vorstädtische Häuserring mit seinen steigenden Bevölkerungszahlen ließ zu Anfang des 19. Jh. die Probleme der Ver- und Entsorgung immer deutlicher werden. Noch immer war man von einer von staatlicher oder gar von städtischer Seite vorangetriebenen Abhilfe für die Schwierigkeiten, die sich aus dem mangelnden Ausbau der infrastrukturellen Einrichtungen ergaben, weit entfernt; wenn etwa zu Anfang des 19. Jh. die nach ihrem Initiator Herzog Albert von Sachsen-Teschen, dem Gemahl der 1798 verstorbenen Tochter Maria Theresias, Christine, benannte „Albertinische Wasserleitung" erbaut wurde, so konnte dieses von Hütteldorf zur Stadt hereingeleitete Wasser nur gewisse Teile der Wiener Vorstädte (Mariahilf, Gumpendorf, Schottenfeld und Josefstadt) versorgen. Auch auf dem Gebiet der Lebensmittelversorgung ergaben sich in der Zeit ab 1800 in zunehmendem Maße Schwierigkeiten.

Im ersten Jahrzehnt des neuen Jahrhunderts trug dazu freilich auch die allgemeine politische Entwicklung in entscheidender Weise bei. Die Ära der von Kaiser Napoleon geführten Kriege sah die französischen Truppen in den Jahren 1805 und 1809 in Wien. Diese Jahre waren dann in der Stadt von hohen Teuerungsraten gekennzeichnet, der Staat behalf sich lange Zeit mit der erhöhten

Ausgabe des in maria-theresianischer Zeit eingeführten Papiergeldes. Gerade diese Vorgangsweise schwächte aber das Zutrauen zur Finanzpolitik ganz entscheidend, die Kosten der Besatzungszeit und die Ausgaben für die militärischen Maßnahmen gegen Napoleon trugen schließlich noch zu einer weiteren Verschlimmerung der Lage bei, die dann mit dem Patent vom 20. Februar 1811 ihren absoluten Tiefpunkt erreichte. Mit dieser Anordnung wurde der Austausch der Bankozettel gegen Einlösungsscheine zu einem Fünftel ihres Wertes festgesetzt, was letztendlich nichts anderes war als die Erklärung des Staatsbankrottes.

Die im November 1809 aus Wien abziehenden Franzosen griffen mit der demonstrativen Sprengung eines Teiles der Stadtbefestigung in die Gestalt des Stadtbildes ein *(Tafel 35)*. Hatte man noch im Mai desselben Jahres angesichts der Nachrichten über das Näherrücken der Feinde in fieberhafter Eile Ausbesserungsarbeiten an den Fortifikationen vornehmen lassen, so wurde die Nutzlosigkeit der alten Anlagen angesichts der modernen Waffen beim Angriff Napoleons auf die (allerdings auch nicht von ausreichenden Truppenkontingenten verteidigte) Stadt offenkundig. Der Kaiser der Franzosen unterstrich daher mit der von ihm angeordneten Sprengung im Spätherbst des Jahres nur die Auffassung, die zu der Zeit die einzig richtige gewesen wäre, nämlich die von der Sinnlosigkeit des Weiterbestandes des Wiener Basteiengürtels.

Trotz all der militärischen Erkenntnisse, die man im Zusammenhang mit den Fortifikationen damals hatte machen müssen, konnte man sich aber dennoch nicht zu einer Auflassung der alten Anlagen entschließen. Eine gewisse Auswirkung der Ereignisse ist allerdings in der Eröffnung einer Reihe von neuen Stadttoren bzw. Durchlässen zu sehen, die im zweiten Jahrzehnt des 19. Jh. erfolgte. Der Bequemlichkeit der Fußgänger dienten dabei das Carolinen- (Kreuzung Weihburggasse/Seilerstätte — Verbindung zur beliebten Promenade des Wasserglacis') und das Franzenstor (am Ende der Teinfaltstraße), schon im Jahre 1802 hatte man das neue Kärntner Tor eröffnet, das in Verbindung mit dem alten Auslaß im Zug der Kärntner Straße im Südabschnitt der Stadtbefestigung den ersten Einbahnverkehr in Wien ermöglichte. Im Jahre 1817 hob Kaiser Franz I. die Stadt als Festung auf und ließ die von den Franzosen gesprengten Teile der Anlagen beseitigen. Im Zusammenhang damit kam es zur ersten und einzigen Stadterweiterung Wiens in der Zeit vor 1850 bzw. der Aufhebung der Basteien 1857. Von den Basteien der Stadt war es die Burgbastei gewesen, die Napoleon 1809 hatte sprengen lassen. Diesen Umstand nützte man nun zu einer zumindest partiellen Stadterweiterung aus, indem man den Glacisbereich zwischen Augustiner- bzw. Kärntnerbastei und Löwelbastei in breiter Erstreckung in die — nun allerdings nur mehr pro forma — neuerbaute Mauer zum und vom Äußeren Burgtor einbezog.

Ab dieser Epoche nahmen auch die schon früher mitunter ventilierten Stadterweiterungsprojekte an Zahl deutlich zu. All diese Projekte scheiterten aber an der ablehnenden Haltung der zuständigen Stellen, darunter insbesondere der Militärs. Gerade zu Beginn der Periode des Vormärz gab es dabei allerdings auch mehrfach Vorschläge, die eben aus den Kreisen der Armee kamen, wie etwa das hier gezeigte Projekt, das die Ansichten des Generalgeniedirektors Erzherzog Johanns wiedergibt *(Tafel 36).*

Solche Pläne mochten noch in der Zeit um 1820, damit in den Jahren, da der Bereich von Burggarten, Heldenplatz und Volksgarten zur Stadt geschlagen wurde, eher aussichtsreich scheinen als in den folgenden Jahren der vormärzlichen Entwicklung in Wien. Das im Jahre 1821 begonnene neue Äußere Burgtor, das Peter Nobile 1824 vollendete, war jedenfalls eine wesentliche Bereicherung des Stadtbildes, der nordwestliche Abschnitt des neuen Stadtgebietes entwickelte sich mit der Anlage des Volksgartens zu einem beliebten Vergnügungsort der Wiener, wo Strauß und Lanner Konzerte gaben.

Das vormärzliche Wien

Die Gestalt der Stadt ist uns in den Jahren des Vormärz bereits in zahlreichen Kartendarstellungen überliefert, besondere Bedeutung kommt dabei nicht zuletzt dem Franziszeischen Katasterplan von 1829 zu, der sich durch eine bis dahin nicht erreichte Genauigkeit der Aufnahme auszeichnet. In ungleich größerem Maße vermag aber eine Serie von anderen Wiener Stadtplänen das Interesse des Historikers auf sich zu lenken, handelt es sich doch dabei um eine auf weitestgehend private Initiative zurückgehende Arbeit. Wir sprechen dabei von den beiden Planserien von der Hand Anton Behsels, die dieser städtische Magistratsbeamte in den zwanziger und dreißiger Jahren des 19. Jh. aus eigenem Antrieb verfaßte *(Tafeln 37—40)*. Behsel hatte schon 1818, als er die Stelle des Wiener Stadtbauinspektors erhielt, die damals erst geschaffen worden war, mit der häuserweisen Planerfassung der Innenstadt begonnen und hatte die Ergebnisse dieser Arbeit in der Serie seiner bis 1824 abgeschlossenen Pläne der Residenzstadt und ihrer Vorstädte vorgelegt. Bewundernswert ist dabei vor allem die ungeheure Präzision, mit der dieser Mann an die Arbeit ging. Er konnte damit bereits fünf Jahre vor der Fertigstellung des Franziszeischen Katasters von Wien eine Kartendarstellung des gesamten städtischen Bereiches geben, die in ihrem Maßstab die Katasteraufnahme sogar übertrifft.

Auf diesen Behsel'schen Plänen, die als große kartographische Kostbarkeit im Wiener Stadt- und Landesarchiv liegen, hat der Verfasser darüber hinaus aber auch noch eine weitere, für die bauliche Entwicklung der Stadt so wesentliche Grenze zum erstenmal festgehalten: den Wiener Burgfried. Damit stellen die Karten des Anton Behsel aus den zwanziger Jahren des 19. Jh. die älteste und beste Grundlage zur Rekonstruktion der Grenzen des Wiener Administrations- und Jurisdiktionsbereiches dar, der seit seiner ersten urkundlichen Fixierung durch Kaiser Leopold I. im Jahre 1698 einen ständigen Streitgegenstand in den Auseinandersetzungen zwischen städtischem Magistrat und den um die Stadt gelegenen privaten Grundherrschaften dargestellt hatte. Anton Behsel kommt das Verdienst zu, als erster den genauen Grenzverlauf des Wiener Burgfrieds kartographisch festgelegt zu haben, wobei er diese Nachforschungen auch in zwei Beschreibungen aus den Jahren 1825 und 1826 festgehalten hat, die sich durch Zeichnungen der einzelnen Burgfriedssteine als besonders wertvoll erweisen. Der Standort dieser Grenzsteine ist auf den Behsel'schen Plänen *(vgl. Tafel 39)* genau vermerkt.

1829 brachte der Stadtbauinspektor einen Häuserschematismus der Stadt und aller Vorstädte heraus, der neben einer Konkordanz zwischen den drei seit 1770 vorgenommenen Konskriptionsnumerierungen den Namen des Hausbesitzers, die alte Hausbezeichnung, die betreffende Gasse und das jeweilige Polizeiviertel enthält und dadurch bis auf den heutigen Tag eines der wesentlichsten Hilfsmittel zur topographischen Erforschung unserer Stadt in der ersten Hälfte des vergangenen Jahrhunderts ist. Noch stärker an den damit verbundenen Interessen Anton Behsels orientiert sind dann die von ihm in den Jahren nach 1830 handgezeichneten Jurisdiktions-Pläne der Stadt *(Tafeln 37 und 40)*. Ist darauf der Bereich der Innenstadt nach seinen alten vier Stadtvierteln farblich unterschieden, so verwendet Behsel die Kolorierung im Bereich der Vorstädte zur Kennzeichnung der dortigen jurisdiktionellen, d. h. grundherrschaftlichen Zuständigkeiten.

Die Epoche des Vormärz, in die uns diese Pläne des Magistratsbeamten Behsel führen, ist nun ein Zeitabschnitt in der städtischen Entwicklung Wiens, der sich vor allem in wirtschaftlicher, sozialer und kultureller Hinsicht durch extreme Gegensätzlichkeiten auszeichnet. Das Baugeschehen hatte sich in diesen Jahren endgültig in den Bereich der Vorstädte und — nach und nach immer deutlicher zu erkennen — den der Vororte verlagert. Die letzten freien Flächen des Vorstadtringes um Wien, die sich — wie wir den Plänen vom Ende des 18. Jh. entnehmen konnten — in den südöstlichen Teilen dieses Gebietes befanden (Bereich des heutigen 3., 4. und 5. Gemeindebezirkes), wurden damals in die Verbauung einbezogen, außerhalb des Linienwalls wuchsen im Westen der Stadt — zwischen Wiental und Donaustrom — die Vororte immer stärker empor, wobei dem Bereich von Sechshaus, Fünfhaus, an der äußeren Mariahilfer Straße, dann dem Gebiet von Neulerchenfeld und Hernals eindeutig die größte Bedeutung zukam.

In dieser Stadt kam es nun während der vormärzlichen Epoche zu einer ungemein lebhaften und fruchtbaren Entwicklung des kulturellen Schaffens auf den vielfältigsten Gebieten. An erster Stelle ist dabei das Musikschaffen zu nennen, wobei die Namen des gebürtigen Rheinländers Beethoven und des mit der Wiener Vorstadt in Geburt, Leben und Tod eng verbundenen Franz Schubert nur stellvertretend angeführt seien. In literarischer Hinsicht reichte die Breite des damaligen „Wiener" Oeuvres von der klassischen Kunst eines Franz Grillparzer bis zu den Zaubermärchen Ferdinand Raimunds und den Possen des begnadeten Johann Nestroy. Aber nicht nur bei Musik und Literatur, auch in der Kunst der Malerei und auf dem Gebiet des Kunsthandwerks konnte man im Wien dieser Epoche auf hervorragende Arbeiten und Künstler verweisen.

Die wirtschaftliche Entwicklung des vormärzlichen Wien war von einem nachhaltigen Aufschwung des Gewerbelebens vor allem in den Vorstädten geprägt. Damals entstand in diesen Bereichen die in manchen Teilen der heutigen inneren Bezirke noch fortwirkende so typische Situation des vorstädtischen Hauses, das in seinem baulichen Bestand die Wohnstätte des Meisters und sei-

ner Familie, die Werkstätte und auch Unterkunftsmöglichkeiten für die bei ihm in Arbeit stehenden Personen umfaßte. Dieses Zusammenleben von Meister, Gesellen und Lehrjungen an der Arbeitsstätte, das in markanter Weise um die Jahrhundertmitte zu fassen ist, schloß noch in mancher Hinsicht an ältere Gegebenheiten an, ließ damit vor allem ein Problem noch nicht entstehen, mit dem sich die weitere Entwicklung in der Großstadt bis in die Gegenwart belastet zeigt, die Einrichtung eines innerstädtischen Verkehrsnetzes zur Verbindung zwischen räumlich getrenntem Wohnort und Arbeitsplatz.

Von einer wirtschaftlichen Depression konnte man dabei im Wien der Vormärz-Zeit sicherlich nicht sprechen. Schon die erwähnte Seidenindustrie (besonders stark im Bereich des Schottenfeldes angesiedelt) konnte am Anfang des 19. Jh. einen gewaltigen Aufschwung nehmen, wobei die internationale politische Lage dieser Jahre zwar eine Reihe von militärischen Rückschlägen für die Monarchie brachte, zu gleicher Zeit aber Maßnahmen, wie etwa die von Napoleon verhängte Kontinentalsperre, den Druck der ansonsten stets übermächtigen Konkurrenz des im Industrialisierungsprozeß weit fortgeschrittenen England für den Kontinent — und damit aber auch für den österreichischen Bereich — beseitigte. In Wien arbeitete um 1813 etwa jeder fünfte Berufstätige in der florierenden Seidenindustrie. Ebenfalls in die frühen Jahre der vormärzlichen Entwicklung fallen die Anfänge der Verwendung von Dampfmaschinen für den Produktionsprozeß (1825 in Atzgersdorf). Die in der Folge aufblühenden mechanisierten Betriebe trachteten dann vielfach, aus dem unmittelbaren Bereich der Stadt abzuwandern, sprachen doch der große Platzbedarf solcher Produktionsstätten, die Notwendigkeit von Energiezufuhr (Wasserkraft) und auch das Vorhandensein von billigeren Arbeitskräften außerhalb des städtischen Siedlungsbezirkes eindeutig gegen die Ansiedlung von Fabriken im immer dichter verbauten vorstädtischen Bereich. Solch eine Entwicklung wies dabei im übrigen in dieselbe Richtung wie die von seiten der Regierung um die Jahrhundertwende vom 18. zum 19. Jh. mehrfach erlassenen Verfügungen, die eine Verbannung neuer Fabriksansiedlungen aus der nahen städtischen Umgebung zum Ziel hatten.

Waren die Maßnahmen schon in maria-theresianischer Epoche von Theoretikern, wie etwa von Sonnenfels, gefordert worden, so waren die Überlegungen der Regierungsstellen weniger von wirtschaftstheoretischen Motiven als vielmehr von der Absicht bestimmt, mit solchen Verordnungen das als unruhiges Element gefürchtete Fabriksproletariat nach Möglichkeit von der Residenzstadt fernzuhalten.

Diese Vorschriften hatten aber nur vorübergehend Wirkung gezeigt, sie wurden ab 1810/11 wieder abgeschafft. Im Gegensatz zu der Entwicklung der Lebenshaltungskosten mit ihrem Tiefpunkt im Staatsbankrott des Jahres 1811 läßt sich hinsichtlich der Wirtschaftsentwicklung noch in den Jahren nach 1810 eine durchaus zufriedenstellende Lage erkennen; erst 1816 kam es dann auch hier zu einem totalen Zusammenbruch. Im Verlauf des Vormärz kann man dann aber durchaus wieder von einer positiven Entwicklung sprechen, wobei zum einen die Welle von Fabriksgründungen industrieller Prägart in der städtischen Umgebung, den Vororten und dem wasserreichen niederösterreichischen Viertel unter dem Wienerwald, im Auge zu behalten ist, zum anderen aber auch dem Aufschwung des gewerblichen Sektors in den Wiener Vorstädten größte Bedeutung zukommt.

Das bauliche Wachstum der Stadt ist ein getreues Spiegelbild dieser Entwicklung, wobei uns der dabei eintretende Aufschwung nicht zuletzt auch an statistischen Daten dieser Epoche deutlich wird. So läßt sich etwa in den Jahren 1838—1847 im Wiener Bereich eine Verdoppelung des Verbrauches an Baumaterial erkennen. Die Berichte von auswärtigen Besuchern in der Stadt sind uns darüber hinaus weitere wertvolle Zeugnisse für die hiesigen Baufortschritte. In regionaler Hinsicht richtete sich damals das städtische Wachstum zum einen auf die außerhalb des Linienwalls im Westen der Stadt gelegenen, schon seit dem 18. Jh. immer wichtiger gewordenen Vororte (Sechshaus, Fünfhaus, Neulerchenfeld), wobei die wirtschaftliche Rolle des Wientales in der Entstehung neuer Orte (Wilhelmsdorf und Gaudenzdorf, heute Wien 12) besonders gut zum Ausdruck kommt, zum anderen waren es damals die letzten bisher noch unverbauten Teile des Vorstadtringes um die Stadt, die im Südosten gelegene Gebiete au-

ßerhalb der Verbauungszonen der heutigen Bezirke 3—5, die nunmehr endgültig vom städtischen Wachstum erfaßt wurden. Dabei konnten sich hier in wirtschaftlich überaus signifikanter Weise innerhalb der Vorstädte Fabriken der gegen die Mitte des Jahrhunderts immer wichtiger werdenden Maschinenindustrie niederlassen, die im Bereich zwischen der Leopoldstadt, wo sich ja ebenfalls noch größere unverbaute Zonen befanden, und Margareten sowohl den erforderlichen Platz für ihre Produktionsstätten als auch ausreichende Möglichkeiten zur Beschäftigung der hier wohnenden, relativ hoch qualifizierten Arbeiterschaft fanden.

Zwischen diesen Extremen, der kulturellen Blüte auf so vielen Gebieten, der ausgesprochen starken wirtschaftlichen Dynamik und den zunehmend krasser werdenden sozialen Gegensätzen, schwankt das Bild des Vormärz in der historischen Betrachtungsweise. Für die Fremden war die Residenzstadt des habsburgischen Kaisers ein Zentrum ganz besonders ausgeprägten Wohllebens ihrer Bewohner („Backhendlzeit"), freilich mochte der soziale Umgang dieser auswärtigen Besucher unserer Stadt auch nicht dazu geeignet sein, ihnen die ganze Bandbreite sozialer Schichten, die hier in Wien ansässig waren, ungeschminkt vor Augen zu führen. Den Wünschen des an der Schönheit der Stadt, ihrem Luxus und ihrer Pracht interessierten Bewohners und Besuchers kamen in dieser Epoche die von Carl Graf Vasquez in kluger Einschätzung der günstigen Verkaufsaussichten auf den Markt gebrachten Stadtpläne *(Tafel 41)* entgegen, stellen sie doch den nüchternen Grundrißplan der Stadt und ihrer Vorstädte in einen künstlerisch gestalteten Rahmen, der eine Reihe von Bildern der „vorzüglichsten" Gebäude des jeweiligen Stadtteiles enthält.

In den selben Entstehungszusammenhang gehört ein anderes Serienwerk von „Karten", das im Vormärz herauskam. Es handelt sich dabei allerdings um keine Grundrißdarstellungen, sondern um eine ganze Reihe von Vogelschauansichten, die der Wiener Schriftsteller und Topograph Franz Xaver Schweickhardt von Sickingen in den Jahren ab 1830 publizierte *(Tafeln 42—45)*. Schweickhardts Arbeiten waren ganz typische Vertreter der seit der Jahrhundertwende immer stärker in Mode kommenden neuen literarischen Gattung der Landesbeschreibungen, wobei die einzelnen Vertreter dieses Genres in ganz unterschiedlicher Weise einen mehr oder minder hohen wissenschaftlichen Anspruch mit ihren Darstellungen verbanden. Schweickhardt hatte jedenfalls ab den frühen dreißiger Jahren mit der Veröffentlichung einer umfassenden „Darstellung des Erzherzogthums Österreich unter der Ens (!)" begonnen, die keinesfalls ausschließlich unter dem Blickwinkel von Reiseberichten zu sehen ist. Es handelt sich dabei vielmehr um eine in mancher Hinsicht heute als wichtige Quelle heranzuziehende frühe Topographie von Niederösterreich. In enger Verbindung mit diesen Arbeiten entstand dann auch die von Schweickhardt als „Perspectiv-Karte" bezeichnete Serie von Kartenblättern, die ursprünglich den gesamten niederösterreichischen Raum hätten abdecken sollen. Der Bereich der Residenzstadt Wien ist in dieser Serie von Stahlstichen vollkommen erfaßt, auf der *Tafel 45* wird deshalb hier auch der Versuch gemacht, eine aus den vier Teilblättern des Wiener Bereiches zusammengesetzte Gesamtansicht zu bieten.

Das Werk von Schweickhardt hat von seiten der Wissenschaftler höchst unterschiedliche Bewertung gefunden. Lange Zeit galt es als anerkannte kulturhistorische Besonderheit, die allerdings eine höchst ungleiche Ausführung aufweise, die Ortsnamen seien darauf oftmals in bedenklicher Weise entstellt, das Gelände sei zwar in der Ebene gut, im gebirgigen Bereich dagegen geradezu grotesk dargestellt. Gegenüber dieser abschätzigen Einstufung der Schweickhardt-Ansichten muß allerdings für den Wiener Bereich eingewendet werden, daß es sich hier um qualitativ hochstehende kartographische Arbeiten handelt. Die Ortsnamen sind im Umkreis von Wien in keiner Weise entstellt wiedergegeben, die Nennung von Ottakring als „Ottogrün" etwa hat in der unseren Bereich betreffenden Kartographie seit den Tagen der Josephinischen Landesaufnahme *(Tafel 27)* Tradition. Freilich ist der Vorwurf einer höchst unterschiedlichen Wiedergabequalität des Geländes in der Ebene oder im Gebirge zutreffend, doch werden wir dafür durch die besondere topographische Genauigkeit des Künstlers mehr als entschädigt. Das Kartenwerk enthält nicht nur ein getreues Abbild der Kulturlandschaft des Umkreises unse-

rer Stadt vor 150 Jahren, es gibt auch die topographischen Details der dargestellten Orte bis hin zu einzelnen Wegkreuzen mit einer geradezu stupenden Genauigkeit wieder.

Ein Umstand ist es freilich, der den historisch Interessierten bei der Betrachtung der Schweickhardt'schen Blätter mit Bedauern erfüllt, das Fehlen einer Datierung der Entstehung dieser Arbeiten. Dennoch ergibt sich gerade aus der topographischen Entwicklung des Wiener Bereiches die Möglichkeit einer exakteren zeitlichen Einordnung. Die Wiener Landschaft präsentiert sich nämlich auf diesen Ansichten noch in der Unberührtheit der Epoche vor der Anlage der Eisenbahnlinien. Dazu einige kurze Worte, die noch einmal an die zuvor gemachten Ausführungen über die wirtschaftliche und soziale Entwicklung Wiens im Vormärz anschließen: Die bis weit ins 19. Jh. hinein in den traditionellen Bahnen verhaftete Situation des Verkehrswesens zählte zu den wesentlichsten Hindernissen für einen entscheidenden ökonomischen Aufschwung. Dazu kamen die Schwierigkeiten, die sich aus den unzulänglichen Verkehrsverhältnissen nicht zuletzt auch für die großstädtische Versorgung ergaben. Die erste Hälfte des vergangenen Jahrhunderts brachte nun hinsichtlich der Infrastruktur der Stadt eine Reihe von tiefgreifenden Veränderungen, die als unmittelbare Folgewirkung der wirtschaftlichen und sozialen Gegebenheiten anzusehen sind. Im Bereich der Entsorgung waren es etwa die Errichtung der Wienfluß-Sammelkanäle im Gefolge der Choleraepidemien der frühen dreißiger Jahre oder der Bau von Wasserleitungen, die allerdings nicht mehr als — im wahrsten Sinne des Wortes — ein Tropfen auf dem heißen Stein waren, die hier zu nennen wären. Die Maßnahmen zur Verbesserung der Versorgung richteten sich in dieser Ära auf eine Verbesserung der Effizienz des Marktwesens, auf dem die Lebensmittelzulieferung und der Verkauf dieser Waren basierte, doch konnten die damals gesetzten Aktivitäten (Gründung des städtischen Marktamtes 1839 usw.) in den Jahren des Vormärz keine rechte Wirksamkeit mehr entfalten.

Am deutlichsten zeigte sich die Verbesserung der infrastrukturellen Situation der Stadt — die freilich noch in keiner Weise als auch nur einigermaßen ausreichend bezeichnet werden konnte —

auf dem Gebiet des Verkehrswesens. Dabei kam vor allem dem Einsatz der Dampfkraft entscheidende Bedeutung zu. Dieses neue Antriebsmittel war schon 1807 erstmals auf dem Hudson-River für ein Dampfschiff verwendet worden, in Österreich konnte sich die Dampfschiffahrt nach zaghaften Anfängen (um 1819) endgültig mit der Gründung der Donaudampfschiffahrts-Gesellschaft (1829) durchsetzen. War damit die Schiffahrt in grundlegender Weise verändert worden — die Heranziehung der neuartigen Schiffe für den Gütertransport sollte allerdings noch etliche Jahre dauern —, so war es dann der Einsatz der Dampfmaschine für die Zwecke des Landverkehrs, der zu der eigentlichen Revolution in der allgemeinen Verkehrsentwicklung führte. Die Geburtsstunde der Eisenbahn war zugleich die des Zeitalters des „Massenverkehrs". Die Grundidee des Schienenverkehrs war allerdings älter, sie war schon in den zwanziger Jahren des 19. Jh. bei der Linz-Budweiser-Pferdeeisenbahn verwirklicht worden.

Als sich dann in der Mitte der 1830er Jahre kapitalkräftige Bankhäuser entschlossen, in diesen neuen Bereich der Schienenverkehrsmittel zu investieren, begann in Österreich das Zeitalter der Dampfeisenbahnen. 1836 begann man mit den Bauarbeiten für die von dem Wechselhaus S. M. von Rothschild finanzierte Kaiser-Ferdinand-Nordbahn, am 23. November 1837 kam es zu der historischen ersten Eisenbahnfahrt auf österreichischem Boden zwischen Floridsdorf und Deutsch-Wagram. Das Fehlen dieser so markanten topographischen Neuerung im Landschaftsbild, wie sie die Schienen nun einmal bildeten, ermöglicht uns die annähernde zeitliche Einordnung der Schweickhardt'schen Blätter des Wiener Raumes. Der Topograph hatte also zweifellos seine Kartenproduktion mit den hinsichtlich ihres Anklangs beim Publikum am meisten erfolgversprechenden Abschnitte Wiens und seiner Umgebung begonnen.

Auf den Schweickhardt'schen Blättern fehlt aber nicht nur die 1836/37 errichtete Nordbahn, auch von der ab 1838 errichteten Südbahn (ursprünglich Wien-Gloggnitzer- bzw. Wien-Raaber-Bahn) ist auf der „Perspectiv-Karte" noch nichts zu sehen. Gerade dieses bauliche und technische Großprojekt zählt aber nach der Nordbahn zu den ganz einschneidenden neuen Faktoren, die das Stadtbild und die Entwicklung der Stadt in dieser Epoche prägten. Die Errichtung der Eisenbahnen brachte für den Bereich der Vororte aber auch für das Gebiet unmittelbar am baulichen Ende der Vorstädte, wo sich ja die neuen Bahnhöfe durchwegs befanden, eine Reihe von neuen wichtigen Impulsen. Die Kartographen dieser Zeit reagierten auf diese Veränderungen im baulichen Gefüge des stadtnahen Raumes überaus prompt und brachten Karten auf den Markt, welche die modernen topographischen Veränderungen enthielten (Tafel 46). Dabei ist der hier gezeigte Plan ein interessantes Zeugnis dafür, wie man damals seitens der Kartenhersteller offenbar versuchte, eine aus Aktualitätsgründen neu herausgebrachte Karte durch die Beifügung eines entsprechenden künstlerischen Rahmens, der ganz in der Manier des Carl Graf Vasquez (Tafel 41) Bilder von bedeutenden Wiener Baulichkeiten präsentierte, von vornherein für den möglichst breiten Verkauf auszustatten.

In topographischer Hinsicht zeigt uns gerade der hier abgebildete Plan die in den letzten Jahren vor der Jahrhundertmitte einsetzende Verbauung der bislang noch siedlungsleeren Zonen im Südosten und Süden des vorstädtischen Gebietes, von der Leopoldstadt angefangen und dann vor allem über die Landstraße/Erdberg und Wieden bis nach Margareten und Matzleinsdorf. Es war die vorhin bereits erwähnte Maschinenindustrie, die sich hier dann so nachhaltig bemerkbar machen sollte, und auch dafür ist mit dem Eisenbahnbau ein ganz wichtiger Anreiz verbunden gewesen. Erst mit der Errichtung der Südbahnlinie und ihres Kopfbahnhofes im Abschnitt zwischen Belvedere und Favoritner Tor des Linienwalls kam es hier zur Entstehung eines neuen Zentrums in der Betriebsstruktur des Wiener Umlandes. Der Südbahnhof mit seinen zugehörigen Maschinenfabriken und Reparaturwerkstätten bildete in der zweiten Hälfte des 19. Jh. das wichtigste Ausstrahlungszentrum für die Verbauung des hier gelegenen Abschnittes der Vororte, der bis weit nach dem Süden hinaus seit alters her zum Burgfried der Stadt und damit zum unmittelbaren Einflußbereich der Wiener Verwaltungs- und Gerichtsbefugnisse gehörte. 1874 zog man die Konsequenz aus dem in der Zwischenzeit eingetretenen baulichen Aufschwung, indem dieses

Gebiet zum 10. Wiener Gemeindebezirk Favoriten erhoben wurde.

Mit dieser tiefgehenden Umgestaltung des allgemeinen Verkehrswesens stehen wir bereits in den vierziger Jahren des 19. Jh. und damit in einer Epoche, in der sich die vormärzliche Entwicklung ihrem revolutionären Ende zuneigte. Eine auch nur einigermaßen ausreichende Darstellung der Vorgeschichte des Revolutionsjahres 1848 ist freilich im Zusammenhang der vorliegenden Darstellung nicht möglich, zu vielfältig waren die politischen, wirtschaftlichen, sozialen und geistigen Strömungen, die letztlich im Geschehen dieses Jahres mündeten. War es in politischer Hinsicht vor allem die sich immer deutlicher akzentuierende Forderung nach einer Verfassung, einer Konstitution, gewesen, die nicht zuletzt im Hinblick auf die Vorgänge in Westeuropa mit Nachdruck erhoben wurde, so kam dem Unwillen in weiten Kreisen der Intelligenz gegen die rigoros gehandhabten Zensurvorschriften ebenfalls die Bedeutung eines Zündstoffs zu. Ab der Mitte der vierziger Jahre trat dazu eine Serie von Mißernten, in deren Gefolge die Preise für Lebensmittel in die Höhe schnellten. Dabei verstärkte sich der allgemeine Unmut angesichts der Tatsache, daß diese Entwicklung der Preise nicht zuletzt durch das Horten großer Getreidemengen in der Hand von Spekulanten noch beschleunigt wurde. Die Zeit für eine Revolution war nun auch in Wien gekommen!

Von der Revolution des Jahres 1848 zum Fall der Basteien (1857)

Im März des Jahres 1848 kam es zum Ausbruch der Revolution in Wien, und zunächst schienen die Aussichten auf eine Durchsetzung der erhobenen Forderungen nicht so schlecht zu stehen. Die bisher an der Spitze der staatlichen und städtischen Stellen stehenden Männer mußten demissionieren (Staatskanzler Metternich, Polizeiminister Sedlnitzky, Bürgermeister Czapka), eine von Staats wegen im April vorgelegte Verfassung stieß auf völlige Ablehnung („Mairevolution"), die Einberufung eines konstituierenden Reichstages nach Wien stellte einen wichtigen Erfolg für die revolutionären Kräfte dar. In diese Tage des Frühjahres des Sturmjahres in Wien führt uns auch ein interessanter Plan aus den Beständen des Historischen Museums der Stadt Wien, der die während der Maiereignisse in den Straßen der Inneren Stadt errichteten Barrikaden zeigt und durch seine farbliche Gestaltung die in den stürmischen Tagen dieses Jahres noch einmal zu einiger Bedeutung kommende alte Viertelsgliederung des innerstädtischen Gebietes kenntlich macht *(Tafel 47)*.

Die Sommermonate ließen dann allerdings die aufkommende Krise innerhalb der ursprünglich gemeinsam an den revolutionären Maßnahmen beteiligten Gesellschaftsgruppen immer deutlicher werden, vor allem zwischen den Demokraten und der mit ihnen eng verbundenen Arbeiterschaft und dem begüterten Kleinbürgertum wurde die Entfremdung größer. Die soziale Notlage, in der weite Teile der Bevölkerung sich befanden, trug das Ihre zur Vertiefung der Kluft bei, zu deren Verringerung auch das Aufleben des Patriotismus im Gefolge der militärischen Erfolge Radetzkys in Italien — eine Geisteshaltung, wie sie vor allem die Position der Kaisertreuen stärken sollte — nicht gerade förderlich

war. Die Ereignisse der Oktoberrevolution des Jahres 1848 führte dann gegen Ende dieses Monats zum militärischen Angriff auf die Stadt, in dessen Verlauf es nicht nur an den Linien zu schweren Kämpfen kam, sondern dann sogar in der Stadt selbst gekämpft wurde.

Die Revolution war niedergeschlagen, über Wien wurde der Belagerungszustand verhängt, der erst im Jahre 1853 wieder aufgehoben werden sollte. Trotz dieses deutlichen Erfolges der Reaktion konnte sich der neue, junge Monarch, Kaiser Franz Joseph, zunächst gegenüber den im Revolutionsjahr deutlich gewordenen Ideen einer konstitutionellen Monarchie nicht radikal ablehnend verhalten. Einige Jahre hindurch hatte die oktroyierte Verfassung Gültigkeit, ihr Abstand von den Wünschen der 48er Generation ergab sich schon aus ihrem Namen; 1851 hob sie der Kaiser vollkommen auf, um in den fünfziger Jahren eine neoabsolutistische Regierungsphase einzuleiten. Noch während der konstitutionellen Phase zu Ende der vierziger Jahre kam es mit dem von Franz Graf Stadion vorgelegten Entwurf eines Gemeindegesetzes (17. März 1849) zu einer überaus folgenschweren Verfassungsänderung. Das gesamte Staatswesen war fortan auf der Grundlage der freien Gemeinde organisiert.

Diese tiefgreifende strukturelle Umgestaltung des Staates war eine unmittelbare Auswirkung der wohl wichtigsten Errungenschaft des Revolutionsjahres von 1848, nämlich der Aufhebung der Grundherrschaften. Diese früheren Keimzellen des Staates mit ihren administrativen und jurisdiktionellen Befugnissen gab es nun nicht mehr, ihre Nachfolge traten auf der einen Seite die Gemeinden, auf der anderen Seite die ebenfalls damals eingeführte staatliche Gerichtsbarkeit an. Für die Stadt Wien wurde 1849 von Innenminister Stadion eine „Skizze für einen Entwurf" einer Gemeindeordnung erarbeitet, die dann nach langwierigen Verhandlungen am 6. März 1850 als „Provisorische Gemeindeordnung für Wien" die kaiserliche Zustimmung erhielt. Eines der ganz wesentlichen Ergebnisse dieser Gemeindeordnung war die Ausdehnung des Stadtgebietes auf den Bereich der Vorstädte. Mit dieser ersten Wiener Eingemeindung wurde der Umfang der Stadt ganz beträchtlich erweitert, wobei die neue Grenze sich einerseits an der Donau und an der Katastralgrenze und anderseits am Linienwall orientierte. Der Umfang der Gemeinde wird vom Gesetz wie folgt definiert: „Die Gemeinde Wien umfaßt das Gebiet vom Sporne der Brigittenau längs des Stromstriches (Fahrwassers) der großen Donau und die Zwischenbrückenau, den Gänsehaufen, die Kriegau, den Prater und die Freudenau herum bis zur Ausmündung des neuen Durchstiches des Wiener Donaukanals in die große Donau, von hier den untern Rand des rechten Ufers dieses Durchstiches und des Donaukanals aufwärts bis an die Katastralgränze über den Wienerberg bis an die Wien nächst der Hundsthurmer Linie, von da längs des obern Randes des Liniengrabens bis zur Nußdorfer-Linie, von hier längs der hölzernen Bankaleinfriedung bis zur Spittelauer-Wassermauth und von dieser endlich den unteren Rand des rechten Ufers des Donaukanals aufwärts bis gegenüber dem Sporne der Brigittenau."

Das neue Stadtgebiet wurde damals in 8 Bezirke (Innere Stadt, Leopoldstadt, Landstraße, Wieden, Mariahilf, Neubau, Josefstadt und Alsergrund) gegliedert, in diesem Bereich war aber auch das Gebiet der im Verlauf der zweiten Hälfte des 19. Jh. durch weitere Unterteilungen entstandenen Bezirke Margareten und Favoriten enthalten. Der 20. Bezirk entstand dann erst zu Anfang unseres Jh. anläßlich einer Teilung der Leopoldstadt, doch war um diese Zeit die Stadt nach der Eingemeindung der Vororte 1890/92 bereits noch viel größer geworden. Diese 1850 konstituierten inneren Bezirke waren zur gleichen Zeit auch Gerichtsbezirke, ihre räumliche Situation erhellt etwa aus einem von dem bekannten Verlag Artaria & Co. schon im Jahre 1850 publizierten „Plan von Wien in Gerichts Bezirke eingetheilt" *(Tafel 48)*.

Die fünfziger Jahre des 19. Jh. waren — wie bereits erwähnt — von einer Rückkehr zu absolutistischen Regierungsformen geprägt, die Wiener Gemeindevertretung mit ihrem 1851 bestellten Bürgermeister Dr. Kaspar Seiller konnte sich in diesen Jahren nur schwer durchsetzen, wozu nicht zuletzt auch die im Gefolge der Eingemeindung auftretenden Probleme mit früher von der Stadt unabhängigen Bereichen beitrugen. Ein Beispiel für die damaligen Schwierigkeiten, mit denen der Magistrat zu kämpfen hatte, stellt etwa ein Plan dar, den das Stadtbauamt 1851 herausbrachte, um seitens der städtischen Verwaltung einen Überblick über die Straßenbeleuchtung mit Gaslaternen zu erhalten *(Tafel 49)*. Gerade dieser so wesentliche Teil der infrastrukturellen Notwendigkeiten einer Stadt stand damals in keiner Weise dem städtischen Eingreifen offen, befand sich vielmehr in privaten Händen. Die Gasbeleuchtung hatte in Wien seit den frühen Tagen des Vormärz an Bedeutung gewonnen, seit den vierziger Jahren hatte die englische Firma „Imperial-Continental-Gas-Association" mit der Anlage eines Rohrnetzes und der Errichtung von Gaswerken begonnen. Die Erweiterung des Stadtgebietes führte ab 1850 seitens der Gemeinde zu einem nach und nach steigenden Interesse an all den für das Funktionieren des Gemeindeorganismus notwendigen Maßnahmen der Ver- und Entsorgung, allerdings war dies ein Prozeß, der sich erst in den letzten Jahrzehnten des 19. Jh. und dann um die Jahrhundertwende entscheidend beschleunigte, um dann zu breit angelegten Kommunalisierungen der verschiedenen infrastrukturellen Belange (Verkehrswesen, Energieversorgung usw.) zu führen.

Trotz einer Reihe von geradezu fortschrittlich anmutenden Ansätzen in der städtischen Entwicklung Wiens um 1850 war das Stadtbild weiterhin von einem überaus konservativen Element geprägt, den damals immer noch fortbestehenden Stadtbefestigungen. Es waren in diesen Jahren vor allem die Militärs, die sich strikte gegen die Idee einer Auflassung der Fortifikationen stemmten. Dabei verstanden sie es in den ersten Jahren nach 1848, den jungen Herrscher mit ihrem Hinweis auf den doppelten Zweck dieser Anlagen, nämlich Verteidigung nach außen und Sicherheit im Inneren (gegen den Pöbel), ganz für ihre Auffassungen einzunehmen. In baulicher Hinsicht schlug sich diese Haltung des Monarchen in den Kasernenbauten in Wien während der frühen fünfziger Jahre besonders deutlich nieder. Damals entstanden nicht nur im stadtferneren Bereich solche monumentalen Anlagen, wie etwa das ab 1849 errichtete Arsenal, auch im Zug der Stadtmauer selbst wurden Kasernen eingebaut, wie vor allem die auf der Dominikanerbastei 1854—1857 angelegte Franz-Josephs-Kaserne. Zur gleichen Zeit mußte es freilich immer offenkundiger werden, daß der Bestand von Stadtmauern und Glacis angesichts der seit 1850 vollzogenen Vereinigung von Stadt und Vorstädten zu einem einheitlichen Stadtgebiet eigentlich ein Paradoxon darstellte. Die Aufhebung des Belagerungszustandes in Wien im Jahre 1853 war in dieser Entwicklung des allmählichen Meinungsumschwungs ein erstes deutliches Zeichen. In baulicher Hinsicht war es dann der Beginn der Errichtung der Votivkirche, die an die glückliche Errettung Kaiser Franz Josephs von einem Attentat im Jahre 1853 erinnert, mit der erstmals auf dem Glacis ein monumentales Bauwerk zu stehen kam.

Am Ende dieser in den fünfziger Jahren geführten Diskussion steht dann das Handschreiben des Monarchen vom 20. Dezember 1857, mit dem dem Innenminister Alexander Freiherrn von Bach der Entschluß des Kaisers mitgeteilt wurde, daß „die Erweiterung der Inneren Stadt mit Rücksicht auf eine entsprechende Verbindung derselben mit den Vorstädten ehemöglichst in Angriff genommen" werden solle, weshalb die „Auflassung der Umwallung der Inneren Stadt sowie der Gräben um dieselbe" bewilligt werde. Dieser historische Schritt des 27jährigen Franz Joseph brachte mit den Demolierungsarbeiten der Anlagen (ab 1858) nun auch in äußerer Hinsicht das Ende der alten, bis ins Mittelalter zurückreichenden Baustruktur der Stadt. Mit der Schleifung des Wiener Basteiengürtels wurde eine bauliche Entwicklung in dem bisher unverbauten Bereich rings um die Innenstadt eingeleitet, die zur

Entstehung des für die Stadt Wien in der zweiten Hälfte des 19. Jh. in so mannigfacher Hinsicht typischen Ringstraßenbereiches führte. Zahlreich waren schon seit dem Vormärz die Vorschläge gewesen, die sich auf eine mehr oder minder umfassende Auflassung der Befestigungen bezogen hatten und eine Verbauung des dabei gewonnenen Terrains vorsahen. Von seiten des Innenministeriums legte man bereits am 30. Jänner 1858 einen Entwurf für die Verbauung des nunmehr freiwerdenden Ringes um die Innere Stadt vor *(Tafel 50)*, wobei man sich auf eine Reihe verschiedener älterer Projekte stützte. Es wurden damals nicht weniger als 85 solcher Entwürfe eingereicht, doch kam es bei keinem von ihnen — auch nicht bei dem vom Ministerium vorgelegten, der hier gezeigt wird — zu einer vollständigen Realisierung. Mannigfach waren die Veränderungen, die man dann im Laufe des Baugeschehens durchführte.

Mit der Aufhebung der Wiener Stadtbefestigungen und den darauf folgenden, das Bild unserer Stadt so tiefgehend umgestaltenden Baumaßnahmen stehen wir freilich am Ende einer Epoche, in der die städtische Entwicklung im Bild von historisch interessanten und auch künstlerisch ansprechenden Karten zu verfolgen ist. Die Pläne der nunmehr folgenden Ära tragen zunehmend den Stempel maschineller Massenfertigung, sind von einem nüchternen, technischen Charakter. Somit ergibt sich bereits daraus eine Begründung dafür, unsere Darstellung um die Mitte des 19. Jh. abzubrechen. Dazu kommt aber auch das allgemeine historische Moment, das uns den Zeitraum um 1850 in so vielen Hinsichten als tiefe Zäsur im Ablauf der geschichtlichen Entwicklung unserer Stadt erkennen läßt. Mit der Eingemeindung des Jahres 1850 und der Demolierung der Basteien ab 1857/58 war der entscheidende Schritt getan, der aus der Reichshaupt- und Residenzstadt eine moderne Großstadt mit all ihrer baulichen, wirtschaftlichen und sozialen Eigenart werden ließ.

Auswahl aus der maßgeblichen Literatur

Atlas, Historischer — von Wien. 1. Lieferung. (Wien 1981).

Atlas, Historischer — des Wiener Stadtbildes, hrsg. von Max Eisler. (Arbeiten des Kunsthistorischen Instituts der Universität Wien/Lehrkanzel Strzygowski Bd. XVI, Wien 1919).

Franz Baltzarek — Alfred Hoffmann — Hannes Stekl, Wirtschaft und Gesellschaft der Wiener Stadterweiterung. (Die Wiener Ringstraße. Bild einer Epoche, herausg. von Renate Wagner-Rieger, Band V, Wiesbaden 1975).

Ernst Bernleithner, Die Entwicklung der Kartographie in Österreich, in: Berichte zur deutschen Landeskunde 22 (1969) S. 191—224.

Walther Brauneis, Die Vorstadt zwischen den Mauern vor dem Schottentor, in: Wiener Geschichtsblätter 29 (1974) S. 153—161.

Peter Broucek — Erich Hillbrand — Fritz Vesely, Historischer Atlas zur zweiten Türkenbelagerung Wien 1683. (Wien 1982).

Bertrand Michael Buchmann, Der Wiener Linienwall. Entstehung und strategische Bedeutung, in: Wiener Geschichtsblätter 31 (1976) S. 45—55.

Peter Csendes — Klaus Lohrmann — Ferdinand Opll, Wien — Stadt und Vorstadt zur Zeit Maria Theresias. (Wiener Geschichtsblätter Beiheft 1, 1980).

Peter Csendes, Geschichte Wiens. (Geschichte der österreichischen Bundesländer, Wien 1981).

Felix Czeike, Die Entwicklung der Inneren Stadt bis zum Fall der Basteien, in: Handbuch der Stadt Wien 87 (1973) S. III/3—20.

Felix Czeike, Das große Groner Wien-Lexikon. (Wien-München-Zürich 1974).

Felix Czeike, Wien und seine Bürgermeister. Sieben Jahrhunderte Wiener Stadtgeschichte. (Wien-München 1974).

Felix Czeike, Geschichte der Stadt Wien. (Wien-München-Zürich-New York 1981).

Johannes Dörflinger — Robert Wagner — Franz Wawrik, Descriptio Austriae. (Wien 1977).

Johannes Dörflinger, Die österreichische Kartographie vom Spanischen Erbfolgekrieg bis nach dem Wiener Kongreß unter besonderer Berücksichtigung der Privatkartographie zwischen 1780 und 1820. Ungedruckte Habilitationsschrift. (Wien 1979).

Günter Düriegl, Die Rundansicht des Niclas Meldemann zur ersten Belagerung Wiens durch die Türken im Jahre 1529 — Interpretation und Deutung in: Wiener Schriften 44 (Wien — München 1980) S. 91—126.

Friedrich Gatti, Geschichte der k.k. Ingenieur- und k.k. Genie-Akademie 1717—1869. 1. Bd. (Wien 1901).

Geschichte der Firmen Artaria & Compagnie und Freytag-Berndt und Artaria. Ein Rückblick auf 200 Jahre Wiener Privatkartographie 1770—1970. (Wien-Innsbruck o.J.).

Geschichte der Stadt Wien, hrsg. vom Alterthums-Verein zu Wien. 6 Bde. (Wien 1897—1918).

Reinhard Härtel, Inhalt und Bedeutung des „Albertinischen Planes" von Wien. Ein Beitrag zur Kartographie des Mittelalters, in: Mitteilungen des Instituts für österreichische Geschichtsforschung 87 (1979) S. 337—362.

Wolfgang Häusler, Von der Massenarmut zur Arbeiterbewegung. Demokratie und soziale Frage in der Wiener Revolution von 1848. (Wien-München 1979).

H. Hassinger, Wandlungen des Landschaftsbildes des Praters seit dem 16. Jahrhundert, in: Wiener Geschichtsblätter 4 (1949) S. 21—26.

Hugo Hassinger, Österreichs Anteil an der Erforschung der Erde. (Wien o.J./1949).

Erich Hillbrand, Die Kartensammlung des Kriegsarchivs Wien, in: Mitteilungen des Österreichischen Staatsarchivs 28 (1975) S. 183—196.

Walter Hummelberger — Kurt Peball, Die Befestigungen Wiens. (Wiener Geschichtsbücher Bd. 14, Wien-Hamburg 1974).

Max Kratochwill, Zur Frage der Echtheit des „Albertinischen Planes" von Wien, in: Jahrbuch des Vereins für Geschichte der Stadt Wien 29 (1973) S. 7—36.

Richard Kreutel, Ein zeitgenössischer türkischer Plan zur zweiten Belagerung Wiens, in: Wiener Zeitschrift für die Kunde des Morgenlandes 52 (1953) S. 212—229.

Klaus Lohrmann, Die alten Mühlen an der Wien. (Wiener Bezirkskulturführer 26, Wien 1980).

Ernst Nischer, Österreichische Kartographen. Ihr Leben, Lehren und Wirken. (Die Landkarte, Wien o.J./1925).

Eugen Oberhummer, Der Stadtplan. Seine Entwicklung und geographische Bedeutung. (Berlin 1907).

Eugen Oberhummer, Eine Karte der Umgebung Wiens unter Maria Theresia, in: Jahrbuch für Landeskunde von Niederösterreich N. F. 26 (1936) S. 158—161.

Ferdinand Opll, Die Entwicklung des Wiener Raumes bis in die Babenbergerzeit, in: Jahrbuch des Vereins für Geschichte der Stadt Wien 35 (1979) S. 7—37.

Ferdinand Opll, Erstnennung von Siedlungsnamen im Wiener Raum. (Kommentar zum Historischen Atlas von Wien Bd. 2, Wien-München 1981).

Ferdinand Opll, Studien zur Versorgung Wiens mit Gütern des täglichen Bedarfs in der ersten Hälfte des 19. Jahrhunderts, in: Jahrbuch des Vereins für Geschichte der Stadt Wien 37 (1981) S. 50—87.

Ferdinand Opll, Liesing. Geschichte des 23. Wiener Gemeindebezirkes und seiner alten Orte. (Wiener Heimatkunde, Wien — München 1982).

Ferdinand Opll, Wien. (Österreichischer Städteatlas. Lieferung 1, Wien 1982).

Richard Perger — Walther Brauneis, Die mittelalterlichen Kirchen und Klöster Wiens. (Wiener Geschichtsbücher Bd. 19/20, Wien-Hamburg 1977).

Ingeburg Pick, Die Türkengefahr als Motiv für die Entstehung kartographischer Werke über Wien. Ungedruckte philosophische Dissertation. (Wien 1980).

Peter Pötschner, Wien und die Wiener Landschaft. (Salzburg 1978).

Friedrich Slezak, Wien und die frühe Donaukartographie. Stadtgeschichtsforschung und Kartenvergleich, in: Mitteilungen der Österreichischen geographischen Gesellschaft 122 (1980) S. 256—274.

Karl Ulbrich, Der Wiener Stadtplan von C. J. Walter (1750) und seine Stellung im Rahmen der Wiener Stadtvermessung, in: Jahrbuch des Vereins für Geschichte der Stadt Wien 12 (1955/56) S. 166—180.

Siegmund WELLISCH, Die Wiener Stadtpläne zur Zeit der ersten Türkenbelagerung, in: Zeitschrift des österreichischen Ingenieur- und Architekten-Vereins (ZÖIAV) 50 (1898) S. 537—541, 552—555 und 562—565.

Siegmund WELLISCH, Der Plan von Wien zur Zeit der zweiten Türkenbelagerung, in: ZÖIAV 51 (1899) S. 489—492.

Siegmund WELLISCH, Die Wiener Stadtpläne aus dem Anfange des XVIII. Jahrhunderts, in: ZÖIAV 51 (1899) S. 563—568 und 575—576.

Siegmund WELLISCH, Der Nagel'sche Plan von Wien, in: ZÖIAV 52 (1900) S. 85—87.

Siegmund WELLISCH, Der Behsel'sche Plan von Wien, in: ZÖIAV 52 (1900) S. 715—717.

Siegmund WELLISCH, Die geschichtliche Entwicklung des Wiener Stadtbauamtes von den ersten Anfängen bis zur Gegenwart. (Wien 1908).

Der Wienfluß. (Katalog der 65. Sonderausstellung des Historischen Museums der Stadt Wien, 1980).

Wien im Vormärz. (Forschungen und Beiträge zur Wiener Stadtgeschichte Bd. 8, Wien 1980).

Gerhard WINNER, Die Klosteraufhebungen in Niederösterreich und Wien. (Forschungen zur Kirchengeschichte Österreichs Bd. 3, Wien-München 1967).

Aufbewahrungsorte der abgebildeten Karten:

Abkürzungen: HMW = Historisches Museum der Stadt Wien; KA KS =
Österreichisches Staatsarchiv, Abteilung Kriegsarchiv, Kartensammlung; ÖNB
KS = Österreichische Nationalbibliothek, Kartensammlung; WStLA KS =
Wiener Stadt- und Landesarchiv, Kartographische Sammlung.

Tafel 1 Original HMW Inv.-Nr. 31.018, hier nach Fotolithographie
          (A. Berger, Wien) WStLA KS 1763.
Tafel 2 HMW Inv.-Nr. 48.068.
Tafel 3 WStLA KS 2 G.
Tafel 4 Nach Histor. Atlas des Wiener Stadtbildes, hrsg. von Max Eisler.
          Tafel XII.
Tafel 5 Farblithographie von A. Camesina WStLA KS 236/1—9 (hier: Blatt 6).
Tafel 6 ÖNB KS Alter Bestand 7.A.169.
Tafel 7 KA KS K VII e 152.
Tafel 8 WStLA KS 4.
Tafel 9 Nach Histor. Atlas des Wiener Stadtbildes, hrsg. von Max Eisler. S. 19
          Abb. 8.
Tafel 10 Original HMW Inv.-Nr. 52.816, hier nach Farblithographie HMW Inv.-Nr.
          31.003.
Tafel 11 WStLA KS 113.
Tafel 12 Fotokopie eines Faksimilies von A. Camesina WStLA KS 1444 G.
Tafel 13 KA KS Genie- und Plan-Archiv Inland C I Env. Dα 3 Nr. 1.
Tafel 14 KA KS K VII e 153.
Tafel 15 KA KS G I h 762.
Tafel 16 ÖNB KS Alter Bestand 7.A.56, Blatt 17.
Tafel 17 WStLA KS 7.
Tafel 18 WStLA KS 12 G.

Tafel 19 KA KS K VII e 154.
Tafel 20 ÖNB KS Albertina 186/12.
Tafel 21, 23, 25 WStLA KS 11.
Tafel 22, 24, 26 WStLA KS 5a.
Tafel 27 KA KS B IX a 242/Sektion 71.
Tafel 28 ÖNB KS Fideikommißbibliothek 2211/C 20 A 2.
Tafel 29 WStLA KS 255.
Tafel 30 WStLA KS 256.
Tafel 31 WStLA KS 1735.
Tafel 32 HMW Inv.-Nr. 19.395.
Tafel 33 WStLA KS 350/2 G.
Tafel 34 WStLA KS 143 G.
Tafel 35 ÖNB KS Fideikommißbibliothek 3554/W 23.
Tafel 36 ÖNB KS Fideikommißbibliothek 3649/W 20.
Tafel 37 WStLA KS 229/1 G.
Tafel 38 WStLA KS 295/7 G.
Tafel 39 WStLA KS 295/6 G.
Tafel 40 WStLA KS 229/8 G.
Tafel 41 HMW Inv.-Nr. 34.839.
Tafel 42—45 WStLA KS 1408/Sektion I—IV.
Tafel 46 HMW Inv.-Nr. 19.439.
Tafel 47 HMW Inv.-Nr. 51.225.
Tafel 48 HMW Inv.-Nr. 105.757.
Tafel 49 WStLA KS 196/1.
Tafel 50 KA KS G I h 825-3.
Buchumschlag: Ausschnitt aus dem Steinhausen-Plan von 1710, vgl. Tafel 16 (ÖNB
KS Alter Bestand 7.A.56 Blatt 9).

Tafel 1.

„Das ist die stat Wienn"
Sogenannter „Albertinischer Plan" von Wien; kolorierte Federzeichnung auf Papier.
Entstanden wohl in Wien um 1421/22; Kopie aus der 2. Hälfte des 15. Jh. Maßstab ca. 1:5280.

Die Nachrichten über die Überlieferung dieses Planes setzen im Jahre 1825 ein, als er sich nachweislich in einer Privatsammlung in Bamberg befand. 1849 erwarb ihn der Historiker Theodor von Karajan, 1876 gelangte er durch Schenkung in den Besitz der Stadt Wien. Als zu Ende des vergangenen Jahrhunderts ein 1857 von Georg Zappert vorgelegter ältester Plan von Wien als Fälschung entlarvt werden konnte, geriet auch der Albertinische Plan in den Verdacht, eine Fälschung zu sein. Eine eingehende Untersuchung sowohl der äußeren (Papier, Schrift) als auch der inneren Merkmale des Blattes im Jahre 1973 hat aber die eindeutige Echtheit nachweisen können. Es handelt sich somit nach der durch das Wasserzeichen möglichen Datierung des Papiers auf die Zeit nach 1455 um die Kopie eines Originalplans, der seinem Inhalt zufolge jedenfalls vor 1443, wahrscheinlich um 1421/22 zum Zeitpunkt der Vermählung Albrechts V. mit Elisabeth von Luxemburg entstanden ist. Der Plan zeigt neben einem Abbild der Stadt Wien auch die Stadt Preßburg (Hinweis auf die Herkunft Elisabeths) und bleibt vor allem infolge des beigegebenen Maßstabs und der um die Stadt Wien laufenden einfachen und doppelten Linien in seiner Deutung weiterhin rätselhaft. Eine jüngst vorgelegte Untersuchung wollte darin die Wiedergabe von Prozessionswegen zwischen den Wiener Vorstadtkirchen des Plans sehen, doch scheint damit das Problem nicht befriedigend gelöst. Die Darstellung weist ein interessantes Gemisch zwischen Grundriß- und Aufrißgestaltung auf. Es handelt sich beim „Albertinum" jedenfalls um einen der ältesten mittelalterlichen Stadtpläne überhaupt, der in den kultur- und geistesgeschichtlichen Zusammenhang der Blüte der Naturwissenschaften an der Wiener Universität zu Anfang des 15. Jh. zu stellen ist. Damals lehrte kein geringerer als Johannes von Gmunden an der Wiener Hohen Schule, zu Anfang der zwanziger Jahre des 15. Jh. entstand in Klosterneuburg die verlorene (aber rekonstruierte) „Fridericuskarte", eine sehr frühe Karte von Mitteleuropa in moderner Darstellung, deren Nullmeridian bezeichnenderweise durch Klosterneuburg verläuft. Obwohl die Frage des auf dem „Albertinischen Plan" eingetragenen Maßstabs und damit die nach der Vermessung des Stadtgebietes (Große Ungenauigkeit läßt dies eher zweifelhaft erscheinen!) nicht restlos geklärt ist, ist eines wohl als sicher anzunehmen: Die frühe Entstehung einer Stadtkarte in Wien läßt sich nur im Zusammenhang mit dem um dieselbe Zeit weit fortgeschrittenen Stand der geographischen Wissenschaften an der Wiener Universität erklären.

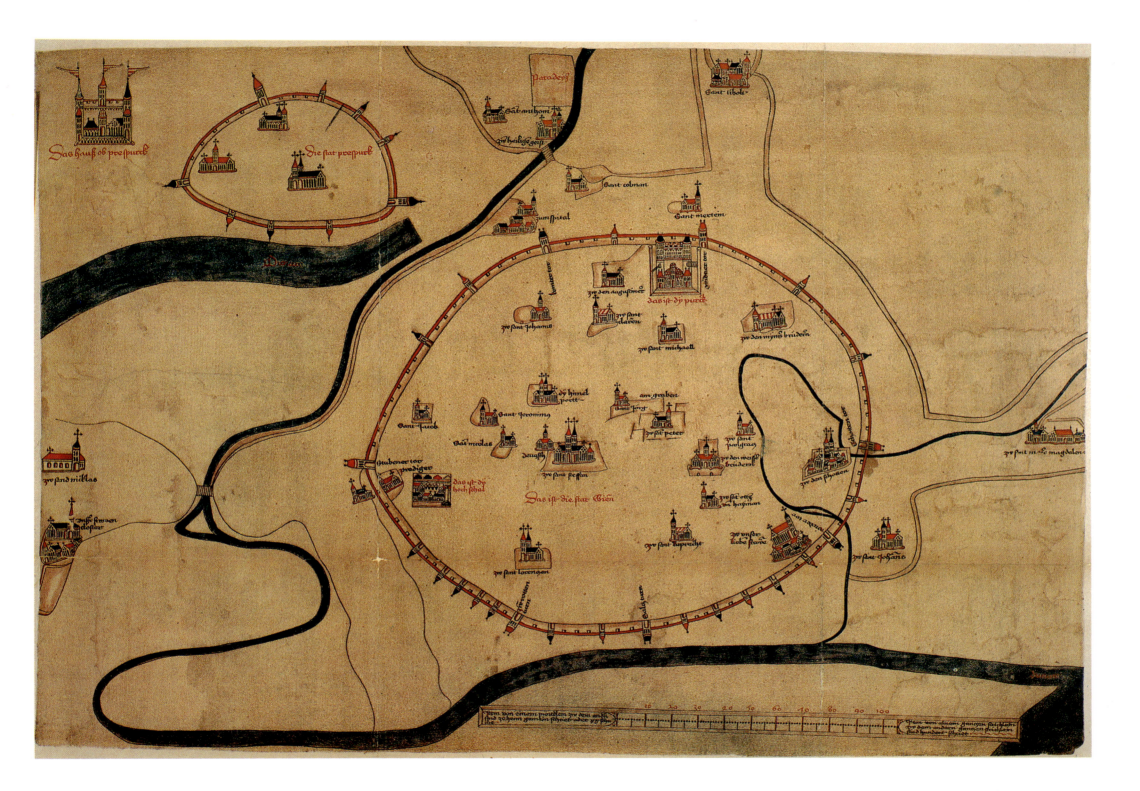

Das hauß ob prespurk

Die stat prespurk

Sant tiboli

Sat anthoni

zw hailige geist

Drawn

Sant cobnan

zum spital

Sant merten

Das ist dy purk

zw den augustiner

zw sant claren

zw den mynn brudern

zw sant michaell

zw sant Johanis

dy himel portt

am graben

Sant jeronimus

Sant Jorg

Sant Jacob

zw sant peter

zw sand miklas

Sat nicolas

tewtsch

zw sant parlgraz

zw sant m-sc magdalen

zw sant pernan

zw den weiß brudern

Stubener tor prediger

zw den Schotten

Das ist dy hoch schul

Das ist die stat Wienn

zw sant ottn am hanman

zw sant lorengen

zw sant ruprecht

zw unser liebe stow

zw sant Johans

in aula

Tafel 2.

„Der stadt Wien belegerung, wie die auff dem hohen sant Steffansthurn allenthalben gerings vm die gantze stadt zu wasser vnd landt mit allen dingen anzusehen gewest ist Vn von einem berumpten maeler ... verzeychnet vnd abgemacht gescheen nach Christi geburt. MCCCCCXXIX vnd im XXX in truck gepracht. Gemacht zu Nurenberg durch Niclaßen Meldeman brifmaler bey der lange prucken wonhaft, nach Christi geburt."
Kolorierter Holzschnitt. (Druck von 6 Stöcken). Ausschnitt.

Der Nürnberger Maler, Drucker und Verleger Niclas Meldeman erkannte sehr rasch nach dem Ende der Türkenbelagerung von Wien im Oktober 1529 die Verkaufsaussichten für die Publikation eines historischen „Schlachtengemäldes" von diesem Ereignis. Auf eigene Kosten zog er nach Wien, erwarb dort von einem unbekannten Maler eine „visierung", die dieser während der Belagerung vom Stephansturm aufgenommen hatte, ließ diese dann unter Heranziehung des Kupferstechers, Zeichners und Malers Sebald Beham (1500 — 22. Nov. 1550) in „recht ordentliche form" bringen und 1530 in Nürnberg drucken. Die Meldeman'sche Rundansicht — ein beliebtes Ausstellungsobjekt — stellt gleichsam eine Vogelschau vom zentralen Punkt der Stadt aus aufgenommen dar. Der innerstädtische Raum ist dabei offensichtlich von geringerem Interesse, nur magere topographische Hinweise geben über diesen Bereich Auskunft. Eindrucksvoll ist dagegen das Abbild der Stadtmauer mit dem davor liegenden, wild umkämpften vorstädtischen Bereich, der bereits auf weite Strecken in Trümmern liegt. Am Horizont der Rundansicht ist im Süden sogar der von den Türken schwer in Mitleidenschaft gezogene heutige Grenzbereich von Wien gegen Niederösterreich zu sehen.

Tafel 3.

Plan der Wiener Festungswerke von der Burg bis zur Predigerbastei. Wohl (trotz der angegebenen Jahreszahl um 1531) um 1547.
Kolorierte Handzeichnung. M. ca. 1:1167.
Ausschnitt.

Diese szenographische Darstellung — gleichsam ein Gemälde mit einem Teil der nach der Türkenbelagerung von 1529 begonnenen neuen Wiener Stadtbefestigung — weist neben einer Maßstabsleiste ansonsten keinerlei Bezeichnung auf. Die Datierung läßt sich nach dem Inhalt mit einigermaßen wünschenswerter Genauigkeit festlegen, es handelt sich somit um eine der ältesten Darstellungen des nach 1529 errichteten Wiener Basteiengürtels. Als Verfasser dieses Plans gilt in der einschlägigen Literatur der berühmte Nürnberger Kartograph Augustin Hirschvogel (Nürnberg 1503 — 5. März 1553 Wien), der im Jahre 1547 nicht nur zwei Ansichten der Stadt Wien (vom Norden und vom Süden) schuf, sondern im selben Jahr auch seinen Rundplan von Wien vorlegte, der erstmals auf einer Vermessung nach dem von ihm entwickelten Triangulierungssystem basierte. Da nun die Art der Darstellung der Stadtbefestigung auf seinem Plan von 1547 zahlreiche Ähnlichkeiten mit dem hier abgebildeten Kartenwerk aufweist, darf die Autorschaft Hirschvogels mit einiger Wahrscheinlichkeit angenommen werden. Möglich wäre es freilich auch, daß der Plan von der Hand des zweiten namhaften Wien-Kartographen des 16. Jh. stammt, nämlich von Bonifaz Wolmuet, der jedenfalls schon seit 1530 an dem Neubau der Wiener Stadtbefestigungen arbeitete.

Tafel 4.

„Abriss der Kayserl. Residenz Stadt Wienn, wie selbe vor der Belagerung vnd darauff erfolgten Abbruch eines Theils ihrer Vorstädt gestanden ...". Von Folbert van Ouden(Alten)-Allen. (1683/1686).
Kupferstich.
Ausschnitt.

Der Kammermaler Kaiser Leopolds I. Folbert van Ouden(Alten)-Allen (Utrecht 10. oder 20. Februar 1635 — 28. Dezember 1715 Wien), der sich seit 1677 in Wien nachweisen läßt, verfertigte in den Jahren ab 1683 nicht weniger als zehn Vogelschaudarstellungen von Städten der Monarchie im Auftrag Kaiser Leopolds I. Die Wiener Vogelschau gibt das Bild von Stadt und Vorstädten (!) in der Zeit vor der Türkenbelagerung des Jahres 1683 wieder. In Holland war damals die Blütezeit der Architekturmalerei bereits vorbei, mit Alten-Allen haben wir einen späten Vertreter dieses Genres vor uns, der allerdings bereits bei seinen Arbeiten auch wissenschaftliche (kartographische) Maßstäbe anlegte. Er steht jedenfalls in der Tradition der Hoefnagel'schen Ansicht von Wien (vgl. Tafel 6), er bekleidete ja auch dieselbe Stellung wie sein Vorläufer am Hof der Habsburger (Kammermaler). Die Alten-Allen'sche Ansicht — neben dem Werk Hoefnagels eine der am meisten abgebildeten frühen Wiener Ansichten — ermöglicht uns erstmals einen Blick in die frühbarocke Stadt mit der beginnenden Umstrukturierung des Häuserbestandes, bietet uns aber darüber hinaus — und darin liegt wohl die eigentliche Bedeutung des Werkes — ein Bild der Wiener Vorstädte, wie sie zwischen den beiden Türkenbelagerungen der Stadt wieder emporgewachsen waren.

Tafel 5.

„Die fürstlich Stat Wien in Osterreich wie Sy in Irem vmbschwaif oder zarg beslossn. aus Recht Geometrusches Mass in grundt nidergelegt und gerissn . . . gebracht wie vor augen durch mich M. Bonifacius Wolmuet Stainmetz bürg zu Wienn Anno dni Im. 1547."
Original Ölmalerei (stark beschädigt). Farblithographie von A. Camesina (1856). M. ca. 1:800. Ausschnitt.

Der aus dem südwestdeutschen Raum (sehr wahrscheinlich aus Überlingen am Bodensee) gebürtige Bonifaz Wolmuet (gest. 1578/79) war schon in den Jahren nach 1522 gemeinsam mit Michael Fröschl, Paul Kölbl und Johann Saphoy als Steinmetz und Architekt beim Dombau zu St. Stephan beteiligt. Von 1530 an wirkte er bis 1546 unter der Leitung von Hermes Schallautzer und Augustin Hirschvogel an dem umfassendsten städtebaulichen Großprojekt der Stadt Wien in der frühen Neuzeit, dem Neubau der hiesigen Stadtbefestigungen, mit. 1543 erwarb er das Bürgerrecht in Wien. Als Steinmetz und selbständiger Baumeister war Wolmuet mit den Erfordernissen des Grundrißzeichnens und der Vermessungstätigkeit selbstverständlich vertraut, so erklärt sich, daß er im Jahre 1547 von dem Nürnberger Kartographen Augustin Hirschvogel als einer der unterstützenden „werchleut" herangezogen wurde. Von dieser Tätigkeit her empfing Wolmuet dann wohl die Anregung, auch selber solch einen Stadtplan zu verfassen, wobei er sich auf die exakten Vermessungen Hirschvogels stützen konnte. Es scheint sogar so, als hätte der Steinmetz dabei den Kartographen in gewisser Weise ausspielen können, da Hirschvogel auf seinem Rundplan von 1547 die Bemerkung „Feci ego laborem, tulit alter honorem" („Ich hatte die Mühe, ein anderer den Lohn") eintrug. Wolmuet tritt uns jedenfalls nur ein einziges Mal als Kartograph (vgl. allerdings Tafel 3) entgegen, während Hirschvogel ja vielfach als Hersteller von Karten bekannt ist. Jedenfalls stellt der Plan des Steinmetzen ein überaus detailreiches Abbild der Stadt Wien dar, wobei zwei Unterschiede zum Werk von Hirschvogel besonders hervortreten. Bei Wolmuet handelt es sich nämlich nicht nur in der Innenstadt, sondern auch bei den Befestigungsanlagen um eine reine Grundrißdarstellung, und außerdem zeigt sein Plan auch Teile der umliegenden Vorstadtsiedlungen — diese allerdings in Vogelschau. Der Umfang des Planes und diese überaus reizvolle Mischung der beiden Darstellungsarten machen also einen Gutteil der Wirkung dieser Karte aus. Inhaltlich bleibt freilich — im übrigen nicht nur bei Wolmuet, sondern auch bei Hirschvogel — zu betonen, daß es sich bei den dargestellten Befestigungswerken keinesfalls um zum Zeitpunkt der Planaufnahme bereits vollkommen fertig ausgeführte Bauwerke handelte. Vielmehr haben beide Planverfasser des Jahres 1547 mit ihren Werken die Absicht verfolgt, den zuständigen Stellen gegenüber (Stadt und König) Vorschläge über einen weiteren Ausbau der Wiener Stadtbefestigung zu unterbreiten.

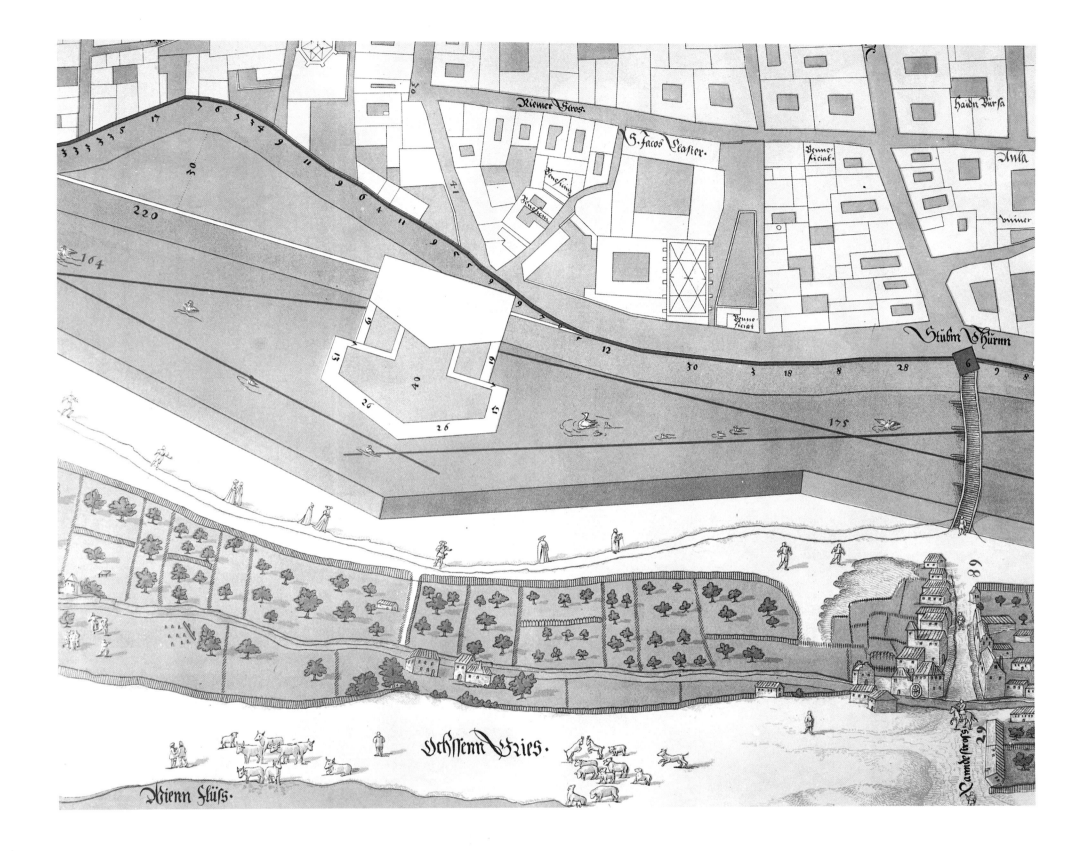

Riemer Gaos.

S. Jacob Claster.

Benne-ficiat.

Haidn Burfa

Aula

biner

biner

Benne-ficiat

Stubm Thurn

Ochsenn Gries.

Wienn Flüfs.

Nanndelkrafs

VIENNA AVSTRIÆ.

Wien in Oostenreyk.

DANVBIVS FLVVIVS

1. Templum D. Stepani.	12. S. Iacobi.
2. S. Michaelis.	13. S. Laurenty.
3. S. Petre.	14. Ad Portam Cœli.
4. Ad littus S. Mariæ.	15. Hosp. Vrbanum S. Claræ.
5. Ad S. Crucem.	16. S. Iohannis Baptista.
6. Ad Scotenses.	17. S. Nicolaæ.
7. Ad S. Augustine.	18. S. Maria Magdalenæ.
8. Ad Predicatores.	19. Templ. Societat Iesu.
9. S. Dorothea.	20. S. Salvator.
10. S. Hieronymi.	21. S. Georgÿ.
11. S. Maria ad Angelos.	22. S. Ruperti.

23. S. Annæ.	33. Arsenale.
24. Rubra Turcis.	34. Domus Proetoria.
25. Antiquum Arsenale.	35. Capucinos.
26. Porta Stubensie.	36. Hornalst.
27. Porta Scotenses.	37. Pons Altus.
28. Porta Novæ.	38. Locus Sanitatis.
29. Arx Cæsarea.	39. Domus Ponteriana.
30. Arx Novæ.	40. Equile Cæsareum.
31. Vniuersitas.	41. Ad Scaphos Piscator.
32. Domus Senatorum Cæ.	42. Forum Boarium.

„Abriß zu Wien zu Versicherung der Brükhen." 1663.
Kolorierte Handzeichnung von Oberst Priani (richtig: Priami).
M. ca. 1:18.000.
Legende (in Übersetzung):
A Befestigungsvorschlag zum Schutz der Brücken.
B Sechseckfestung am äußersten Brückenkopf in Tieflage und daher überschwemmungsgefährdet.
C Festung in Hochlage. Ihr Bau würde auch den Zwischenraum bis zum Strom mit zwei Festungsflügeln absichern und das erwähnte Sechseckwerk erübrigen.
D Schanzen zur Verteidigung des Werds.
E Weitere Befestigungen zur Sicherung der Vorstadt.
F Furten.

Mit dieser Karte von der Hand des Giuseppe Baron Priami (um 1610—1670?),
Freiherr von Rovorat (Rovereto im Lagertal/Vallagarina), liegt uns erstmals ein
Zeugnis für die im 17. und 18. Jh. so wesentliche kartographische Tätigkeit von
Militärfachleuten vor. Schon bei diesem frühen Beispiel wird der enge Zusammen-
hang zwischen Befestigungswesen und kartographischer Darstellung offenkundig.
Das Blatt entstand im engsten Zusammenhang mit den in den frühen sechziger
Jahren des 17. Jh. erneut aufflammenden Türkenkriegen, als Montecuccoli sich im
Juli 1663 mit seiner kleinen Armee bis Ungarisch-Altenburg zurückziehen mußte
und man in Wien schleunigst Verteidigungsvorkehrungen traf. Dabei waren es
selbstverständlich die ungeschützten und daher besonders gefährdeten Vorstädte,
denen die militärische Sorge in besonderem Maße zu gelten hatte. Das Projekt des
aus Italien und damit aus dem Heimatland der Festungsbaukunst stammenden
Obersten blieb freilich unausgeführt und sollte dann erst zu Beginn des 18. Jh. in
freilich abgeänderter, ausgeweiteter Form mit dem Wiener Linienwall realisiert
werden. Neben der historischen Bedeutung des Blattes im engeren Sinn wohnt ihm
aber auch in topographischer Hinsicht große Bedeutung inne, läßt es uns doch die
frühe Situation des Donaustromes im Wiener Bereich mit eindringlicher Deutlich-
keit erkennen. Dabei ist vor allem die Erkenntnis wesentlich, daß der heute ge-
schlossene Bereich der „Donauinsel" (2. und 20. Wiener Gemeindebezirk) ein viel-
fach durch Donauarme gegliedertes Inselgebiet war und darüber hinaus auch das
nordwestliche Vorfeld der Innenstadt (heutiger 9. Bezirk) von Donauarmen
durchflossen war (Namen wie Roß a u oder Spittel a u).

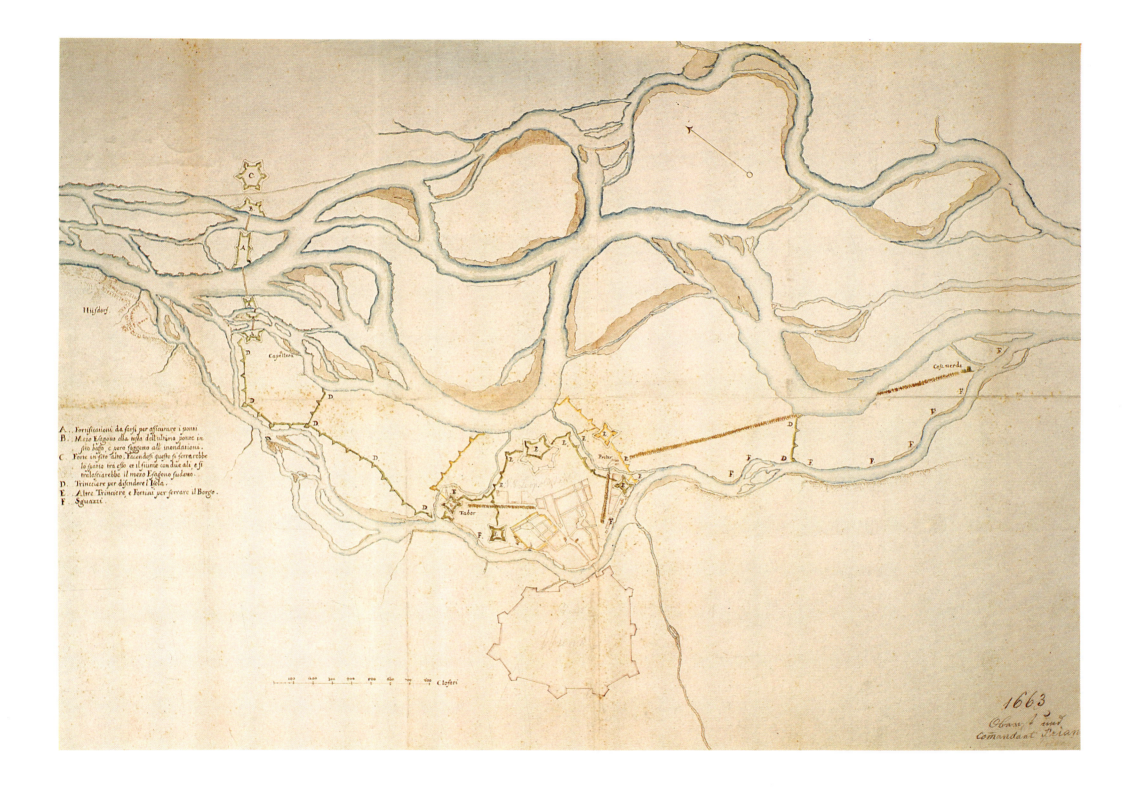

A. Fortificationi da farsi per afficurare i ponti
B. Mezo Esagono alla testa dell'ultimo ponte in sito baso, e vero soggeto all'inondationi.
C. Forte in sito alto. Facendosi questo si serrarebbe lo spatio tra eso et il fiume con due ali, e si tralasciarebbe il mezo Esagono sudeto.
D. Trinceiere per difendere l'Isola.
E. Altre Trincieire, e Fortini per ferrare il Borgo.
F. Sguazzi.

Hiſdorf

Capellera

Coſi nerde

Tabor

Preſtr

100 200 300 400 500 600 700 800 Cloſtri

1663

Obaus Lind
Comandant Irian

Tafel 8.

Plan der Burgfriedensgrenze in Währing, Döbling und der Spittelau mit Darstellung der Vorstädte Alservorstadt und Roßau sowie des Donauarmes vom Neutor aufwärts bis zur Einmündung des Krottenbaches bei Döbling.

Kolorierte Handzeichnung von 1670. M. ca. 1:5530.

Erläuterung: „An heund den 18ten Junii (1)670. hat der Procurator bei St. Anna H(err) Pater Porth, sein Socius Bruder Leopoldt, und dero bestelter Advocat H(err) Dr. Hager, in dise von denen H(erren) von Wienn producirte mappam, in Gegenwarth der ansehentlich deputirten Herren Räthe und Commissarii bei dem gehaltenen augenschein in loco, eingewilliget. (Unterschrift) Joann(es) Jacob Härkhl, Secretarius."

Dieser nach Süden orientierte Plan verdankt seine Entstehung — wie wir der unten beigegebenen Erklärung entnehmen können — der Klärung eines Rechtsstreits zwischen dem seit 1573 im Besitz der Jesuiten stehenden Kloster St. Anna und der Stadt Wien. In mehrfacher Hinsicht ist die Karte von uns von allergrößtem topographischem Interesse. Was die Darstellung der Flußverläufe anlangt, so erkennen wir hinsichtlich der Donau die völlige Übereinstimmung mit dem nur sieben Jahren älteren Plan des Obersten Priami (Tafel 7). Die Spittelau gibt sich eindeutig als von Donauarmen umflossene Insel zu erkennen, vom Bestand der Pestbaracken ist noch nichts zu erkennen (Pest von 1679). Aber nicht nur der Wiener Hauptstrom, die Donau, ist auf dem Blatt zu erkennen, auch die beiden in diesem Bereich oberhalb der Stadt einmündenden Nebenbäche, der Alserbach und der Krottenbach unterhalb von Döbling, sind darauf zu sehen. Interessant ist nicht zuletzt die wirtschaftliche Nutzung dieser Gegend zur Ziegelgewinnung (vgl. Nr. 15 und 16 der Legende). Daneben ist uns der Plan ein wertvolles Zeugnis für die Tatsache, daß der Wiener Burgfried, die Grenze der administrativen Zuständigkeit des Magistrats, bereits in der Zeit vor dem großen Burgfriedsprivileg Kaiser Leopolds I. von 1698 in diesem Bereich über die Grenze des späteren Linienwalls hinaus bis nach Währing ging. Zuletzt — um nur eines der dargestellten Objekte eigens herauszuheben — sei noch auf die Einzeichnung des „Lazareths" (Legende Nr. 7) am rechten Ufer des Alsbaches hingewiesen, wo sich die im 13. Jahrhundert erbaute Johanneskirche (zu Siechenals) befand, die erst 1858 abgetragen wurde. Vom rein kartographischen Standpunkt aus ragt der Plan durch die interessante Darstellung der Niveauunterschiede (Böschungen, besonders zu den Wasserläufen hin) hervor.

Chlaffer

Tafel 9.

„Türckische Belagerung der Kayserlichen Haubt und Residentz Statt Wien in Oesterreich 1683." Kupferstich. Ostnordostorientiert. Kaiser Leopold I. gewidmet von Daniel Suttinger, Kay. Haubtmann u. Ing(enieur), Wien um 1684. M. ca. 1:2700.

Der gebürtige Sachse Daniel Suttinger (Penig in Sachsen 2. oder 5. Dezember 1640—1690 Dresden) läßt sich seit 1671/72 als Mitglied der Wiener Stadtguardia, eines frühen polizeiähnlichen Exekutivorgans der Stadt, nachweisen, trat aber bereits 1677 wieder aus, um in der Folge als Artillerieoffizier Dienst zu versehen, wobei er auch mit Restaurierungsarbeiten an der Wiener Stadtbefestigung beschäftigt war. Bereits 1672 begann er im kaiserlichen Auftrag mit den Vermessungsarbeiten zum Bau eines maßstabsgetreuen Holzmodells der Inneren Stadt, das er 1680 fertigstellen konnte und das noch ein Vierteljahrhundert später bei den Planarbeiten von Anguissola-Marinoni (Tafel 15) als Vorlage herangezogen wurde (heute verschollen). Von seiner Hand stammt dann auch ein nach 1680 begonnener, 1684 vollendeter Plan der Innenstadt, von dem sich ein Exemplar (Federzeichnung auf Papier) im Kloster Heiligenkreuz erhalten hatte. Seit 1939 ist dieser sogenannte „Heiligenkreuzer Plan" verschollen und nun nur mehr als Faksimile zugänglich. Der Plan enthält die Vor- und Zunamen sämtlicher Hausbesitzer der Stadt, die Häuser sind nach den Standesqualitäten ihrer Besitzer farblich geschieden, in vermessungstechnischer Hinsicht ragt das Werk durch eine gegenüber den Aufnahmen von Hirschvogel und Wolmuet weitaus verbesserte Genauigkeit (mittlerer Fehler = ± 3,39%) hervor. Unter dem Eindruck der Türkenbelagerung des Jahres 1683 verfertigte Suttinger mehrere teils halbperspektivische, teils im Grundriß gehaltene Darstellungen von Wien, von denen hier eine der bekanntesten gezeigt wird. Der Kartenzeichner hat darauf den am meisten umkämpften Teil der Wiener Stadtbefestigung im Bild festgehalten und bietet uns damit eine genaue Vorstellung von der kritischen Lage, in der sich Wien im Sommer des Jahres 1683 befand. Im besonderen waren es die Burg- und die Löwelbastei, auf die sich die Angriffe der Osmanen konzentrierten. Der Bereich zwischen diesen beiden Basteien auf dem Glacis war von einer Unmenge von türkischen Laufgräben durchwühlt, schwere Artilleriestellungen der Angreifer befanden sich im Bereich der Anhöhen um St. Ulrich.

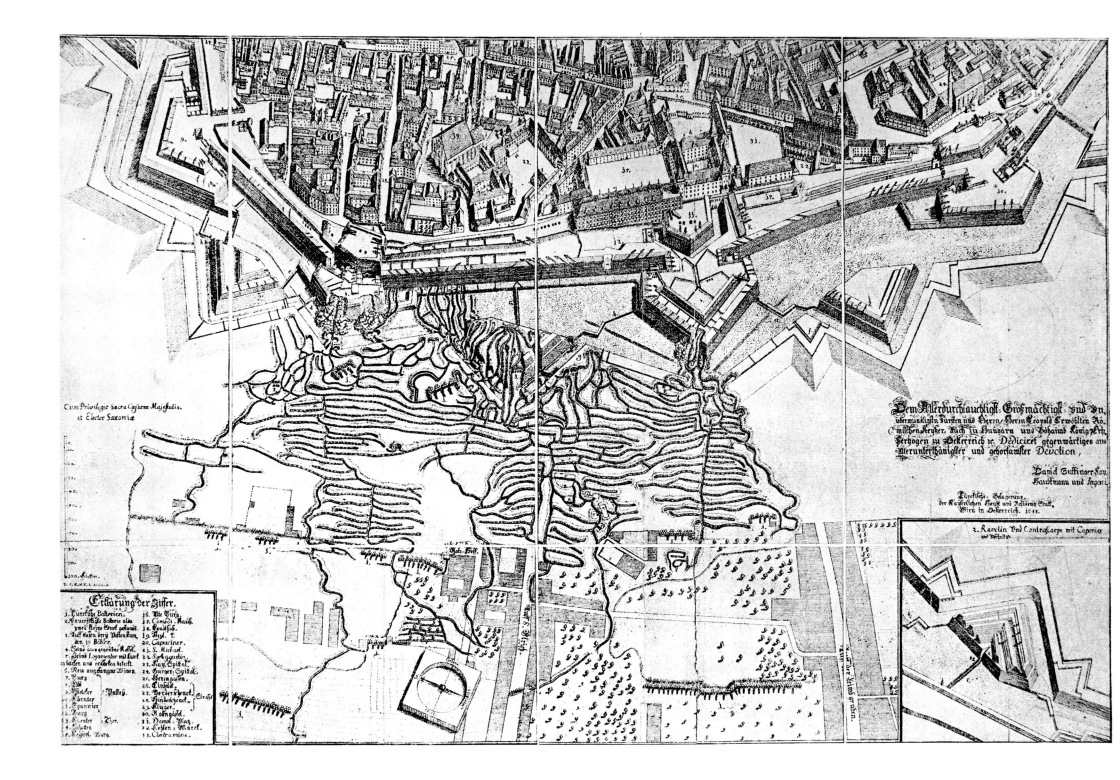

Cum Privilegio Sacra Cæsaræ Majestatis.
et Elector Saxoniæ

Dem Allerdurchlauchtigst Großmächtigst Und
unüberwindlichsten Fürsten und Herrn Herrn Leopold Erwählten Rö.
Rmischen Keyser, Auch zu Hungarn und Böhaimb König Ertz
Hertzogen zu Österreich rc. Dediciret gegenwärtiges aus
allerunterthänigster und gehorsamster Devotion,

Daniel Suttinger Kay.
Hauptmann und Ingeni.

Türckische Belagerung,
der Kayserlichen Haubt und Residentz Statt,
Wien in Österreich. 1683.

2. Ravelin Und Contrescarpe mit Caponier
und Absatz.

Erklärung der Ziffer.

Tafel 10.

„Taṣvīr — i Beğ kal 'esidir, 'aynī naḳl olundu" („Abbildung der Festung Wien, getreulich wieder-gegeben").

Türkischer Plan der Belagerung Wiens 1683, ursprünglich einem bei der Eroberung Belgrads (6. September 1688) erbeuteten Kodex beigebunden (heute Wiener Stadtbibliothek 82888 Jc.), seit 1932 im Besitz der Wiener Städtischen Sammlungen.

Dieser von einem mittelmäßigen Zeichner rekonstruierte Plan der Ereignisse bei der Belagerung Wiens im Jahre 1683, der auch eine ganze Reihe von historischen Bezügen auf die ältere Belagerung der Stadt im Jahr 1529 (So wird etwa der Bereich der Befestigungswerke des Kärntnerviertels mit „Die von Sultan Süleyman beschossenen Basteien" bezeichnet, womit ganz richtig die Hauptangriffsrichtung von 1529 wiedergegeben ist.), enthält, ist eine der großen kulturhistorischen Kostbarkeiten des Historischen Museums der Stadt Wien. Er gibt uns eine ganze Reihe von aus türkischer Sicht wichtigen Ereignissen der Kämpfe um Wien wieder, die sich anhand der türkischen Geschichtsüberlieferung nachprüfen lassen. In topographischer Hinsicht ist der Plan freilich eher unter die Curiosa einzureihen. In zeitlicher Hinsicht umfaßt das Blatt die Ereignisse bis hin zum Ende der Belagerung, was etwa aus der Erläuterung „Das Gelände, wo die Giauren Aufstellung nahmen" (Vorrücken zur Entsatzschlacht am 12. September 1683) deutlich wird. Interesse verdient auch die Bezeichnung eines Platzes als „Tscherkessenplatz". Nach einer Untersuchung des Planes von orientalistischer Seite her hat sich nämlich ergeben, daß hierin eine türkische Reminiszenz an die Heldentat eines Haudegens aus dem Jahre 1529 fortwirkt. Ferdinand I. habe nämlich — wie es in einem türkischen Bericht heißt — in Anerkennung des heldenmütigen Verhaltens des Feindes diesem ein Denkmal setzen lassen, und darauf könnte das Hauszeichen an der Ecke Heidenschuß/Strauchgasse zu beziehen sein (ungleich wahrscheinlicher als die Beziehung auf die mehr als zweifelhafte „Heidenschuß"legende!). — Schließlich noch einige Worte zur Darstellung des Stephansdomes auf dem Plan. Obwohl das Bild der Kirche fast gänzlich von orientalischen Architekturelementen geprägt ist, ist das Bauwerk doch an dem hohen Turm und der Darstellung von Glocke und Kreuzzeichen zu erkennen. Darüber hinaus ist als Bekrönung des Turms ein Halbmond mit einem Stern zu erkennen, der schon von den Zeitgenossen — aber irrig — mit islamischen Symbolen in Verbindung gebracht wurde. In Wahrheit handelt es sich dabei um ein seit dem Mittelalter gebräuchliches Sinnbild für die geistliche und die weltliche Macht auf Erden, das schon vor der Ersten Türkenbelagerung, nämlich in den Jahren 1514—1519 auf dem Turm angebracht und erst 1686 durch ein Kreuz ersetzt worden war.

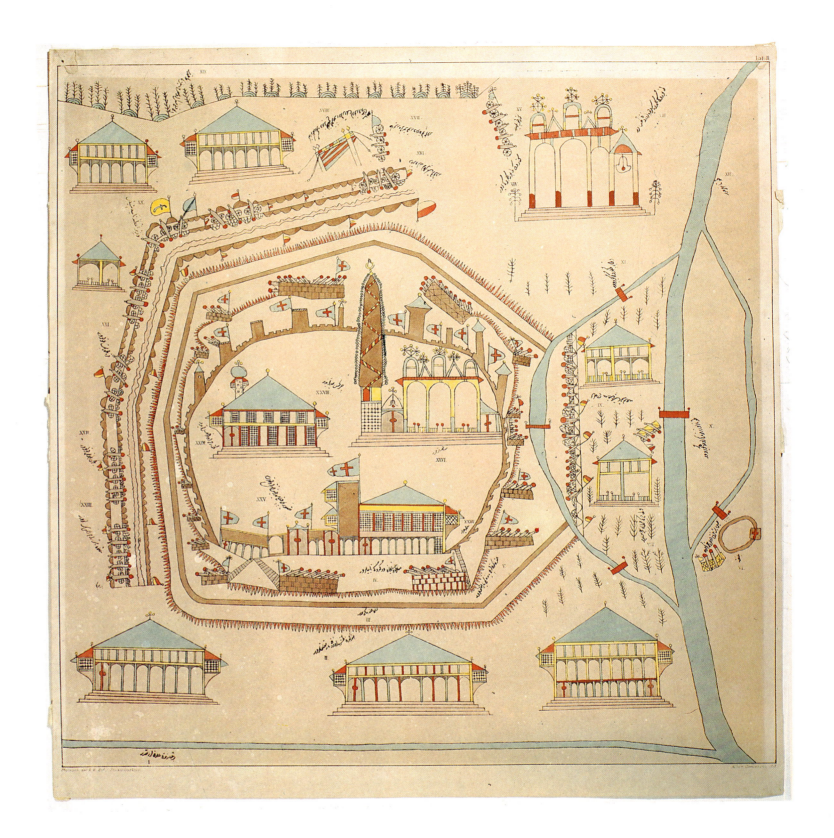

Tafel 11.

Situationsplan von Wien bei der Zweiten Türkenbelagerung im Jahre 1683.
Kupferstich ohne weitere Angaben. M. ca. 1:10.000.

*Der Plan gehört in die Reihe einer größeren Anzahl von Darstellungen der
Reichshaupt- und Residenzstadt Wien anläßlich der Belagerung durch die Türken
im Jahre 1683. Es handelt sich dabei um eine in kartographischer Hinsicht nicht
besonders exakte Arbeit, der es eher darum geht, einen Eindruck von den Ereignissen zu vermitteln. So ist es vor allem die Darstellung der türkischen Stellungen
rings um die Stadt, die ihrer Ausformung nach kaum Glauben verdient. Das Blatt
vermittelt nämlich den Eindruck, als hätten die Türken rings um die Stadt gleichsam von Architekten geplante, mit Lineal und Maßstab entworfene Stellungen errichtet, von denen aus die Angriffe ins Werk gesetzt wurden. Vergleichen wir damit etwa die Darstellung von Suttinger (Tafel 9), so erkennen wir die Fragwür-
digkeit des hier vermittelten Bildes. In einer anderen Hinsicht verdient das Blatt
freilich dennoch Beachtung, handelt es sich hier doch um eine Gesamtdarstellung
der belagerten Stadt, die also nicht nur einen kleinen Ausschnitt zeigt. Hier wird
ersichtlich, daß die Türken nicht nur im Südabschnitt zwischen Burg- und Löwelbastei angriffen, sondern daß sie gerade auch den an der Donau gelegenen Teil der
Befestigungen zwischen Neutor- und Gonzagabastion als eines ihrer deklarierten
Angriffsziele betrachteten. Die Zeltlager der Türken erstreckten sich jedenfalls
rings um die Stadt, wobei an der Wien ganz selbstverständlich das Gebiet um die
beiden Brücken über diesen Fluß (Stubenbrücke und Kärntner Brücke) von großen
türkischen Verbänden kontrolliert wurde.*

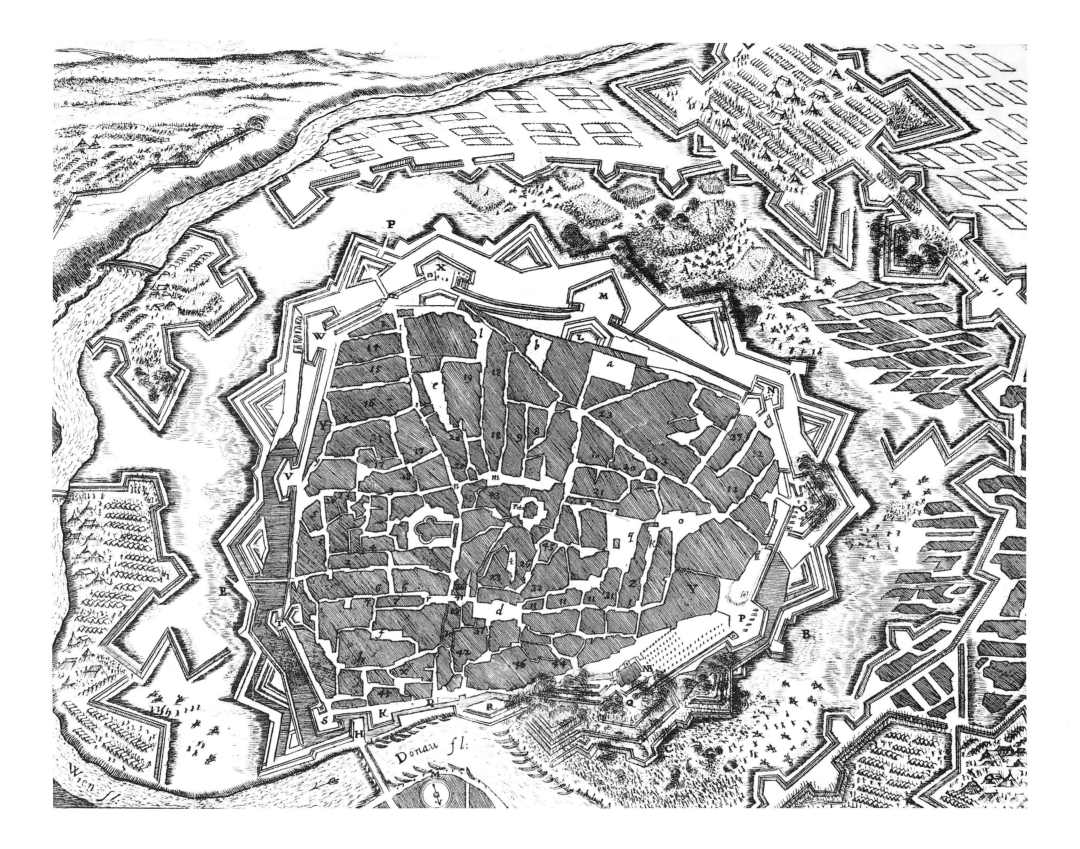

Tafel 12.

„Illustriss[mo] et excell[mo] domino domino Rvtgero Ernesto comitia Stahremberg, aurei velleris equi-
ti, sac. caes. regiaeque mai. camerario, campi marescallo generali, consiliario aulico bellico, com-
mendanti Viennae, uniusq[ue] pedestris legionis tribuno & C. Domino et patrono suo gratioss[mo]
VIENNAM AUSTRIAE cum sua vicinia. Nuper â Turcis oppugnatam, quidem non uero expug-
natam quia auxilio Altissimi munitam, ad uiuum delineauit aeriq. incidit, ac in deuoti animi signum demississime dedicauit Humill[s] Servus Henri[s] Schmidts Geldriensis Belga."
Fotokopie eines Faksimiles von A. Camesina (1864).

*Dieser Rundplan des aus Geldern stammenden Heinrich Schmidts zeigt eine
Gesamtansicht der Türkenbelagerung von Wien im Jahre 1683, deren Hauptge-
wicht auf der Darstellung der Kämpfe an der Stadtmauer und der türkischen Stellungen in der Umgebung von Wien liegt. Der Bereich der Innenstadt weist keinerlei Eintragungen auf, er ist der recht umständlichen und weitschweifigen Widmung des Blattes an den Verteidiger Wiens gegen die Türken, Ernst Rüdiger Graf
Starhemberg, vorbehalten. Der Plan muß nach der Erwähnung der Auszeichnung
Starhembergs durch den Orden vom Goldenen Vließ, den er am 7. Dezember
1683 vom spanischen König erhielt, jedenfalls nach diesem Zeitpunkt entstanden
sein. Die Rundansicht steht in der für Wien schon 1529 durch Niclas Meldeman
(Tafel 2) begründeten Tradition von bildlichen Kriegsberichten. Im Kriegsarchiv
hat sich von einem Teil dieser Ansicht ein koloriertes Exemplar erhalten (Tafel 13).*

Neustat

Attecking

Krabattendörff

Batteria

St. Ulrich

C.R.P.P.Capucin.

Schotten äcker

Batteria

Batteria

Batteria

Schottentam

Rotenhof

Burg Posty

Burgtohr

Carl Posty

Tafel 13.

„Vienna cum sua vicinia a Turcis Oppugnata." (1683) Kolorierte Handzeichnung in Form eines Rundplanes.

Bei diesem Teil eines Rundplanes handelt es sich ganz offensichtlich um ein koloriertes Exemplar des Schmidts'schen Rundplanes von Wien angesichts der Zweiten Türkenbelagerung (Tafel 12). Wir sehen darauf den Nordabschnitt des Belagerungsgeschehens und können damit einen Blick auf das vielfach verzweigte System der Donauarme im Wiener Bereich tun. Die Überlieferung dieses Blattes im Kriegsarchiv könnte sich aus der Widmung des Gesamtplans für Feldmarschall Ernst Rüdiger Graf Starhemberg, den Verteidiger Wiens im Jahre 1683, erklären.

VIENNA
CUM SUA VICINIA
A Turcis Oppugnata.

Tafel 14.

„Einrichtung und Disposition über die Linie Ihro Excell. Herren Commandirendten General der Cavalleria Grafen von Granßfeldt (richtig: Gronsfeld) etc. Excellenz." (1704).
Kolorierte Handzeichnung.
Ausschnitt.

Erklärung (unten auf dem Plan): „Am 16ten January 1704 ist wegen der immer mehr über Hand nehmenden Unruhen in Hungarn eine Anordnung vom Hof herausgekommen, daß nicht allein die Festungs Werke von Wien ausgebessert, sondern auch ganz neue Linien um alle Vorstädte Wien's auf das schleunigste aufgebauet werden sollten, wozu sämtliche Inwohner dieser Stadt nach Verhältniß ihres Vermögens davon zu tragen gehabt haben. Diese Linien sind auch im Monath July 1704 ganz hergestellt gewesen. Sie wurden 12 Schuhe hoch, und 9 Schuhe tief gemacht, ringsherum mit Palisaden und mehreren geschlossenen Schanzen versehen. Das Commando darin wurde dem Herrn Generalen der Cavallerie Grafen von Gronsfeld ... anvertrauet."

Als im Jahre 1704 infolge des in Ungarn ausgebrochenen Kuruzzenaufstandes die unmittelbare Bedrohung für die Stadt Wien wieder einmal bedenklich zunahm, wurde unter maßgeblicher Beteiligung des Prinzen Eugen von Savoyen das Projekt eines Wiener Linienwalls entwickelt und binnen weniger Monate auch realisiert. Damit verfügten die Wiener Vorstädte zum erstenmal seit dem Spätmittelalter wieder über eine Befestigungsanlage, die diesmal unter kluger Beachtung der militärischen Notwendigkeiten errichtet wurde. Innerhalb des neuen Walls war von vornherein das Vorhandensein von größeren unverbauten Bereichen zum Aufmarsch von Truppen berücksichtigt worden. Im Sommer des Jahres 1704 entstand dann ein heftig geführter Rangstreit zwischen dem Kommandanten der Wiener Stadtguardia, Feldmarschall Ferdinand Marchese degl'Obizzi, der die Oberleitung der Bauarbeiten innehatte, und dem General der Kavallerie Johann Franz Graf Gronsfeld, der vom Prinzen Eugen das Kommando über die Wiener Besatzung übertragen bekommen hatte. Das hier abgebildete Blatt stammt jedenfalls noch aus dem Juli 1704, als Graf Gronsfeld einen detaillierten Plan für die räumliche Verteilung der Verteidigungstruppen auf die einzelnen Alarm- und Wachplätze vorlegte. Noch in diesem Monat wurden die Streitigkeiten zwischen den beiden hohen Militärs durch den Kaiser beigelegt, indem Gronsfelds Kommando aufgehoben und Obizzi an seine Stelle gesetzt wurde.

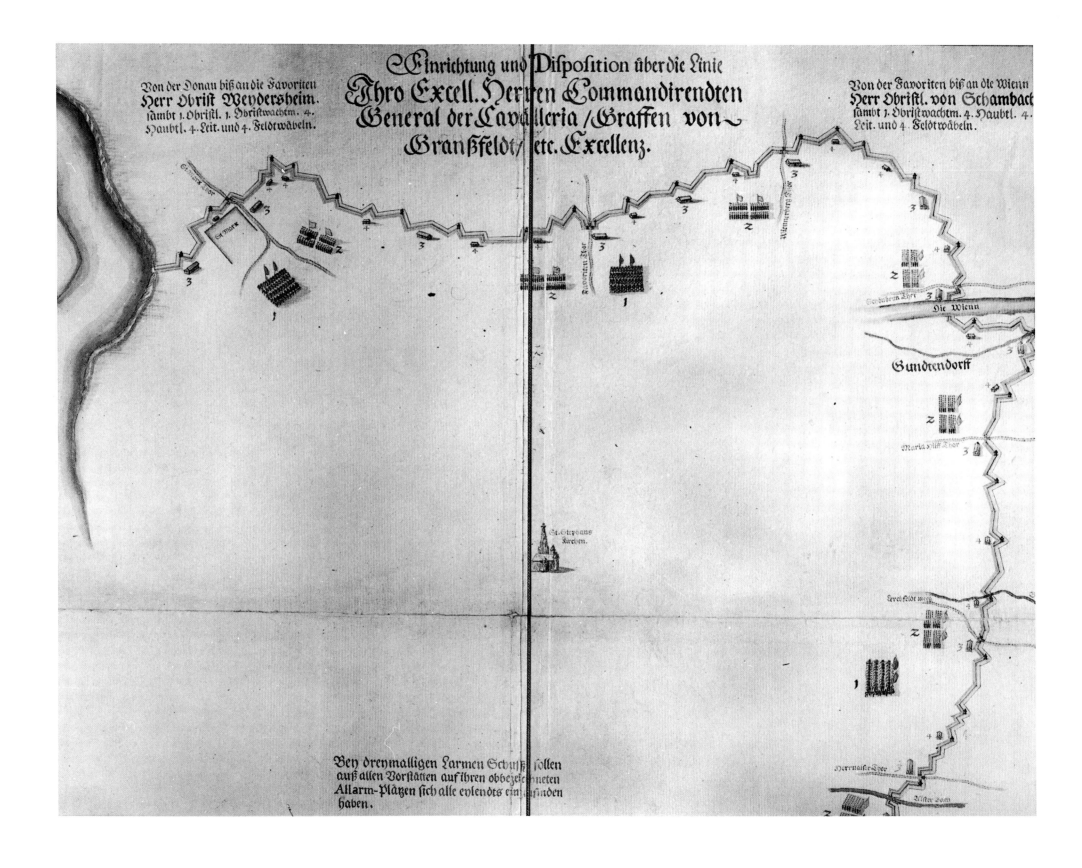

Einrichtung und Disposition über die Linie
Ihro Excell. Herren Commandirendten
General der Cavaleria / Graffen von
Granßfeldt, etc. Excellenz.

Von der Donau biß an die Favoriten
Herr Obrist Weydersheim.
sambt 1. Obristl. 1. Obristwachtm. 4.
Haubtl. 4. Leit. und 4. Feldwäbeln.

Von der Favoriten biß an die Wienn
Herr Obristl. von Schambach
sambt 1. Obristwachtm. 4. Haubtl. 4.
Leit. und 4. Feldwäbeln.

St. Marx

St. Stephans Kirchen.

Die Wienn

Gundtendorff

Maria Hilff Thor

Lerchfeldt weeg

Herrnalser Thor

Alster Bach

Bey dreymalligen Larmen Schutz sollen
auß allen Vorstätten auf ihren obbezeichneten
Allarm-Plätzen sich alle eylendts einzufinden
haben.

Tafel 15.

„Accuratissima Viennae Austriae ichnographica delineatio. Augustissimo Roman. Imperat. Iosepho I. etc. etc. hanc delineationem in signum obsequionissimae devotionis offerunt et dicant (!) L. Anguissola et J. Marinoni. Anno MDCCVI."
Kupferstich von J. A. Pfeffel und C. Engelbrecht in 8 Teilblättern. M. ca. 1:5400.
Ausschnitt.

Auf Befehl Kaiser Josephs I. verfaßten die beiden Kartographen, der kaiserliche Oberstlieutenant und Oberingenieur der Stadt Wien Leander (ab 1715 Conte) Anguissola (Travo bei Piacenza 10. Mai 1653 — 30. August 1720 Wien) und der kaiserliche Hofmathematiker Johann Jakob (seit 1726 Edler von) Marinoni (Udine 1676 — 10. Jänner 1755 Wien) mit Unterstützung durch den Hofarchitekten Lukas Hildebrandt und den Stadt-Unteringenieur Werner Arnold Steinhausen einen Plan von Wien, der zum erstenmal auch den Bereich der Vorstädte in einer Grundrißdarstellung bringt. Die Planverfasser und ihre Helfer waren durch ihre bisherige Tätigkeit als hervorragend für solch eine Aufgabe geeignet ausgewiesen, wobei als äußerer Anlaß für die Anfertigung dieses Kartenwerkes die Errichtung des Linienwalls um die Residenzstadt im Jahre 1704 (vgl. Tafel 14) gedient haben könnte. In technischer Hinsicht stützten sich Anguissola-Marinoni bei ihren Arbeiten in der Innenstadt auf das 1680 vollendete Holzmodell Daniel Suttingers (vgl. bei Tafel 9), während für die Vorstädte eigene geometrische Vermessungsarbeiten durchgeführt wurden. Demzufolge ergibt sich dann auch der auffällig unterschiedliche Grad der Genauigkeit. Im Bereich der Innenstadt weist der Plan einen mittleren Fehler von ± 3,01% auf, während in den Vorstädten dieser Wert nur ± 0,68% beträgt. Durch mehr als ein halbes Jahrhundert bildete dieser Plan die einzige vermessene Aufnahme des städtischen Verbauungsbereiches, erst der Nagel'sche Plan (Tafel 22) beruhte dann auf neuen Vermessungen. Die beiden Planverfasser haben für die Entwicklung der kartographischen Wissenschaft in Wien auch späterhin große Bedeutung gehabt, wurde doch Anguissola vom Kaiser zum Direktor der unter seiner Mitwirkung entstandenen Ingenieurakademie, der ersten Kriegsbaukunst-Schule im Reich (vermutlich nach dem Vorbild der Brüsseler Akademie, ab 1713), ernannt (ab 1717), eine Position, in der ihm nach seinem Tode sein langjähriger Mitarbeiter Marinoni nachfolgte.

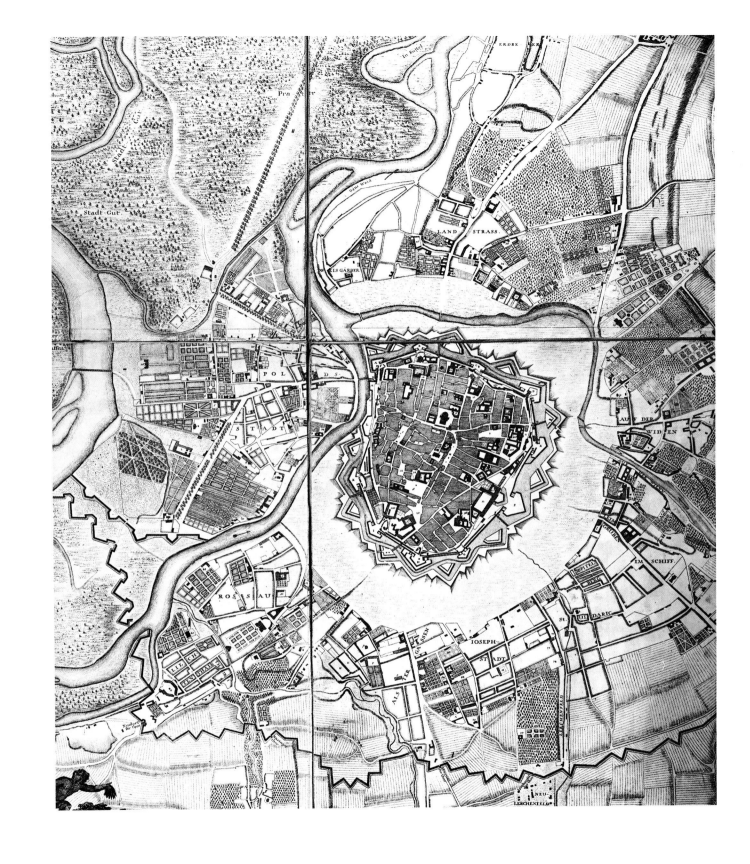

Tafel 16.

„Iosepho Augusto ichnographiam hanc imperialis suae sedis Viennae Austriae Jussu Supremi Regiminis ejusque Gubernatoris Caroli Ferdinandi Sac. Rom. Imp. comitis â Weltz Sac. Caes.^{ae} Mtt.^{is} Camerarii et Consiliarii intimi accuratè desumptam consecrat dedicat Mtt.^{is} Suae Caes.^{ae} infimus et fidelissimus Architectus Militaris Werner Arnold Steinhausen. Ao. MDCCX."
Kolorierte Handzeichnung. M. ca. 1:870.
Ausschnitt.

Werner Arnold Steinhausen (?Wien 1655 — 3. März 1723 Wien) läßt sich seit dem Anfang des 18. Jh. als militärischer Festungsbaumeister nachweisen. 1701 erhielt er die Stelle eines kaiserlichen Fortifications-Bau-Unteringenieurs, die vorher Leander Anguissola (Tafel 15) bekleidet hatte, 1703 war er an den Restaurierungsarbeiten der Befestigungen von Preßburg beteiligt, als Mitarbeiter an einem kartographischen Großunternehmen läßt er sich erstmals bei dem ältesten Plan von Wien mit seinen Vorstädten nachweisen, der 1706 von L. Anguissola und J. Marinoni (Tafel 15) vorgelegt wurde. Offenbar ganz ähnlich wie im 16. Jh. Bonifaz Wolmuet durch seine Mitarbeit am Hirschvogel-Plan (vgl. Tafel 5) zu eigener kartographischer Tätigkeit angeregt wurde, so verfaßte auch Steinhausen in der Folge einen eigenen Stadtplan, dessen Maßstab nur von dem Wolmuet'schen Plan übertroffen wird. Dazu kommt, daß er — über Anguissola-Marinoni hinausgehend — nicht nur die Vorstädte eigens vermaß, sondern diese Vermessungstätigkeit auch auf die Innenstadt ausdehnte, wo die beiden italienischen Kartographen sich mit der Vorlage des Suttinger'schen Holzmodells (vgl. Tafel 9) begnügt hatten. So wird auf dem Plan eine geradezu staunenswerte Genauigkeit der Darstellung erreicht, der mittlere Fehler beträgt zwischen ± 0,53—0,54%. Steinhausen wird mit diesem Werk als einer der hervorragendsten Geodäten seiner Zeit ausgewiesen, der Plan ist ein Meisterwerk geometrischer Plandarstellung, ohne daß er eine entsprechende Verbreitung oder Folgewirkung gehabt hätte.

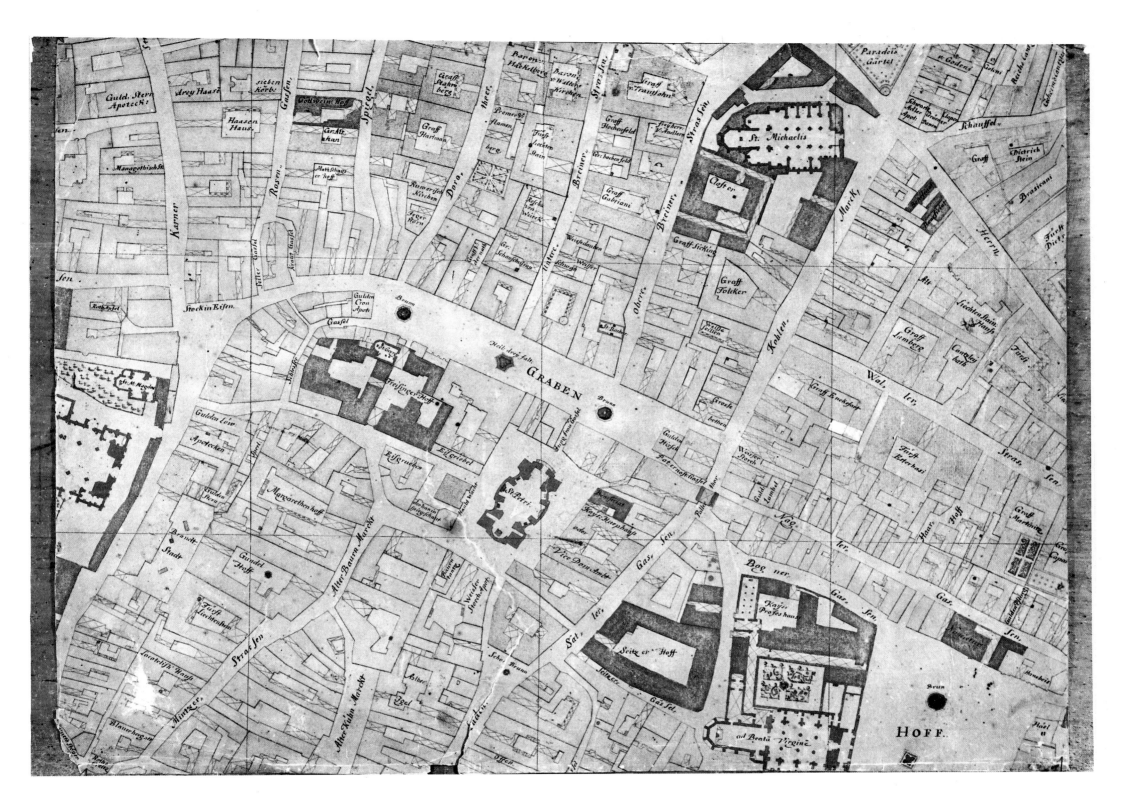

Tafel 17.

„Grund Riß von der Kayserl. Königl. Haubt- und Residenz Stadt Wienn mit Anzeig deren vier Viertln, und Benennung aller Gassen, Strassen, Kirchen, Clöster und anderer Gebäude." Gezeichnet von Th. Messmer, Wien. Gestochen von T. B. Prasser, Wien. (Um 1730). Kolorierter Kupferstich auf Pergament. M. ca. 1:6000.
Ausschnitt.

Unter der Serie von Plandarstellungen der Innenstadt von Wien nimmt dieser Plan aus mehreren Gründen eine besondere Stellung ein. Zunächst zeichnet er sich dadurch aus, daß wir hier die älteste Darstellung der Gliederung Wiens in vier Viertel (Stuben-, Kärntner-, Widmer- und Schottenviertel) besitzen, damit einer Teilung des Stadtgebietes, die seit dem frühen 14. Jh. nachzuweisen ist, mit großer Wahrscheinlichkeit aber bereits im Zusammenhang der spätbabenbergischen Entwicklung der Stadt entstanden ist. Auf der Viertelsgliederung baute nicht nur die Verteidigungsorganisation der Stadt auf, auch das Feuerwachensystem und die Steuereinhebung basierten auf dieser räumlichen Ordnung. Darüber hinaus gibt dieser Plan aber den Zweck seiner Entstehung in einigen ziemlich verblaßten und nur mehr zum Teil lesbaren Zeilen am rechten unteren Rand des Blattes an. Eindeutig erkennbar sind jedenfalls die Worte „ad conficiendum novum urbarium civitatis Viennensis inprimis necessariam", mit denen also verdeutlicht wird, daß der Plan als Grundlage für die Erstellung eines neuen Stadturbars, eines nach topographischen Gesichtspunkten gegliederten städtischen Grundbuches, dienen sollte, das ja dann auch in der Mitte des 18. Jh. entstand. Zusätzlich nennen diese verblaßten Zeilen aber auch noch den Namen des Illuminators des Blattes, der also die Kolorierung des Kupferstiches vornahm („Suisque coloribus illuminavit Anton Joan[nes] Weishapp[el?]").

Tafel 18.

„Neu Vermert und Vollkommener Plan von der Kaysl. Haubt und Residentz Stadt Wienn Sambt
denen Vorstätten und Neuen Linien. Anno MDCCXXXVIIII." Von Reichenberger.
Kolorierte Handzeichnung. M. ca. 1:11.076.
Ausschnitt.

*Bei diesem Plan handelt es sich um ein sehr frühes Beispiel für ein Übersichts-
blatt über den Bereich von Stadt, Vorstädten und an den Linienwall angrenzenden Vororten. Nach Steinhausen (Tafel 16) ist das Reichenberger'sche Blatt das erste, das die vorstädtische Situation auf einem kolorierten Plan zeigt. Dazu kommt,
daß nun die Kolorierung nicht mehr eine bestimmte thematische Bedeutung hat,
sondern bereits in dem Sinn angewendet wird, wie wir sie auch von modernen
Karten gewohnt sind. Der Verbauungsstand ist gegenüber dem Blatt von Anguissola-Marinoni (Tafel 15) verändert, der Titel („Neu Vermert und Vollkommener
Plan . . .") trifft also durchaus zu, wir erkennen darauf das allmähliche Fortschrei-
ten der Verbauung des vorstädtischen Bereichs im barocken Wien.*

NEÚ
Vermert und Vollkomener
PLAN
Von der Kaÿst. Haubt und Residentz Statt
WIENN
Sambt denen Vorstätten
und Neúen
Linien
Anno MDCCXXXVIII.

Tafel 19.

„Plan der Königl. Resitenz Stat Wien. Anno 1741 verfertiget worden Antoni Baron v. Schernding, Ingleut. (Ingenieurleutnant)."
Kolorierte Handzeichnung. M. ca. 1:5700.

Die kriegerischen Ereignisse des späten 17. und des frühen 18. Jh. hatten die Notwendigkeit einer entsprechenden kartographischen Ausbildung der Offiziere klar genug erkennen lassen. Im September 1717 gründete Kaiser Karl VI. auf Betreiben des Prinzen Eugen und unter Mitwirkung des erfahrenen Kartographen Leander Conte Anguissola (Tafel 15) die Ingenieurakademie in Wien. Damit war für die technische Ausbildung der Militärs im 18. Jh. die zentrale Schule geschaffen. Aus dieser Ausbildungsstätte gingen in den folgenden Jahrzehnten eine Reihe sehr befähigter Militärkartographen hervor, an dieser Institution unterrichteten namhafte Fachleute aus dem In- und Ausland. Obwohl nun über die Persönlichkeit des Verfassers des hier abgebildeten Planes kaum Nachrichten vorliegen, läßt sich doch die Erwähnung, daß im Jahre 1720 ein „Freiherr von Schirnding" als Zögling in die Ingenieurakademie eintrat, mit einiger Sicherheit auf den auf dem Plan als Verfasser genannten Baron Anton Schernding beziehen. Der eigentliche Beweggrund für die Anlage dieses Plans liegt nun darin, daß im Jahre 1741 einige neue „Wercker" (Befestigungen) errichtet wurden, die auf dem Plan unter Nr. 41 zu sehen sind. Es handelt sich dabei um eine ganze Reihe von kleinen Schanzen, die zwischen den vor der Mauer gelegenen Vorwerken (Ravelins) und den Basteien angelegt worden waren. Auffällig ist daneben auch die Darstellung von Geländestufen durch ein braun schraffiertes Band. An der Stadtmauer selbst sind in gelber Farbe die sogenannten „Basteihäuseln" zu sehen, Bretterbuden und andere dürftigste Unterkunftsmöglichkeiten, wo sich die Angehörigen der Wiener Stadtwache, der Stadtguardia, gezwungen durch die Quartiernot, einquartiert hatten. Gerade das Entstehungsjahr dieses Plans war für die Entwicklung der Stadtguardia von einschneidender Bedeutung, wurde dieses Exekutivorgan doch damals endgültig aufgehoben und in der Folge Militär zur Stadtwache herangezogen, was in den unmittelbar folgenden Jahren zur Errichtung von Kasernen auch in der Innenstadt (Salzgrieskaserne) führte.

PLAN der Königl Residenz Stat
WIEN

N. 1 Biber Bastion. 2 Mölkerstauden Bastion
3 Braun Bastion 4 Wasser Kunst Bastion
5 Kärnker Bastion 6 Burg Bastion 7 Löbel
Bastion 8 Mölcker Bastion 9 Elend Bast
ion 10 Neu Bastion 11 Gonzaga Bastion
12 Stuben Thor 13 Kärnter Thor 14 Burg
Thor 15 Schotten Thor 16 Neu Thor 17
Wasser Thor 18 Rote Thurm 19 Neu Max
ecl 20 Hohe Marckt 21 Auf dem Graben 22
auf dem Hoff 23. Auf der Freÿung 24.
Burg plaz 25 Burg 26 Reitschul 27 König
es Spital 28 Scheunen 29 Münzhaus 30
Salzambt 31 Zeughaus 32 Arsenal 33.
Gieß Haus 34 Vice domambt 35 Haupt M.
aut 36 Burger Spital 37. Rath Haus

X III

38 Zeughaus 29 Ambt Haus 40 St. Steffan Metropolitan Kircher
41 Neu angelegte Wercker So Anno 1741 hervorhigetragt en

Antoni Baron v. Scherreding Ingläufl.

Tafel 20.

„Carte des environs de Schönbrunn et ceux de Laxemburg, levée en Novembre et Decembre MDCCLIV et Avril MDCCLV par Ordre de Sa Majesté Impériale et Royale. Par Brequin." Kolorierte Handzeichnung. M. ca. 1:10.000.
Ausschnitt.

Dieses Kartenblatt des aus Lothringen gebürtigen Militärkartographen Jean Baptiste Brequin de Demenge (gest. 9. Jänner 1785 Wien) ist — wie sein Titel sagt — im kaiserlichen Auftrag entstanden und kreist inhaltlich um die beiden Sommersitze des Hofes in Schönbrunn und Laxenburg. Die Eintragung der inneren Stadt erfolgte gleichsam nur zu Orientierungszwecken, bis auf den Stephansturm und das Belvedere ist dieser Bereich überhaupt weiß gelassen. Bedeutung erlangt die Karte vor allem dadurch, daß sie uns erstmals in den Bereich der Vororte (von Währing, Weinhaus bis — weit darüber hinaus — nach Rodaun und Mödling) schauen läßt. Wie detailreich diese Aufnahme erfolgte, ersieht man etwa daran, daß Brequin bei Rodaun eine „Montagne remplie de fort beau marbre" einzeichnete und damit ganz offenbar den alten Steinbruch meinte, der heute unter dem Namen „Mizzi-Langer-Wand" als beliebte Kletterschule dient (Der dort gebrochene Stein war allerdings nie Marmor, sondern nur Hauptdolomit!).

Tafel 21.

„Scenographie oder Geometrisch Perspect. Abbildung der Kayl. Königl. Haupt u. Residenz Stadt Wienn in Oesterreich auf allerhöchsten Befehl aufgenomen und gezeichnet vom Jahr 1769 May Monaths, bis letzten October 1774. unter der glorreichen Regirung beider Kayl. Königl. Apost. Mayest. Iosephi II. et Mariae Theresiae... (von) Obrist Wachtmeister des grossen Generalfeld Quartiermeister Staabs Josep (!) Daniel v. Huber. Radirt v. J. Wagner, J. Eberspach, C. G. Kurtz. Verfertiget von J. Adam." M. 1:1440.
Ausschnitt (Innenstadt).

Die Huber'sche Szenographie stellt in Verbindung mit dem ihr als Grundlage dienenden Nagel'schen Plan (Tafel 22) ein epochemachendes Werk in der städtischen Kartographie von Wien dar. Erneut erkennen wir — wie bei allen Kartenwerken seit dem Anfang des 18. Jh. — die enge Verbindung zwischen Militär und Kartographie. Gleichzeitig werden mit diesen beiden Planwerken aber wieder neue Wege beschritten, insofern als man sich mit diesen Blättern an die Öffentlichkeit wendet und mit ihrer Herstellung auch ein kommerzielles Interesse verbunden ist. Damit stehen sowohl Huber als auch Nagel in gewisser Weise am Anfang der ab etwa 1780 in Wien stark aufkommenden Privatkartographie, die dann zu einer umfangreichen Kartenproduktion in Wien (nicht nur an Stadtplänen) führt. Beide Planwerke sind aber auch vor dem Hintergrund der gewaltigen räumlichen Erweiterung des verbauten Gebietes in Wien und der nicht zuletzt deshalb ab 1770 eingeführten Häusernumerierung (Konskriptionsnummern), die in die Kartenwerke Eingang gefunden hat, zu sehen. Huber veröffentlichte dann im Jahre 1785 noch eine Vogelschau der Innenstadt allein, die noch einen größeren Maßstab aufweist — nicht zuletzt daran läßt sich auch ein gewisser Verkaufserfolg für den Autor ablesen.

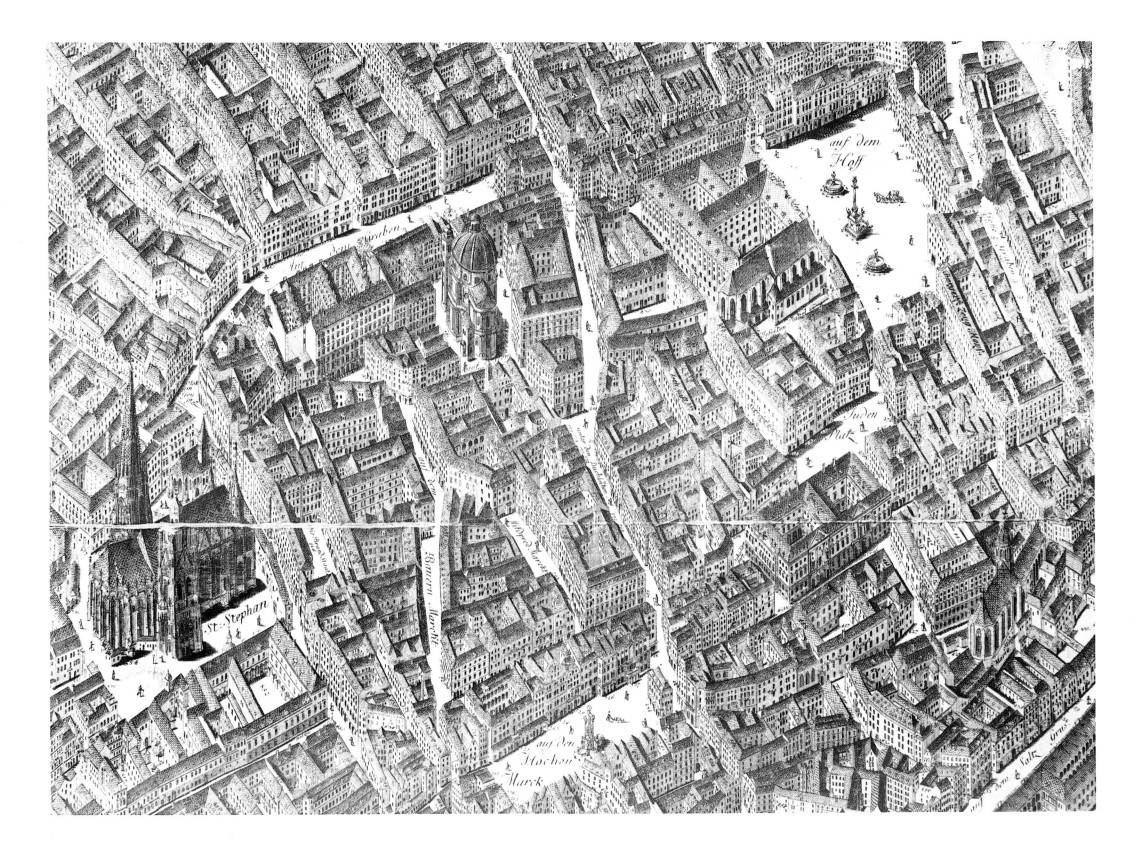

Tafel 22.

„Grundriß der Kayserlich-Königl.en Residenz-Stadt Wien, Ihrer Vorstädte, und der anstoßenden Orte. Unter glorwürdigster Regierung Beyder Maj. Maj. Josephs des II^ten Röm. Kaysers, und Maria Theresia Röm. Kayserin und apostol. Königin Auf allerhöchsten Befehl Unter der Direction Dero Hof-Mathematici Joseph Nagel aufgenommen Von den Ingenieurs Joseph Neüsner und Karl Braun in dem 1770ten und einigen darauf gefolgten Jahren."
Kupferstich. M. ca. 1:2600.
Ausschnitt (Innenstadt).

Joseph Anton Nagel (Rittberg in Westfalen 3. Februar 1717 — um 1800) war im Alter von 23 Jahren zu mathematischen Studien nach Wien gekommen und reiste im Jahre 1748 im Auftrag Kaiser Franz' I. zur Betreibung naturwissenschaftlicher Studien und Forschungen durch die österreichisch-ungarischen Länder. Als Hofmathematiker unterrichtete er um 1760 den Erzherzog Karl Joseph. Diese Verbindung mit dem Hof war es dann wohl auch, die zu dem im Plantitel erwähnten Auftrag führte, wonach Nagel in den Jahren ab 1770 einen Plan der Stadt und ihrer Vorstädte erarbeitete, der dann erst 1780/81 herausgegeben wurde. Schon im Herbst 1774 brachte Nagel einen Grundrißplan der Innenstadt heraus, der im doppelt so großen Maßstab gehalten ist und als dessen Stecher Johann Ernst Mansfeld genannt wird. Die Erwähnung des Stechers weist auf den Zusammenhang mit der 1766 erfolgten Gründung der Wiener Kupferstecherakademie (Vorläuferin der Akademie der bildenden Künste) hin, als deren Schüler uns gerade auch Johann Ernst Mansfeld bezeugt ist. Der Nagel'sche Plan, der hinsichtlich der von ihm erreichten Genauigkeit der Darstellung sogar einen Rückschritt gegenüber dem Plan von Steinhausen (Tafel 16) darstellt, erlangt seine fortwirkende Bedeutung aber vor allem dadurch, daß er der topographisch und künstlerisch so interessanten Szenographie des Joseph Daniel von Huber (Tafel 21) zur Grundlage diente und in Verbindung mit diesen Blättern ein überaus eindringliches Bild unserer Stadt aus der Zeit Maria Theresias ergibt.

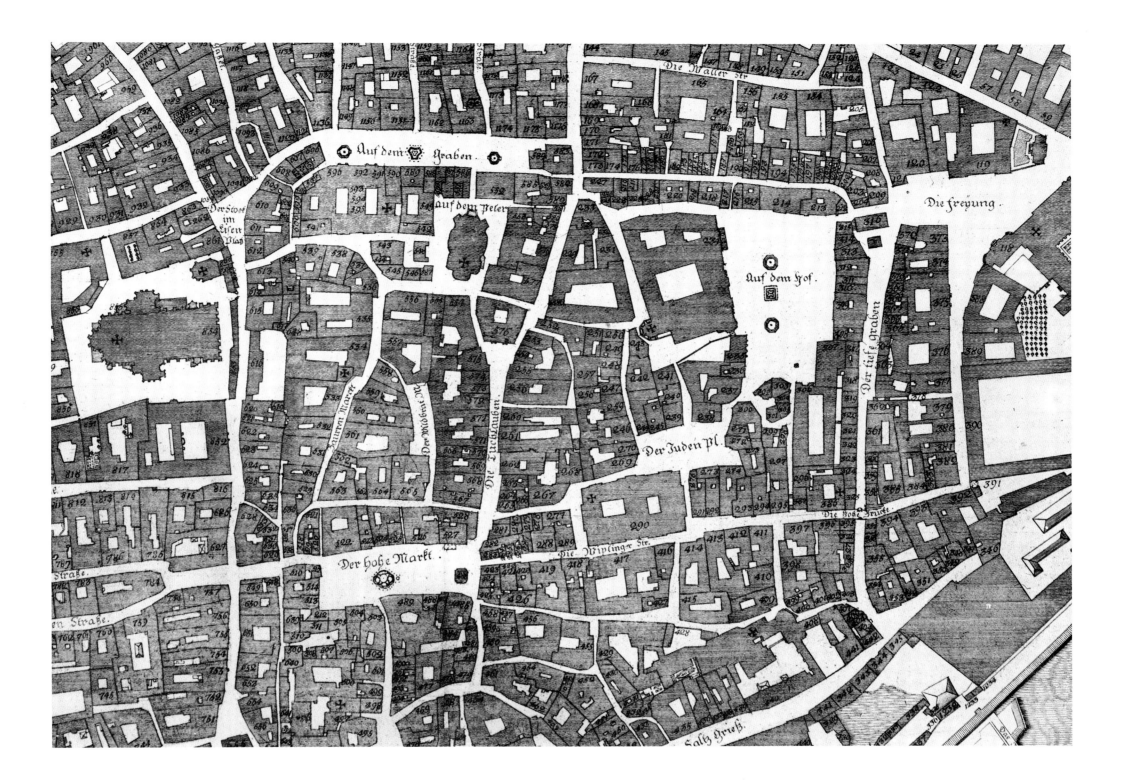

Tafel 23.

„Scenographie... der... Stadt Wienn... (von) ... Josep (!) Daniel v. Huber."
Kupferstich in 24 Blättern. M. 1:1440.
Ausschnitt (Innenstadt).

Vgl. Tafel 21.

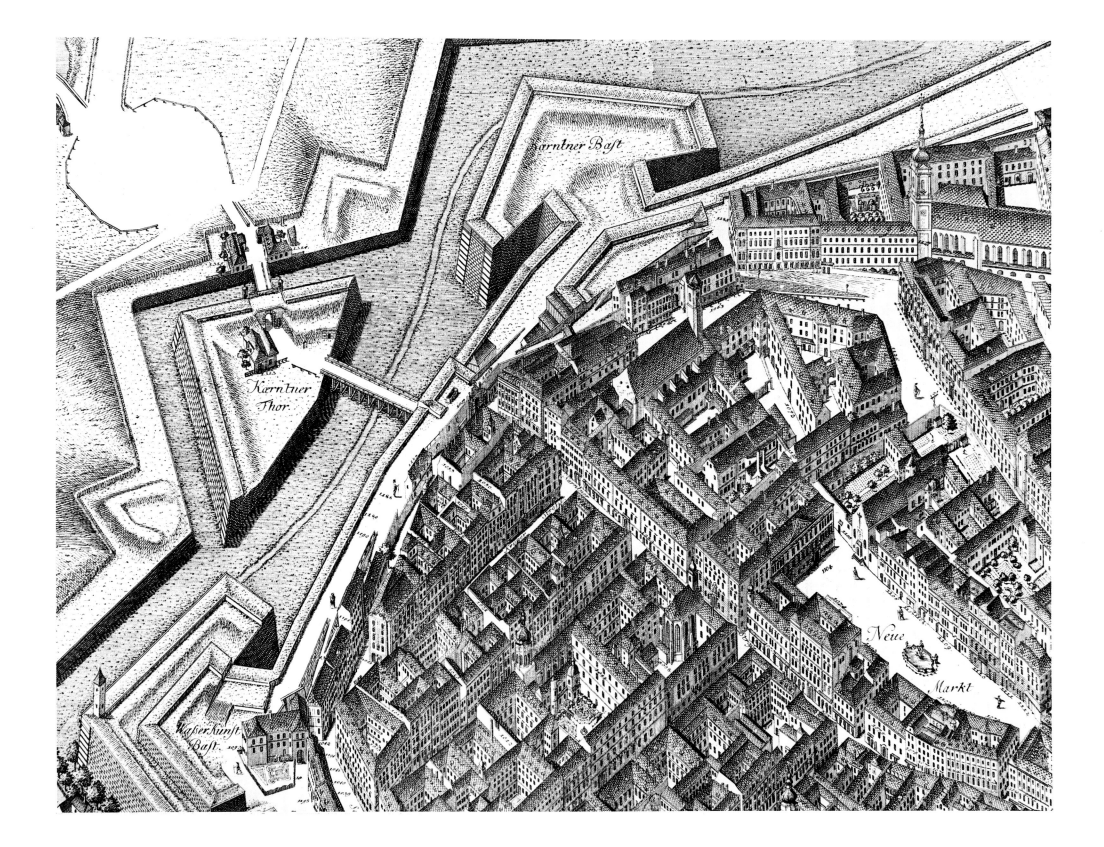

Kärntner Bast

Kärntner Thor

Wasserkunst Bast.

Neue

Markt

Tafel 24.

„Grundriß der... Stadt Wien, Ihrer Vorstädte und der anstoßenden Orte. ... Unter der Direction Dero Hof-Mathematici Joseph Nagel...".
Kupferstich. M. ca. 1:2600.
Ausschnitt (Innenstadt).

Vgl. Tafel 22.

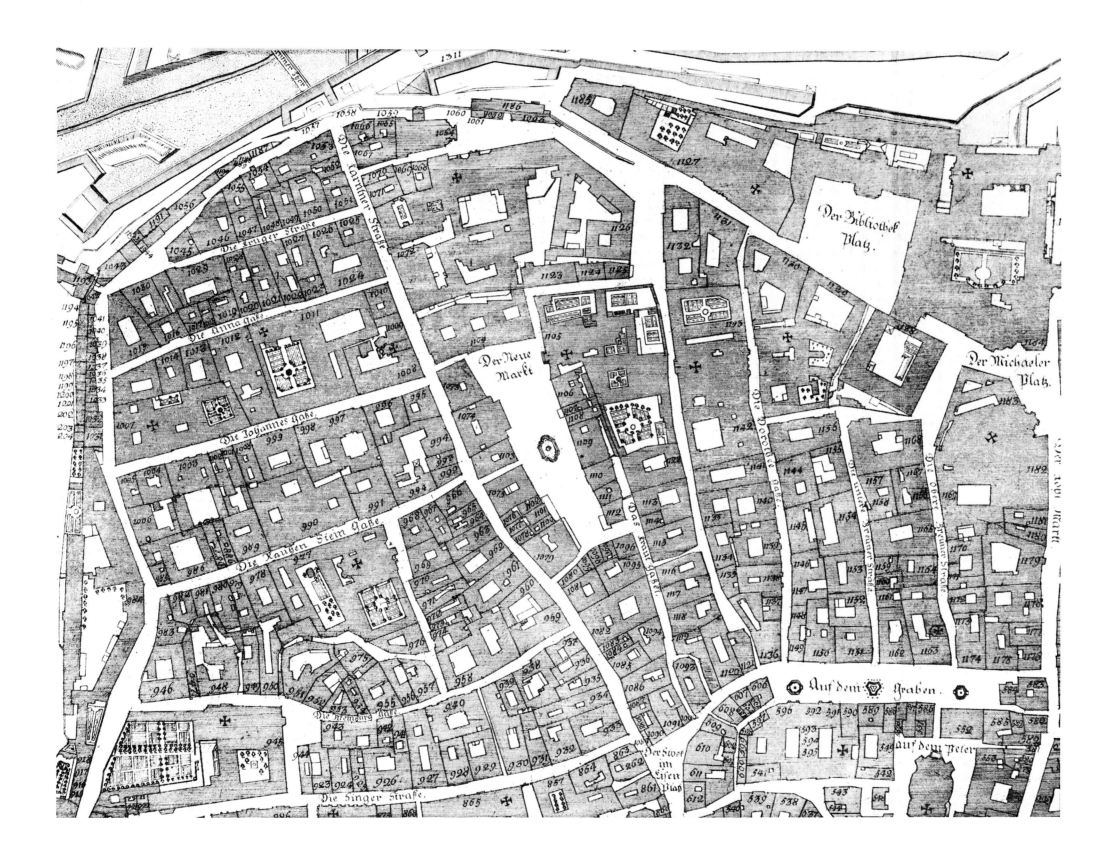

Tafel 25.

„Scenographie . . . der . . . Stadt Wienn . . . (von) . . . Josep (!) Daniel v. Huber."
Kupferstich in 24 Blättern. M. 1:1440.
Ausschnitt (Vorstadt Wieden).

Vgl. Tafel 21.

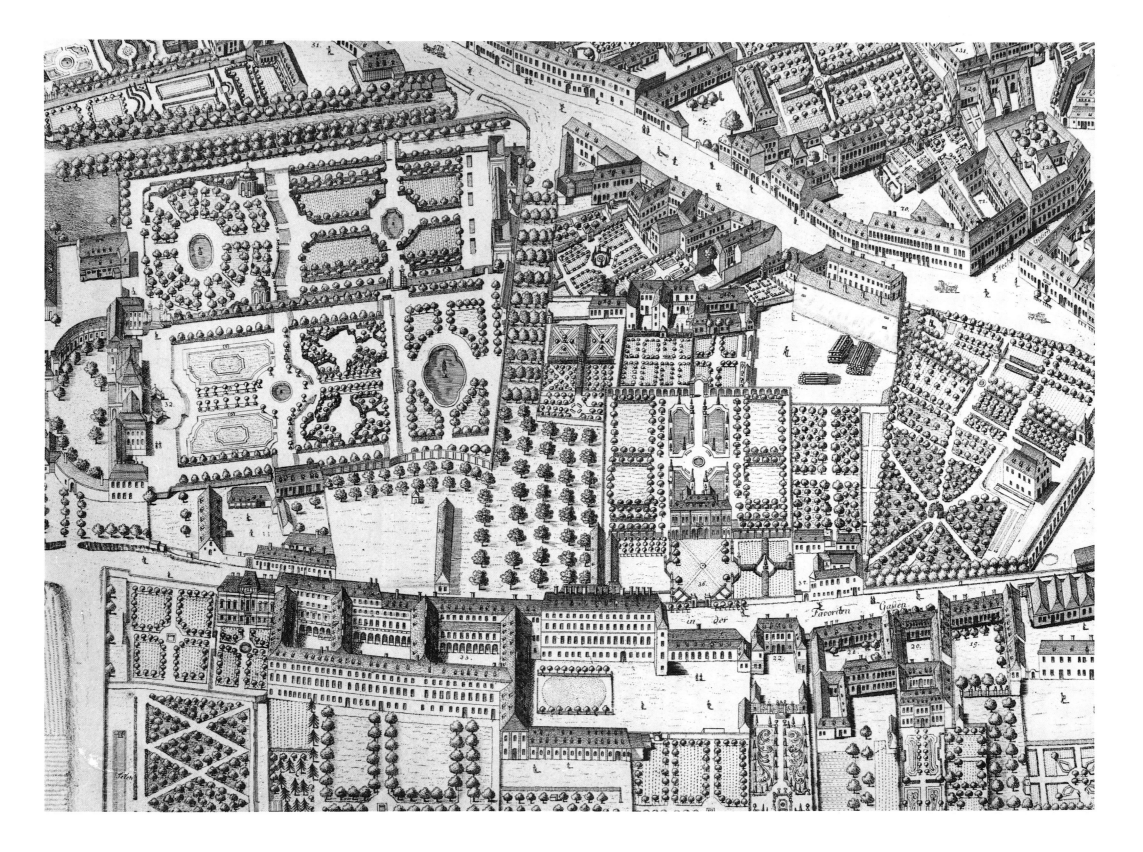

Tafel 26.

„Grundriß der... Stadt Wien, Ihrer Vorstädte und der anstoßenden Orte. ... Unter der Direction Dero Hof-Mathematici Joseph Nagel...".
Kupferstich. M. ca. 1:2600.
Ausschnitt (Vorstadt Wieden).

Vgl. Tafel 22.

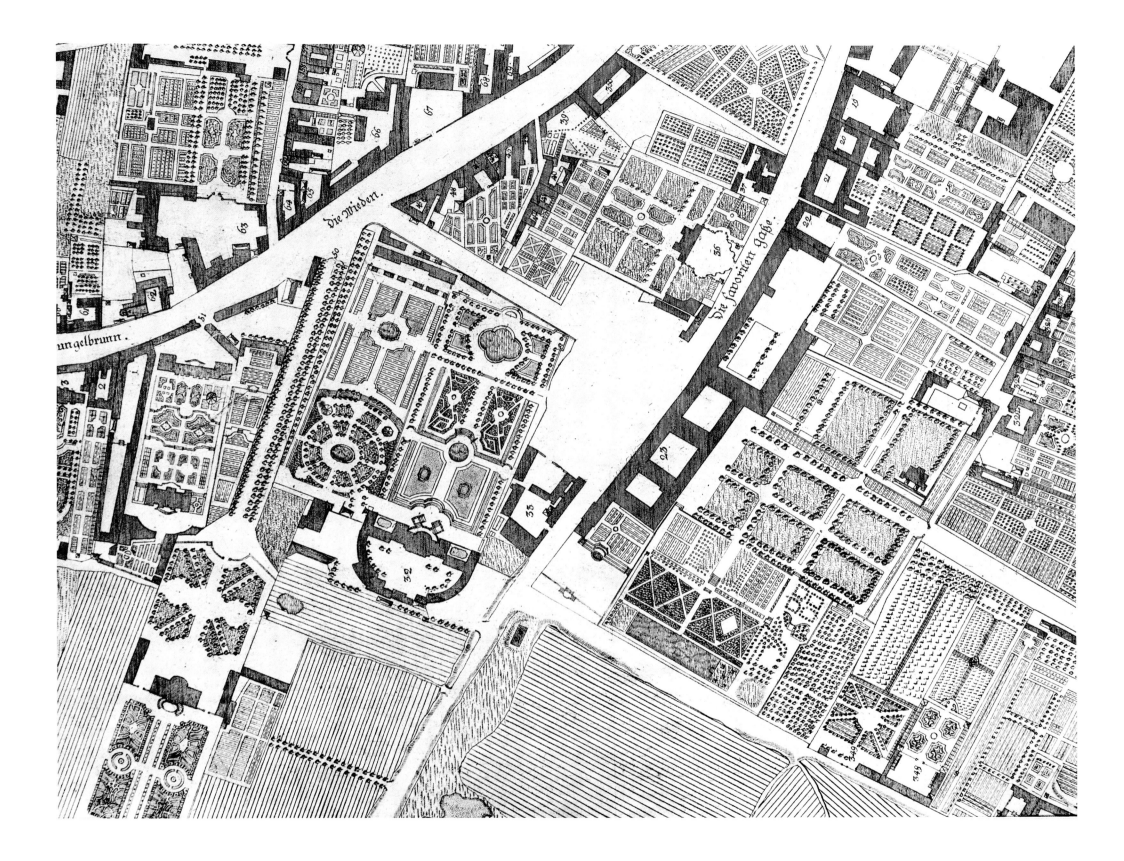

Tafel 27.

Josephinische Landesaufnahme Sektion 71. (1773—1781).
Kolorierte Handzeichnung. M. 1:28.800.

Die kriegerischen Auseinandersetzungen zwischen Österreich und Preußen in der Mitte des 18. Jh. hatten die Notwendigkeit einer exakten Landesaufnahme für militärische Zwecke deutlich gemacht. Dazu kam infolge der politischen Annäherung der Habsburgermonarchie an Frankreich das französische Kartenvorbild, wo seit 1750 eine sich über das ganze Land erstreckende kartographische Aufnahme unter der Leitung von César Francois Cassiny de Thury begonnen worden war. Nach dem Frieden von Hubertusburg im Februar 1763, mit dem der 7jährige Krieg beendet wurde, regte Generalquartiermeister Feldmarschall Lacy die Durchführung einer ebensolchen Aufnahme im Habsburgerreich an, die dann auf Antrag des Präsidenten des Hofkriegsrates, des Feldmarschalls Leopold Graf von Daun, am 13. Mai 1764 von Maria Theresia angeordnet wurde. Die Blätter der Josephinischen Landesaufnahme entstanden zwischen 1763/64 und 1787, sie waren aber aufgrund ihres rein militärischen Zwecks unter strengem Verschluß und der Öffentlichkeit nicht zugänglich.

Tafel 28.

„Plan der Leopoldstadt, eines Theiles der Stadt Wienn, und denen an der Donau liegenden Vorstädten, der Lauf dieses Stroms sammt seinen Inseln, dann der beiden öffentlichen Spaziergängen des Augartens und Praters und der auf ersteren Terrasse sich dem Auge darstellenden Landschaften en vue d'oiseau gezeichnet." (1780).
Kolorierte Handzeichnung in 4 Blättern. M. 1:4430.
Ausschnitt.

Eine besondere kulturhistorische Kostbarkeit aus den Beständen der Österreichischen Nationalbibliothek stellt diese Ansicht dar, die sich durch eine Mischung zwischen Grundrißdarstellung (im Zentrum des Blattes) und Vogelschau (gegen den Rand und den Horizont zu) auszeichnet. Der „Plan" vermittelt uns vor allem vom Bereich des Inselwirrwars der Donau und von den nordwestlich von Wien gelegenen Vororten (Nußdorf, Döbling, Kahlenbergerdorf usw.) einen anschaulichen Eindruck. Der unmittelbare Anlaß zur Entstehung dieser Blätter dürfte — wie nach dem Titel zu vermuten ist — in der Eröffnung des Augartens (1775) und des Praters (1766) für die Öffentlichkeit liegen. Besonderer Wert wird auf der Abbildung nämlich auf die Blickrichtungen gelegt, die sich zum einen durch die Alleen des Augartens, zum anderen durch die vom Praterstern ausstrahlenden Straßen ergeben. So ergibt sich etwa vom Kaiser-Joseph-Stöckl im Augarten ein direkter Durchblick zum Lusthaus, auf der anderen Seite ermöglichen weitere Alleen im Augarten den Blick auf den Leopoldsberg, auf Sievering usw. Ähnlich sind auch die vom bereits damals angelegten Praterstern fortführenden Straßenzüge so ausgerichtet, daß sie geradlinige Verbindungen zu markanten Punkten (Stephansturm) oder auch weiter entfernten Ortschaften (Kagran) darstellen. Es ist darin jedenfalls ein im späten 18. Jh. mehrfach anzutreffendes Prinzip der Landschaftsgestaltung durch gerichtete Straßenzüge und damit der Verbindung von markanten Punkten in der Landschaft für das Auge des Betrachters zu erkennen.

„Geometrischer Plan Über den Lauf des Wien Flusses, und dessen Regulirung von der Mündung des Mauerbaches oberhalb dem Auhofe an bis unterhalb der steinernen Brücke vor dem Kärntner Thor der Stadt Wien. Brequin Obrister und Ingenieur." Datierung auf der Rückseite: „19. Februar (1)783."
Kolorierte Handzeichnung. M. ca. 1:5900.
Ausschnitt.

Der aus Guise in Lothringen gebürtige Jean Baptiste Brequin de Demenge (Guise 1713 — 9. Jänner 1785, Wien), der vermutlich im Gefolge der Hochzeit Maria Theresias mit Franz Stephan von Lothringen aus seiner Heimat nach Wien kam, läßt sich schon ab 1743 als Militärkartograph in seiner neuen Heimatstadt nachweisen. Nachdem er hier 1752 eine Kammerdienerin Kaiserin Maria Theresias geheiratet hatte, bekleidete er um 1760 als Vortragender an der in Gumpendorf untergebrachten Ingenieur-Schule den Rang eines Oberstlieutenants und hatte dort die Führung einer damals eingerichteten „fortificatorischen Modell- und Maschinen-Kammer" inne. In seinen späten Jahren war er „Banco und Wasser Bauamts-Administrator" und entwarf wohl in dieser Eigenschaft den hier abgebildeten Plan über den Verlauf des Wienflusses samt Vorschlägen zu seiner Regulierung (vgl. dazu die Tafeln 20 und 30). Von großem kulturgeschichtlichen Reiz ist ein Blick in die von den Militärbehörden durchgeführte Verlassenschaftsabhandlung nach Brequin, die uns einen Einblick in die weitgestreuten wissenschaftlichen Interessen dieses Mannes ermöglicht, der bei seinem Tod nicht weniger als 573 Bücher mit einschlägigen Abhandlungen zur Kartographie, Erdkunde, Landwirtschaft, Medizin, Mathematik, Philosophie usw. hinterließ.

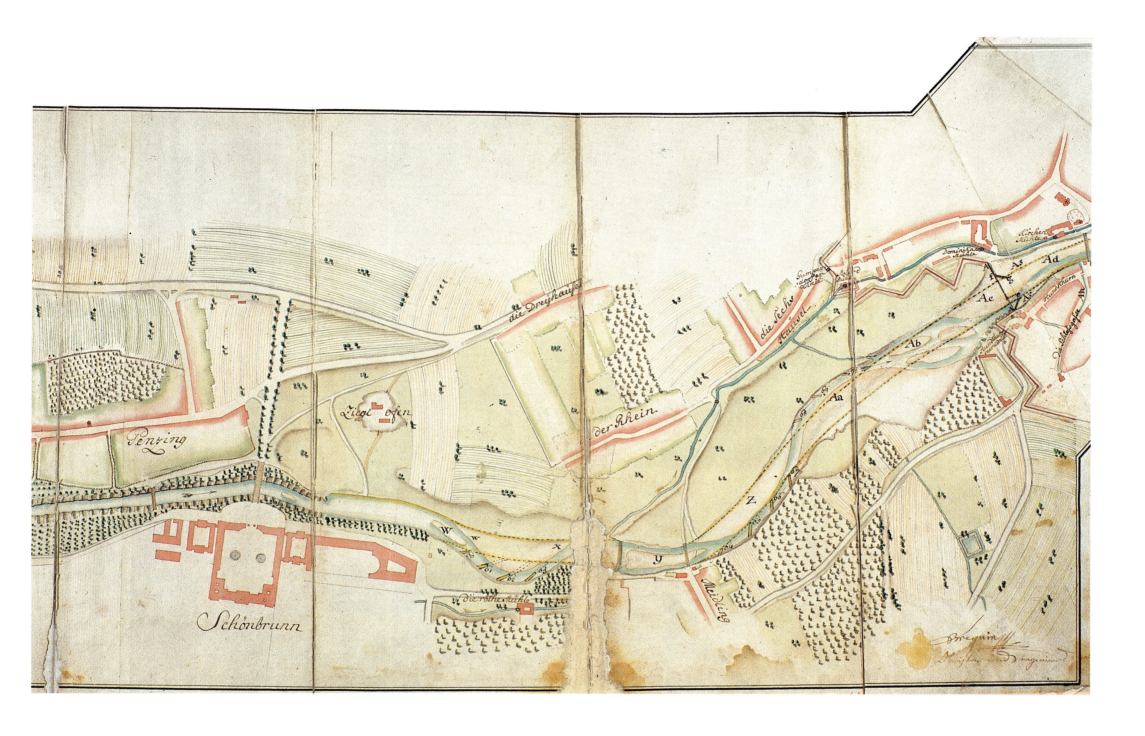

Penzing

Ziegl ofen

die Dreyhäuser

die Sechs Häuser

der Rhein

Ac

Ab

As

Ad

Aa

Z

W

X

y

Meidling

die rothe Mühle

Schönbrunn

Tafel 30.

„Beyläuffiger Entwurf Von der Lage des Wien Flußes von Seinem Anffange bis zum Aus[flu]ße in die Donau, womittels jene Quellen, Bäche, Reservoirs, eingegangene Klausen, und Teiche vor Augen gelegt werden, durch deren Zuhülfn[ehm]ung bey der durch anhaltende Hitze nicht selten erfolgender Austrocknung dießes Flußes den in So wieder Betrachtung schädlichen Maßen [. . .] zu ersetzen Sich anheischig gemacht wird." (1781?).
Kolorierte Handzeichnung. Zeichner und Maßstab nicht angegeben.
Ausschnitt.

Der Wienfluß hat unserer Stadt nicht nur den Namen gegeben, er war auch seit jeher — ähnlich wie so manche andere Wasserläufe des Wiener Bereiches — von eminenter Bedeutung für das Wirtschaftsleben der Stadt. Abgesehen von zahlreichen Mühlen, durch die die Wasserkraft der Wien genutzt wurde, bot er auch einer Reihe von Gewerbebetrieben, die für ihre Arbeit Wasser brauchten (Textilerzeugung, Gerbereien), wichtige Voraussetzung für eine Betriebsansiedlung. Die in diesem Plan angesprochene häufige Austrocknung des Bachbettes in Sommerzeiten war ein schon früh vielbeklagtes Übel, das nicht zuletzt zu Geruchsbelästigungen führte und infolge des Fehlens von Kanalisationsanlagen immer wieder den Ausbruch von Seuchen ermöglichte.

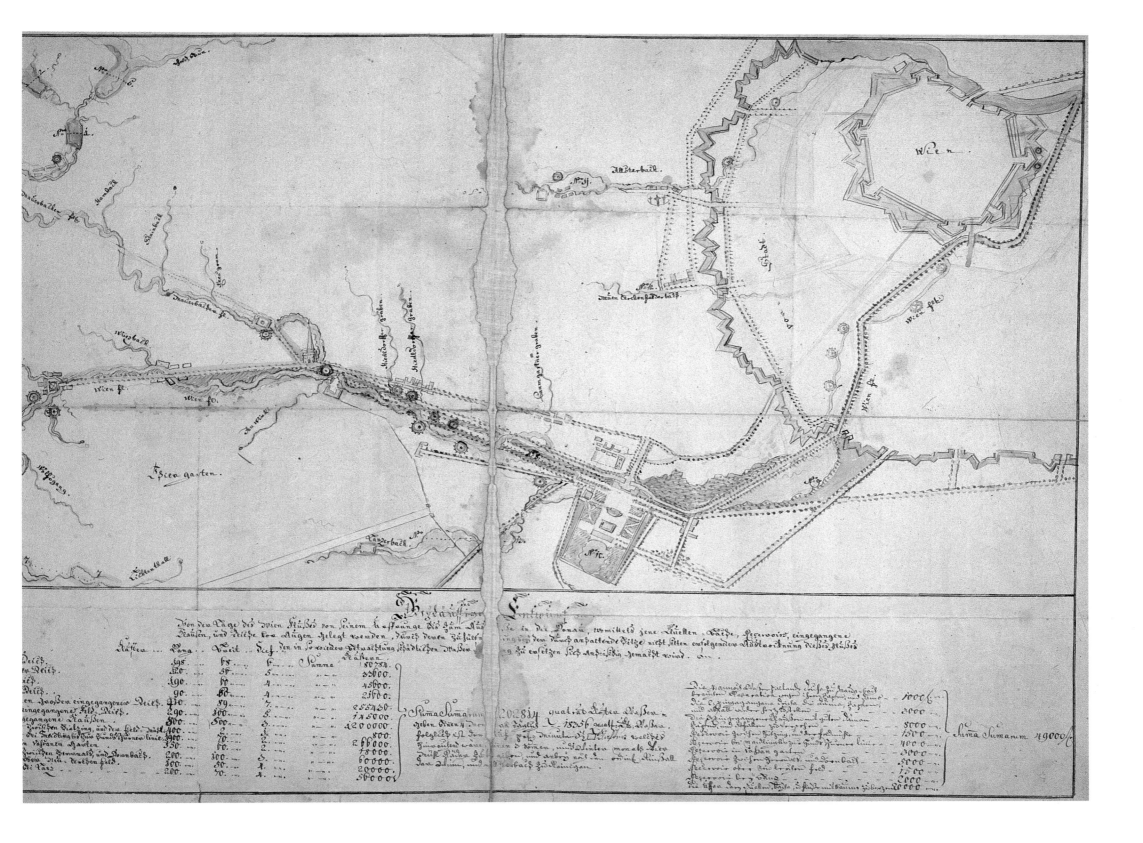

„Grundriss der k. k. Residenzstadt Wien mit allen Vorstädten und der umligenden Gegend." 1783.
Gezeichnet und gestochen von Maximilian (von) Grimm.
Kupferstich. M. ca. 1:19.000.
Ausschnitt.

Verschiedene Faktoren trugen in der Zeit um 1780 dazu bei, daß damals in Wien eine besondere Blütezeit der Privatkartographie (d. h. jenes kartographische Schaffen, das zumeist über den Weg privater, kommerziell ausgerichteter Verlage an die Öffentlichkeit gelangt) einsetzte. Zum einen war seit der Gründung der Wiener Kupferstecherakademie (1766) eine größere Zahl von ausgebildeten und besonders qualitätsvoll arbeitenden Stechern in der Stadt vorhanden, zum anderen war aber auch das Interesse der Öffentlichkeit, deren Bildungsniveau seit der Einführung der allgemeinen Schulpflicht nicht unwesentlich gestiegen war, in ungleich größerem Maße gegeben, als dies zuvor der Fall war. Nun gab es zwar bereits seit den frühen siebziger Jahren des 18. Jh. einen ausgezeichneten Plan von Wien, nämlich die von dem Hofmathematiker Joseph Nagel erstellte Aufnahme (Tafel 22). Der hohe Preis dieses Kartenwerkes führte aber dazu, daß der Plan nur von begüterten Leuten gekauft werden konnte. Maximilian (von) Grimm, über dessen Biographie leider so gut wie nichts bekannt ist, war nun der erste, der den Bedarf für einen billigeren Wien-Plan erkannte. 1783 brachte er seine Karte heraus, und schon aus der Tatsache, daß er bereits 1785 eine Neuauflage mit den inzwischen eingetretenen Veränderungen auf den Markt brachte, läßt den kommerziellen Erfolg des Werkes erkennen. Die Kupferplatten gingen 1786 in den Besitz des 1770 in Wien begründeten Verlages Artaria und Compagnie über, wo weitere Auflagen folgten. Als sich der Kompagnon von Artaria u. Co., Tranquillo Mollo, 1798 selbständig machte, brachte er 1798 eine letzte Auflage des Grimm'schen Plans aufgrund der ihm von seiner früheren Firma überlassenen Kupferplatten heraus. Besonders eindrucksvoll läßt sich auf dem im Unterschied zu J. Nagel genordeten Plan das Wachstum der Wiener Vorstädte hinaus zum Linienwall erkennen, die Verbauung dieses Bereiches hatte im Verlauf des 18. Jh. (vgl. etwa den Plan von Anguissola-Marinoni von 1706 Tafel 15) große Fortschritte gemacht, wobei die Spitzen der Verbauung an den wichtigen und alten Ausfallsstraßen, wie der Alstergasse (Alser Straße), der Währingergasse (Währinger Straße), der Lerchenfelder Straße, der Neustiftgasse, der Mariahilfer Straße, der Wiedner Hauptstraße und der Landstraße liegen. Die Verwendbarkeit des Planes wird dadurch entschieden gesteigert, daß auf ihm durch Nummern gekennzeichnet mehr als 200 „merkwürd. Gebaeu u. Kirchen in der Stadt Wien" (innerhalb der Linien) und, durch Buchstaben hervorgehoben, über 20 Punkte im Bereich von Schönbrunn eingetragen sind.

Tafel 32.

„Carte Topohydrographique . . ./ Topohydrographische Karte der Stadt Wien und ihren umliegenden Gegenden oder Fortsetzung der Hydrographischen Karte von den Österreichischen Erbstaaten mit dem Grundriß des Wienflusses als den Zusammenlauf aller Wasserstraßen der Monarchie, seinem Kanal von Burkersdorf und angegebenen Orte zum freyen Hafen. Von (Francois) J(oseph) Maire, Hyd.- und Geog. Ing. in Wien 1788."
Kolorierter Stich. M. ca. 1:25.000.
Ausschnitt.

Das 18. Jh. war ein Zeitraum, in dem der Verkehrsplanung erhöhte Aufmerksamkeit zuteil wurde. Schon unter Karl VI. kam es zum Aufbau eines Systems von Kommerzialstraßen, und auch der Ausbau der Wasserwege wurde vorangetrieben. Gerade bei den schon im Jahre 1700 zum erstenmal faßbaren Kanalprojekten stand selbstverständlich das wirtschaftliche Interesse im Vordergrund. Der aus Lothringen gebürtige Francois Joseph Maire weilte spätestens seit 1771 in Österreich und entwickelte hier weitreichende Planungen für den Bau von Kanälen, mit denen „die vornehmsten Flüsse der Oestreichischen Monarchie" vereinigt werden sollten. Erst in der Mitte der 80er Jahre ermöglichte ihm die finanzielle Unterstützung durch das Wiener Bankhaus Friedrich Bargum u. Comp., mit seinen Projekten an die Öffentlichkeit zu treten. 1786 brachte Maire seine „Hydrograph. Karte der Erbstaaten diesseits des Rheins" (4 Blätter mit 6 Kanalprojekte darstellenden Nebenkarten, M. 1:970.000) heraus, zwei Jahre später entstand dann die hier abgebildete Karte, die seine Ideen für den Bereich der Residenzstadt umfaßt. Im wesentlichen ging es ihm dabei um einen Kanal, der etwas oberhalb von Hietzing nach dem Süden zu in Richtung Laxenburg führen sollte, und vor allem um eine zweite künstliche Wasserstraße, die von Purkersdorf aus parallel zum Wienfluß über einen Hafen vor dem Linienwall (etwa an der Stelle des heutigen Westbahnhofs), dann dem Verlauf der Lindengasse folgend, um die Stiftskaserne herum durch die Siebenstern- und die Breite Gasse über die Burggasse zu einem Hafenbecken auf dem Glacis (neben dem Messepalast) hätte führen sollen. Von diesem Hafenbecken ausgehend sollte der „Kommerzial Kanal" rings um die Stadt auf dem Glacis gezogen werden und in zwei Hafenbecken unmittelbar vor der Einmündung in die Donau enden. Die Karte ist aber nicht nur wegen des eingetragenen Kanalprojekts, das erst später und in anderer Form verwirklicht werden sollte (Wiener-Neustädter-Kanal, errichtet 1795/97—1803), von Interesse, sie stellt darüber hinaus auch eine ausgezeichnete Umgebungskarte von Wien dar, die durch die sehr klare Darstellung der Niveauunterschiede in diesem Bereich (für die Führung von Kanälen von ganz wesentlicher Bedeutung) hervorragt.

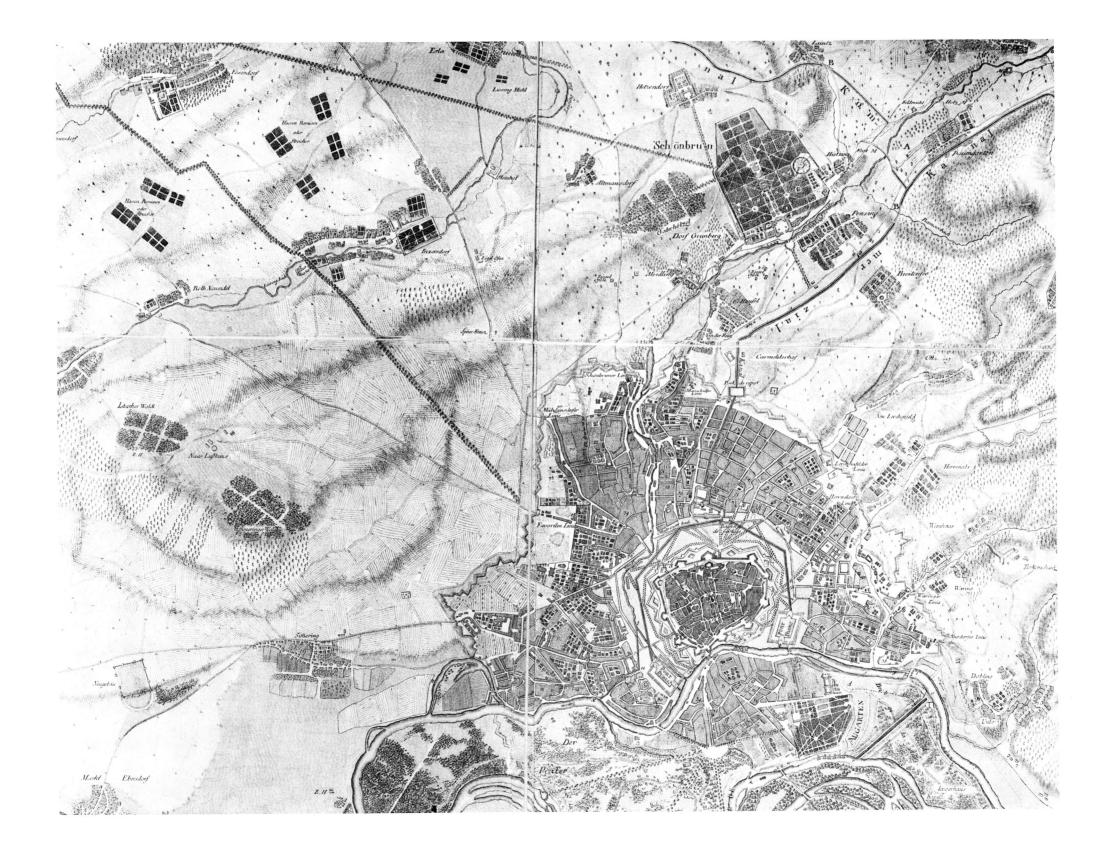

Tafel 33.

„Neuester Grundriss der Haupt und Residenzstadt Wien und der umliegenden Gegenden im Umkreis von zwei deutschen Meilen, auf welcher alle Oerter, Schlösser, Gärten, Berge, Strassen, Flüsse, &.&. deutlich angezeichnet sind. Auf Befehl Sr. Kais. Königl. Apost. Majestät gezeichnet von Herrn Hauptmann Iakubicska vom grossen General Stab gestochen von Sebastian Mansfeld. 1791." Kupferstich im Verlag von Artaria und Comp. Unveränderte Neuauflage von 1789. M. 1:28.800.
Ausschnitt.

Stephan Jakubicska (Striegau in Schlesien 1742—1806 Wien) kam bereits im Jahre 1756 an die Wiener Neustädter Militärakademie und schlug die militärische Laufbahn ein. 1786 wurde er — wohl wegen seiner ausgezeichneten kartographischen Fähigkeiten — vom Infanterieregiment Erzherzog Ferdinand zum Generalquartiermeisterstab abkommandiert, um an der „Grundausmeßung in Hungarn" mitzuarbeiten. Offenbar bewährte er sich dabei so gut, daß ihm im Jahre 1789 vom Kaiser der Auftrag zuteil wurde, eine Umgebungskarte für die Residenzstadt herauszubringen. Das Besondere an diesem Plan ist nun die Tatsache, daß hier erstmals in der historischen Entwicklung vom Prinzip der strengen Geheimhaltung der Josephinischen Landesaufnahme abgegangen wurde. Jakubicska konnte nämlich für seine Arbeit die von seiten der Militärkartographie seiner Zeit erarbeitete Landesaufnahme heranziehen und hielt sich sowohl in der Ausführung als auch im Maßstab an seine Vorlage. Freilich legte er keine bloße Kopie vor, vielmehr wurden Veränderungen, die sich in der Zwischenzeit (vgl. Tafel 27, 31) ergeben hatten, aufgenommen. Außerdem wurde die Karte nach Südosten orientiert, um bei dem damals üblichen Quer- (Imperialfolio-)Format auch die kaiserliche Sommerresidenz in Laxenburg mitaufnehmen zu können. Die kaiserliche Genehmigung für die Publikation dieser Karte läßt sich wohl aus dem Wunsch des Monarchen erklären, für seine Residenzstadt und deren Umgebung eine repräsentative kartographische Darstellung vorlegen zu können. Vielleicht spielte auch die Tatsache eine Rolle, daß die Veröffentlichung der Cassiny-Karten in Frankreich (vgl. Tafel 27) einen gewissen „Nachholbedarf" auch in Österreich erzeugte. Schon zwei Jahre nach der ersten Veröffentlichung konnte eine inhaltlich unveränderte Neuauflage publiziert werden, das Blatt darf nach dem Urteil von Fachleuten sowohl vom kartographischen Standpunkt aus (Lagegenauigkeit und Geländedarstellung) als auch hinsichtlich der technisch-künstlerischen Ausführung (hervorragender Stich von Sebastian Mansfeld) als eines der Meisterwerke der österreichischen Kartographie des ausgehenden 18. Jh. bezeichnet werden.

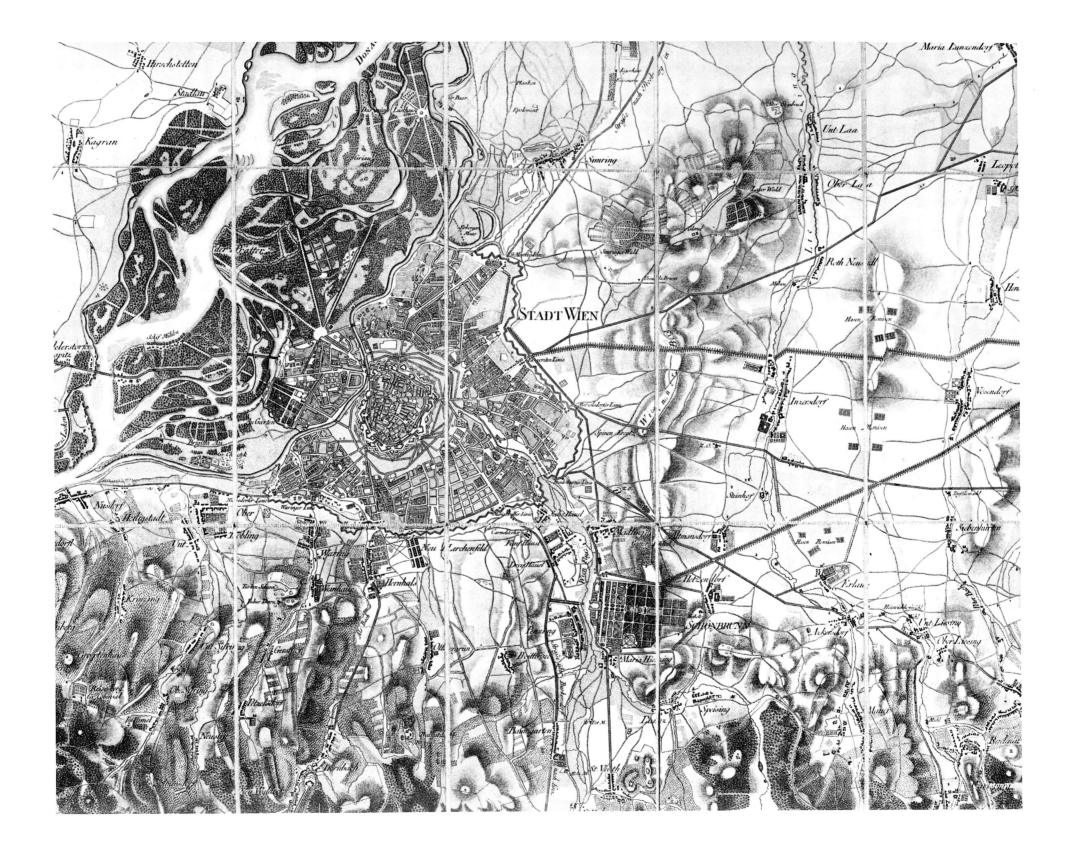

Tafel 34.

„Von dem Stadt Unter-Kammer-Amte verfasste(r) Plan, nach welchen die Stift-Schottischen Aemter, in der Alstergasse sowohl, als der angränzende Grund, des Herrn v. Trattnern, und der aufgelassene Piaristen Leichenhof. zum Häuserbau, zu verstücken und zu verwenden ist. Entworfen, Wien am 28ten Juny 1803, von dem N.Oe. Landschafts und gm. St. Wien Baumeister Joseph Reymund. — Mit dem im Jahre 1803 entworffenen und 1815 kopirten vorgelegt wordenen Original volkommen (!) gleich befunden. Wien, den 17t März (1)831. Von der k.k. nö. Civilbau Direktion Hatzinger. Copirt: Leopold Zehetgruber, städt. Maurerpolier (1)831. (Unterschrift) Behsel, Stadtbau-Insp."
Kolorierte Handzeichnung. M. 1:936.
Ausschnitt.

Der Ursprung des hier gezeigten Planes liegt in der städtischen Verwaltung, womit wir nun nach den Erzeugnissen der Militärkartographen und nach den Glanzleistungen der frühen Wiener Privatkartographie auf eine weitere planproduzierende Stelle (vgl. schon Tafel 8) treffen. Von unmittelbarem historischen Interesse ist dabei der Inhalt des Plans, es handelt sich nämlich um die Parzellierung des Breitenfeldes und damit die Fortsetzung der städtischen Expansion in Richtung auf den Linienwall zu. Im frühen 19. Jh. wurden nach und nach die letzten noch unverbauten Bereiche innerhalb des Linienwalls mit Häusern erfüllt, wobei sich das planerische Vorgehen unmittelbar am Grundriß der neuen Siedlungsteile erkennen läßt. Schon 1802 waren hier die ersten drei Vorstadthäuser fertiggestellt (Alser Straße 61, Feldgasse 11 und 23), bis 1812 wuchs die Zahl auf 54, im Jahre 1830 zählte man schließlich 93 Häuser. Der Magistrat der Stadt hatte freilich größtes Interesse daran, von diesen neuen Häusern auch Abgaben einheben zu können, und beanspruchte die neue Vorstadt als zum städtischen Burgfried (Verwaltungsgebiet) gehörig. In einem langwierigen Prozeß mit dem Grundherrn dieses Gebietes, dem Wiener Schottenkloster (Die Bennogasse erinnert an den Schottenabt Benno Pointner, der 1801 die Parzellierung hier einleitete.), mußte der Magistrat aber endgültig 1839 eine Niederlage hinnehmen, das Schottenstift blieb weiterhin die oberste dorfherrliche Instanz über diesen vorstädtischen Grund. Erst nach der Aufhebung der Grundherrschaften und der Wiener Stadterweiterung von 1850 wurde die Vorstadt Teil des 7. (seit 1861 8.) Bezirks.

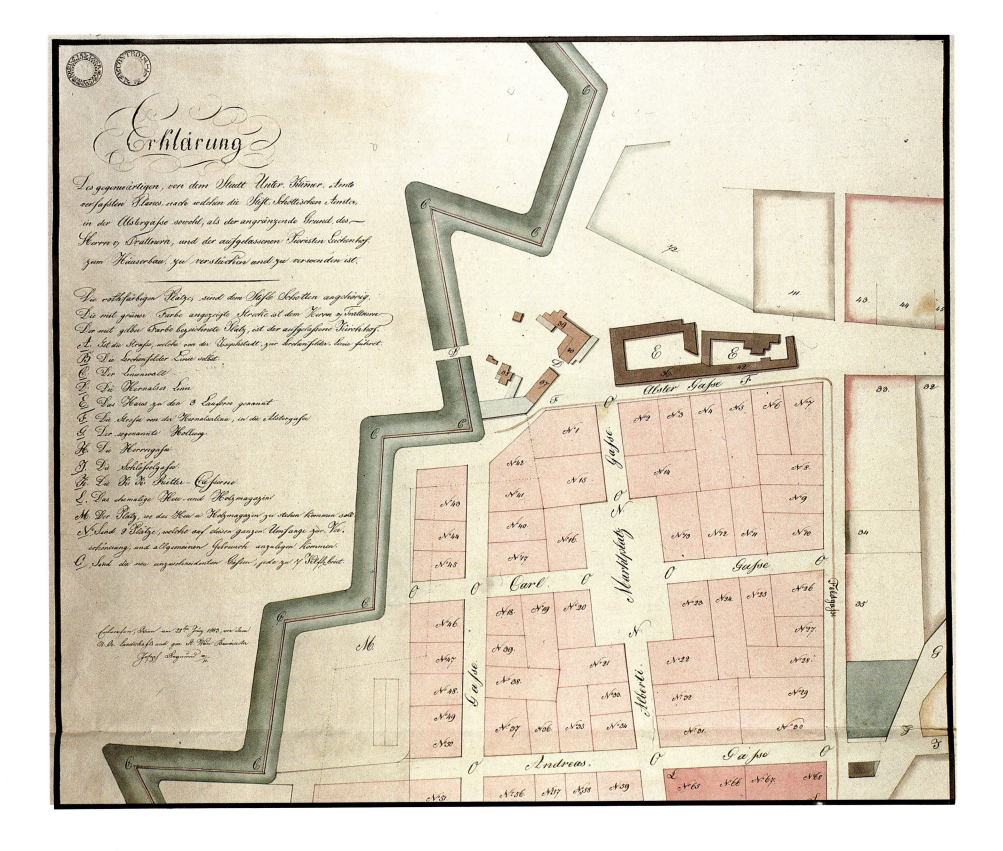

Tafel 35.

„Plan der durch die Franzosen 1809 mittels Minen demolierten Festungswerke der Stadt Wien. Gezeichnet von Oberlieut. V. Waagner." (1810?).
Kolorierte Handzeichnung in 2 Blättern. M. 1:4214.
Ausschnitt.

Der Bestand der Stadtmauern rings um die Wiener Innenstadt war während des 18. Jh. zusehends zu einem städtebaulichen Problem geworden. Seit der Mitte dieses Jh. hatte man in Wien, das zur größten Stadt Süd- und Mitteleuropas geworden war, mit gewaltigen Wohnungsproblemen zu kämpfen, dazu kam, daß im 18. Jh. und um 1800 in vielen deutschen Städten die Demolierung der alten Stadtmauern einsetzte, man spricht geradezu von einer „Entfestigungswelle". In Wien widersetzten sich freilich die Militärs vehement jedem Gedanken an einen Abbruch auch nur von Teilen der Befestigungen, noch 1782 wurde die Stadt ausdrücklich als Festung erklärt, doch zeigte sich der geradezu absurde Charakter solch einer Deklaration nicht zuletzt daran, daß man 1785 die Basteien dem Publikum öffnete und die Albertina zu Anfang des 19. Jh. praktisch auf der Stadtmauer errichtet wurde. Die beiden französischen Besetzungen Wiens in den Jahren 1805 und 1809 zeigten deutlich genug, daß den Fortifikationen keinerlei militärische Bedeutung mehr zukam. Demonstrativ ließ Napoleon beim Abzug seiner Truppen in November 1809 die Ravelins (Vorwerke) und die Burgbastei sprengen. Die Folge dieser Zerstörungen war dann die einzige Stadt„erweiterung", die man vor dem Fall der Basteien in baulicher Hinsicht durchführte, indem der Bereich des Heldenplatzes zur Stadt kam (Abschluß mit dem 1824 eröffneten Äußeren Burgtor). 1817 hob Kaiser Franz Wien als Festung auf, die Stadt wurde in der Folge nur mehr als geschlossener Platz betrachtet.

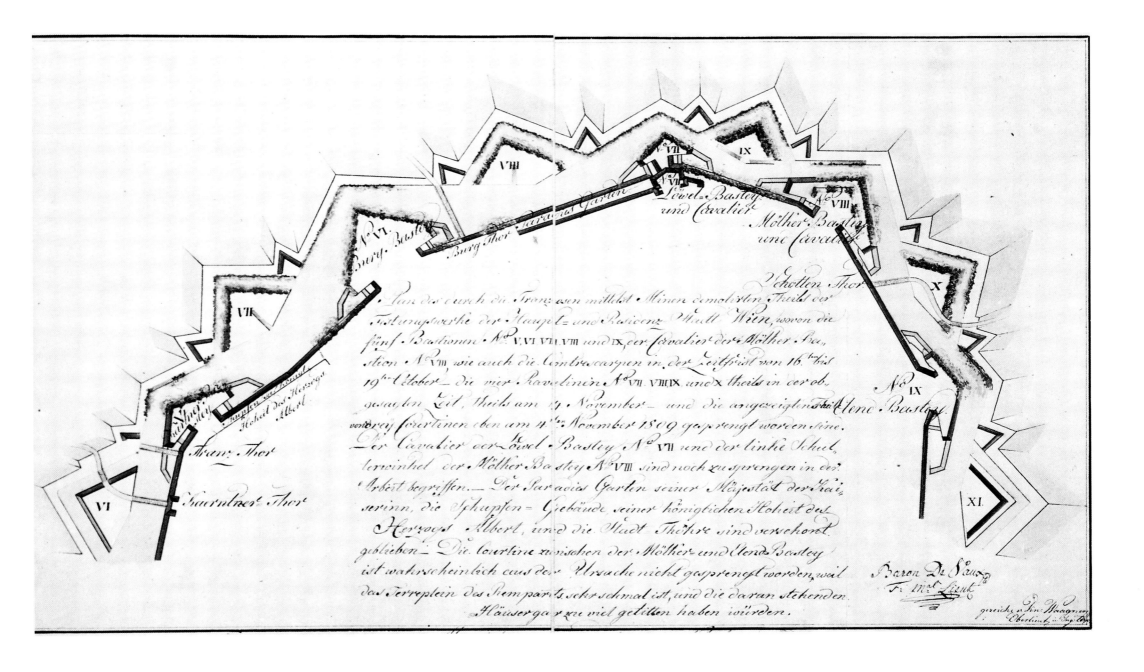

Tafel 36.

„Grundriss über das nach dem höchsten Befehl und Ansichten Sr. k. k. Hoheit des Herrn Erzherzogs Johann entworfene Project, die Stadt Wien mit einem neuen Stadtviertel zu vergrößern. Gezeichnet vom Minenführer Fr. Przedak. 1825."
Kolorierte Handzeichnung. M. 1:1728.
Ausschnitt.

Die demonstrative Sprengung von Teilen der Wiener Befestigungsanlagen durch die 1809 abrückenden Franzosen (Tafel 35) hatte die Tatsache klar unterstrichen, daß den Fortifikationen keinerlei Bedeutung in militärischer Hinsicht mehr zukam. Es hätte sich an und für sich damals bereits die Möglichkeit einer Auflassung der Stadtmauern ergeben. Dennoch war es weiterhin das Militär, das am Bestand der Basteien unverrückbar festhielt. Viele Überlegungen sprachen freilich für ein Ende der Ummauerung Wiens und damit für eine Erweiterung der städtischen Verbauung. Die verschiedenen Stadterweiterungsprojekte des Vormärz, von denen wir hier das von Erzherzog Johann ausgehende präsentieren, führten als Argumente u. a. die Gewinnung von neuem Bauland für zumeist öffentliche Gebäude, die Beseitigung von Versorgungs-, Markt- und Lagerproblemen, die Verbesserung der Verkehrs- und Passageverhältnisse, aber auch die Beseitigung der Wohnungsnot an. Das hier abgebildete Kartenprojekt kam aus dem Kreis der Militärfachleute und lehnte sich an ein schon 1817 von Ingenieurmajor Graf Heinrich Cerrini de Monte Varchi dem Generalgeniedirektor Erzherzog Johann unterbreitetes Erweiterungsprojekt an. Im nordwestlichen Abschnitt der Stadt sollte der Bereich am Donaukanal zur Stadt hinzugeschlagen werden. Die Vorteile solch einer Maßnahme wären zweifelsohne darin gelegen gewesen, daß trotz des teilweisen Abbruches der Basteien die Verteidigungsfähigkeit erhalten geblieben wäre, die Überschwemmungsgefahr gebannt und die Schiffahrt durch die Regulierung des Flusses gefördert worden wäre. Bis zum Ende des Vormärz gab es noch eine ganze Reihe von solchen Erweiterungsprojekten, ohne daß ein einziges von ihnen realisiert worden wäre. Dazu kam es erst mit der großen Stadterweiterung im Zusammenhang mit dem Abbruch der Wiener Stadtmauer ab 1857/58 (Tafel 50).

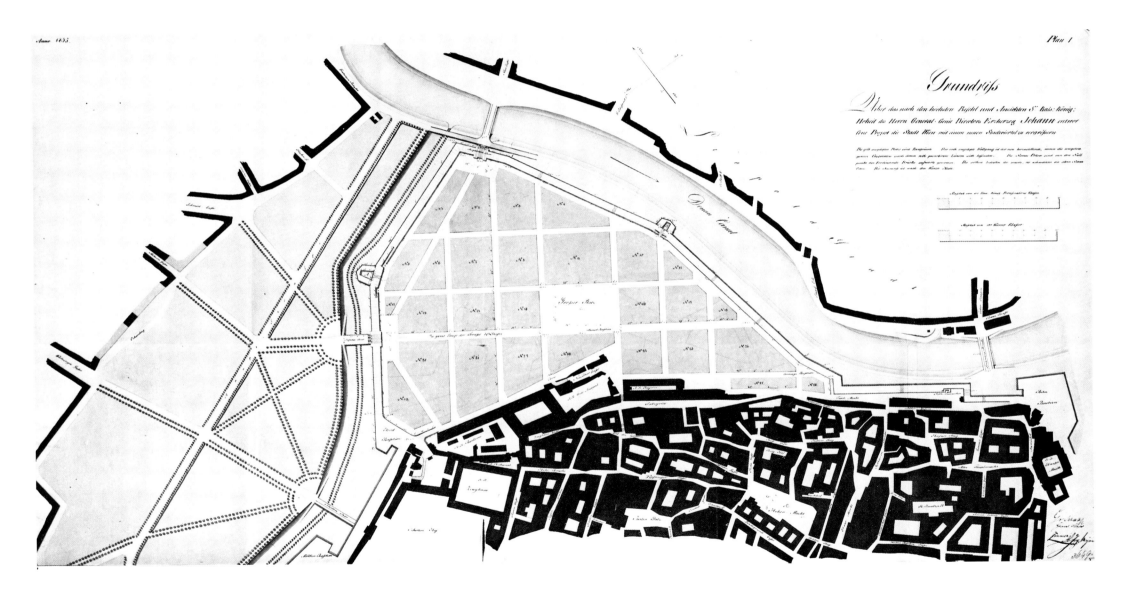

Tafel 37.

„Plan der Haupt und Residenz-Stadt Wien nach den IV Vierteln eingetheilt mit dem neu geregelten Glacis bis an die angränzenden Vorstädte; als Anhangs-Blatt zu den Jurisdictions-Plänen. ausgearbeitet und berichtiget im Jahre 1833. Anton Behsel, Stadt-Bau-Inspektor."
Kolorierte Handzeichnung. M. 1:2880.
Ausschnitt.

Nachdem es schon in der Mitte des 18. Jh. zur ersten schriftlichen Aufnahme des Landes zu Steuerzwecken gekommen war (Theresianische Fassion), der dann in den 80er Jahren eine weitere folgte (Josephinische Fassion), wurde unter Kaiser Franz mit den Aufnahmen zum Franziszeischen Kataster (ab 1817) begonnen. Der Anfang wurde dabei mit dem niederösterreichischen Bereich gemacht, die Arbeiten wurden 1861 in Tirol abgeschlossen. Für die Stadt Wien selbst entstand der Katasterplan (M. 1:2880) im Jahre 1829. Wenige Jahre später verfaßte der städtische Beamte Anton Behsel (Wien 1780 — 27. Oktober 1838 Wien) dann in Fortsetzung von früheren Arbeiten seinen Jurisdiktionsplan von Wien, auf dem die Vorstädte nach den verschiedenen Jurisdiktionen, d. h. den verschiedenen Grundherrschaften, farblich getrennt aufgenommen sind. Behsel war 1812 als Maurerpolier beim städtischen Unterkammeramt, der Baubehörde der Stadt, eingetreten und war am 22. Oktober 1818 zum Stadtbauinspektor ernannt worden. Die Stelle war erst im Vorjahr auf kaiserliche Anordnung neu geschaffen worden, und Behsel war damit der erste technische Leiter der Baubranche des Wiener Magistrats, der Vorläufer des späteren Baudirektors von Wien. In dieser Position beschäftigte sich der Magistratsbeamte in den 20er Jahren des 19. Jh. auf eigene Initiative mit der Erarbeitung eines besonders exakten Wien-Planes, der schon vor dem Franziszeischen Kataster von Wien fertiggestellt werden konnte, diesem in der Präzision jedoch völlig gleichwertig ist (Tafel 38). Als Frucht dieser jahrelangen Bemühungen ist nicht zuletzt auch der von ihm 1829 vorgelegte Häuserschematismus von Wien und den Vorstädten zu bezeichnen, der die im Lauf der Zeit wechselnden Konskriptionsnummern der einzelnen Häuser, deren Besitzer, deren Hauszeichen und deren Lage in den einzelnen Polizeibezirken enthält und bis auf den heutigen Tag ein ganz wesentliches Hilfsmittel der topographischen Forschung in Wien darstellt. Große Aufmerksamkeit widmete Behsel auch zeit seines Wirkens der Frage der Abgrenzung des Wiener Administrationsgebietes, des städtischen Burgfrieds. Ihm verdanken wir die älteste exakte Festlegung dieser Grenzlinie, darüber hinaus existieren von seiner Hand auch zwei detailreiche Beschreibungen dieses Grenzverlaufs, bei denen jeder einzelne Markstein nicht nur genau erläutert, sondern auch abgebildet ist.

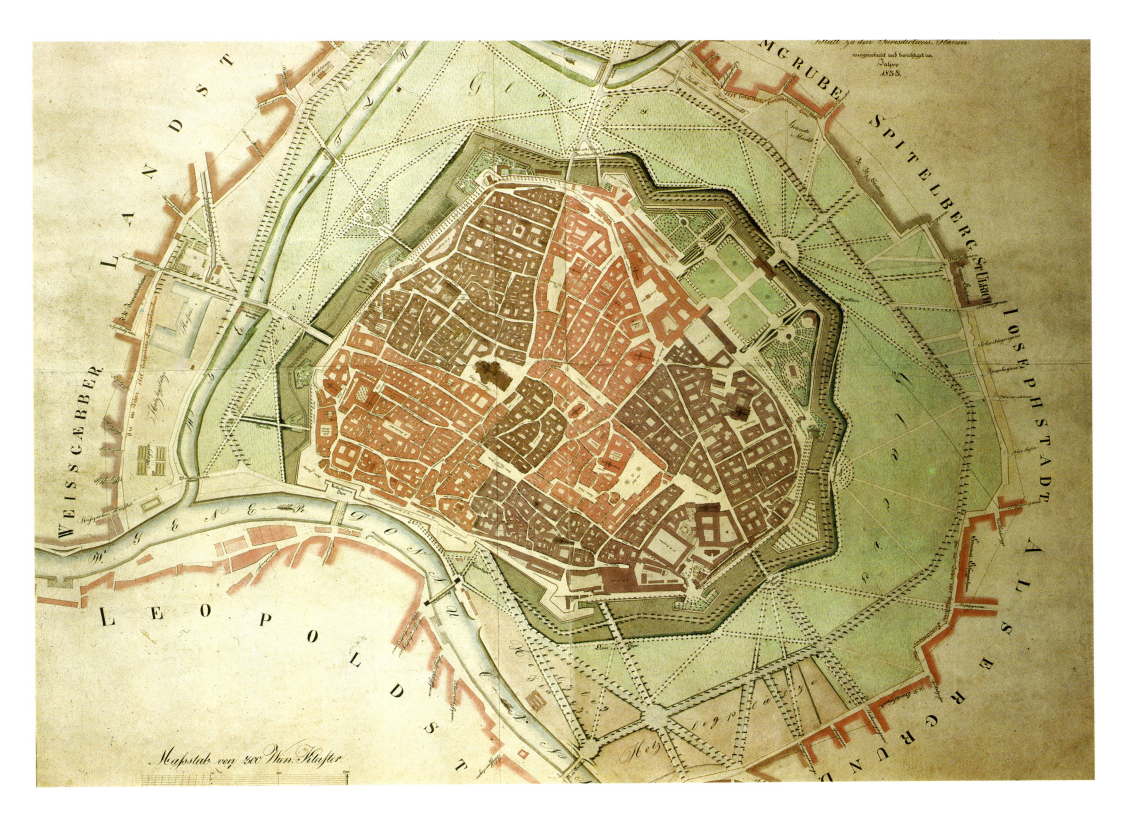

Tafel 38.

"Plan der Wiener Vorstadt Weiszgaerber. Anton Behsel, Stadt-Bau-Inspector. 1824."
Kolorierte Handzeichnung. M. 1:1360.
Ausschnitt.

Der Wiener Magistratsbeamte Anton Behsel bekleidete seit dem Jahre 1818 die Stelle des technischen Leiters der Baubranche im Wiener Unterkammeramt (Baubehörde, vgl. dazu Tafel 37). Schon ab 1818 begann Behsel auf eigene Initiative mit den Vorarbeiten zu einer genauen Aufnahme der Stadt, die sich nicht nur durch besondere Präzision, sondern auch durch den großen Maßstab auszeichnet. Zunächst entstanden in den Jahren bis 1824 eine komplette Serie von Grundrissen aller in der Inneren Stadt befindlichen Gebäude mit ihren Hofräumen und Gärten. Auf dieser Basis erarbeitete Behsel dann einen Stadtplan, der in 22 Blättern den gesamten Bereich innerhalb des Linienwalls abdeckt und zeitlich einige Jahre vor dem Franziszeischen Katasterplan von Wien (1829) abgeschlossen werden konnte. Die Genauigkeit der Aufnahme erreichte geradezu erstaunliche Werte (mittlerer Fehler in der Innenstadt ± 0,11%, in den Vorstädten ± 0,30%), die Größe des Maßstabs ermöglichte die detaillierte Einzeichnung von öffentlichen Brunnen, Denkmälern und Monumentalsäulen, selbst Risalite und Säulenvorsprünge, Erker und Stufen sind peinlich genau und minutiös verzeichnet. Die Gebäude sind nach ihrer Grundbuchszugehörigkeit farblich unterschieden, in den Häusergrundrissen finden sich die neuesten Konskriptionsnummern. Die Eigeninitiative Behsels fand ihre verdiente Anerkennung darin, daß ihm 1827 und 1828 seine Ausgaben vom Kaiser vergütet wurden und er darüber hinaus die große goldene Civil-Ehrenmedaille verliehen bekam.

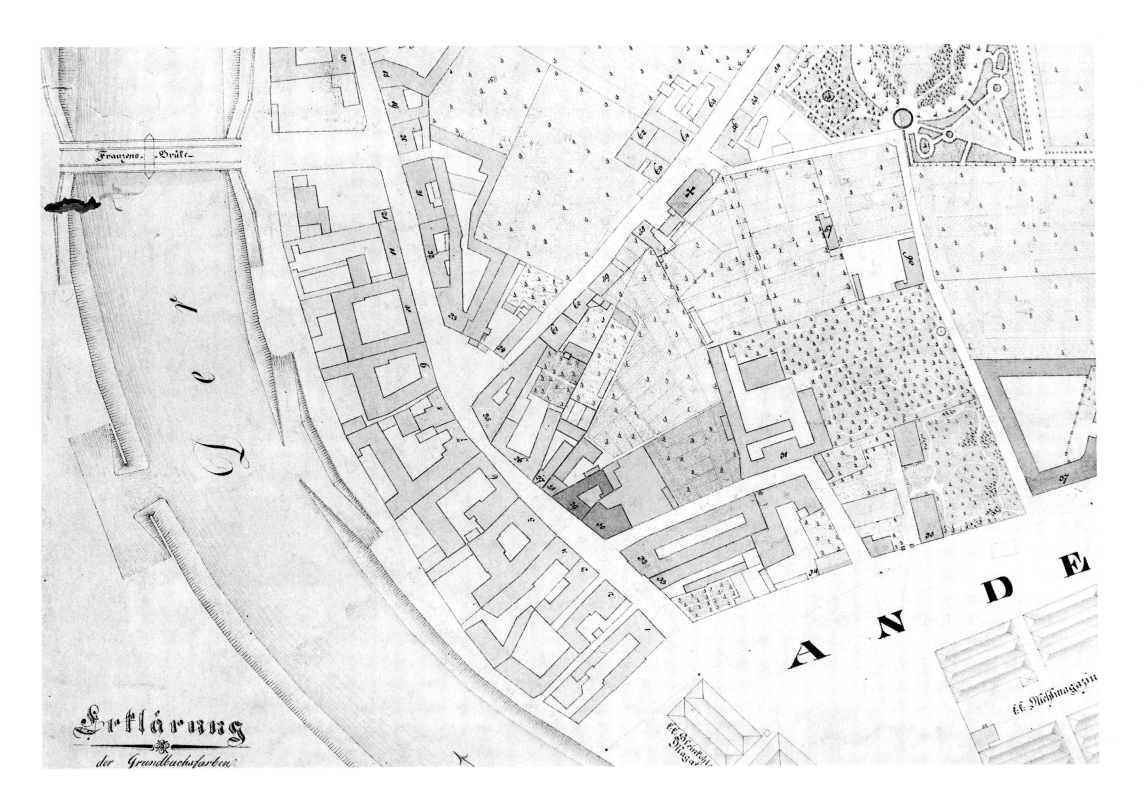

Franzens-Brücke

Der

Erklärung
der Grundbuchsfarben.

ANDE

Tafel 39.

„Plan der Wiener Vorstadt Erdberg. Anton Behsel Stadt-Bau-Inspector. 1822."
Kolorierte Handzeichnung. M. 1:1360.
Ausschnitt.

Vgl. Tafel 38.

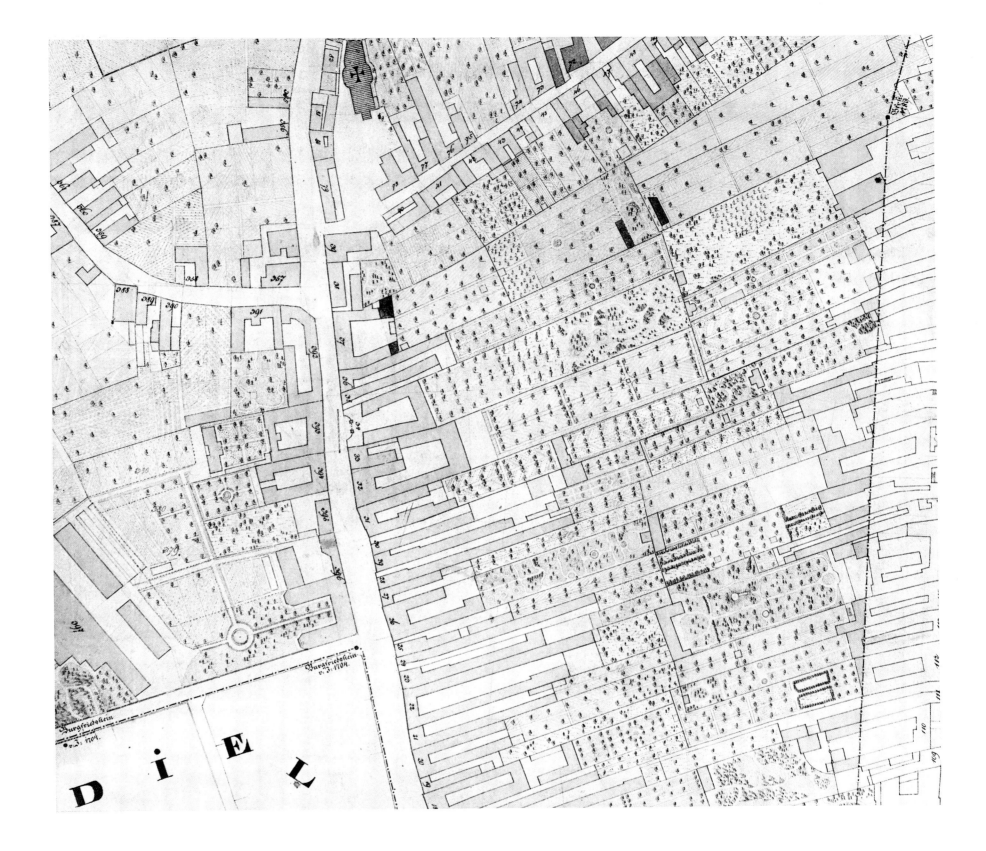

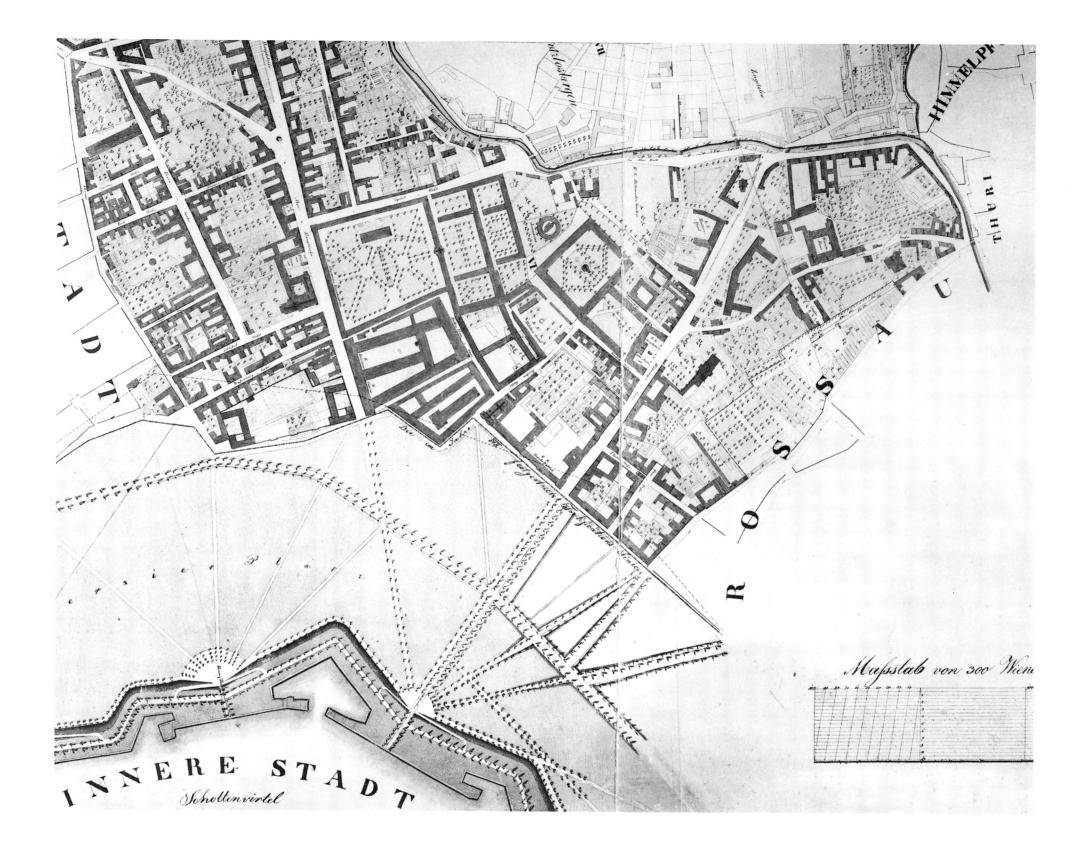

INNERE STADT

Schottenvirtel

Maßstab von 300 Wien...

Tafel 41.

„Grundriss der inneren Haupt und Residenzstadt Wien nebst 14 Ansichten der vorzüglichsten Gebäude von Carl Graf Vasquez." (Entstanden ab 1827).
M. ca. 1:5266.

In den Jahren ab 1827 brachte Carl Graf Vasquez eine Serie von Stadtplänen heraus (Innere Stadt und Vorstädte), deren Randleiste von einer Reihe von Ansichten besonders markanter Gebäude des jeweiligen Stadtteils gebildet wurde. Er verband damit in seinen Plänen die Tradition der Wiener Kartographie mit der der gerade in Wien im 18. und beginnenden 19. Jh. in besonderer Blüte stehenden Vedutenkunst. Seine auf einen guten Verkaufserfolg seiner Arbeiten gerichteten Erwartungen bestätigten sich auch aufs beste, die Vasquez-Pläne errangen die Gunst des Käuferpublikums im Nu und blieben seither besonders beliebte künstlerisch-kartographische Arbeiten. Ihre ansprechende Gestaltung führte nicht zuletzt dazu, daß in jüngster Vergangenheit (seit 1979) Farbreproduktionen dieser Pläne herausgebracht werden.

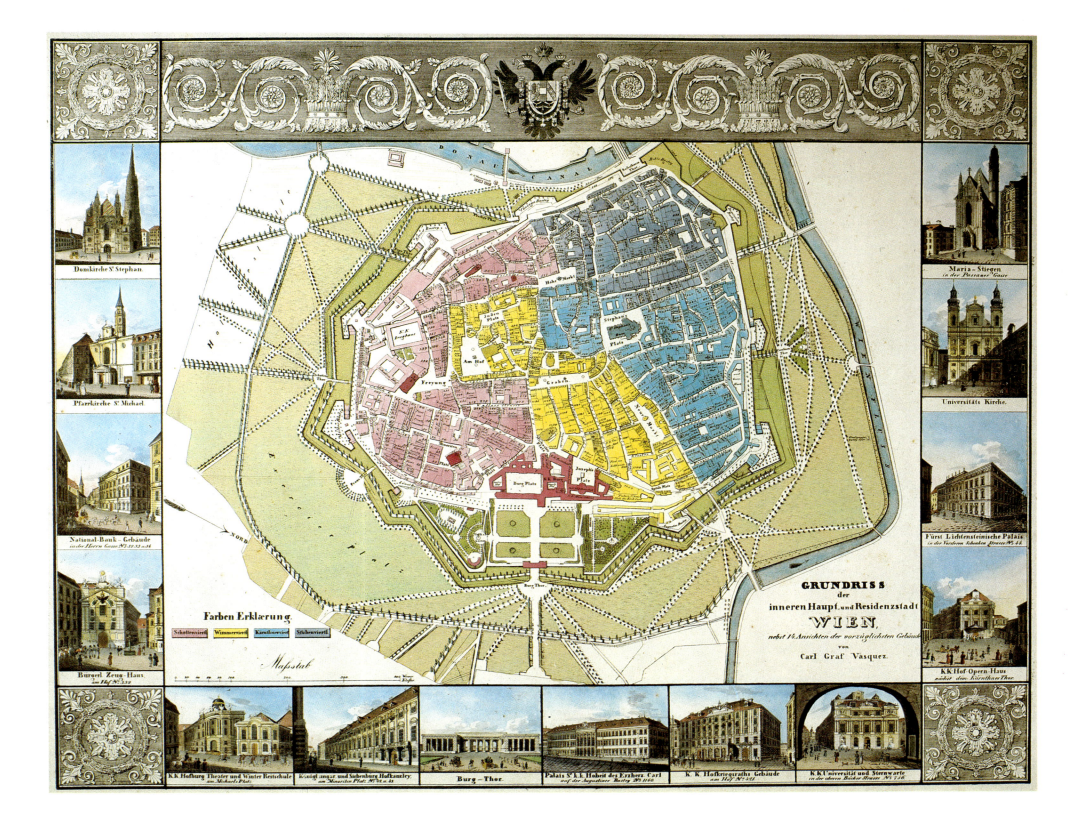

Domkirche St. Stephan.

Pfarrkirche St. Michael.

National-Bank-Gebäude in der Herrn Gasse No. 32-33 u 34.

Bürgerl. Zeug-Haus am Hof No. 538.

Maria-Stiegen in der Passauer Gasse.

Universitäts Kirche.

Fürst Lichtensteinische Palais in der Vorderen Schenken Strasse No. 44.

K. K. Hof-Opern-Haus nächst dem Kärnthner Thor.

Farben Erklærung.

Schottenviertl | Wimmerviertl | Kärnthnerviertl | Stubenviertl

Maßstab

GRUNDRISS der inneren Haupt und Residenzstadt WIEN,
nebst 14 Ansichten der vorzüglichsten Gebäude
von
Carl Graf Vasquez.

K. K. Hofburg Theater und Winter Reitschule am Michaels Platz.

Königl. ungar. und Siebenbürg. Hofkanzley am Minoriten Platz No. 44 u. 45.

Burg-Thor.

Palais Sr. k.k. Hoheit des Erzherz. Carl auf der Augustiner Bastey No. 1160.

K. K. Hofkriegsraths Gebäude am Hof No. 421.

K. K. Universität und Sternwarte in der oberen Bäcker Strasse No. 756.

Tafel 42.

„Perspectiv-Karte von Niederösterreich." Sektion II. Von Franz Xaver Schweickhardt von Sickingen. (Wien 1830—1846). Stahlstich. M. ca. 1:32.000.
Ausschnitt.

Der Wiener Schriftsteller und Topograph Franz Xaver Schweickhardt von Sickingen (1794—1858) brachte in den dreißiger Jahren des 19. Jh. nicht nur eine vielbändige „Darstellung des Erzherzogthums Österreich unter der Ens(!)" heraus, parallel zu dieser frühen Topographie von Niederösterreich publizierte er auch eine Perspektivkarte, in der die alte Tradition der Vogelschau noch einmal im 19. Jh. eine Fortsetzung fand. Das Kartenwerk, von dem 63 Sektionen (Blätter) erschienen sind, hätte ursprünglich einen Umfang von 160 Einzelblättern haben sollen. Es stellt eine ganz besondere kulturhistorische Kostbarkeit dar und ermöglicht uns in einer teilweise geradezu stupenden Genauigkeit Einblicke in das Aussehen unserer Städte und Dörfer vor ungefähr 150 Jahren. Der Wandel des Landschaftsbildes angesichts der Verbauung seit dieser Aufnahme, aber auch infolge von Zerstörungen etwa während des Zweiten Weltkrieges läßt sich gerade an diesen Kartenblättern unmittelbar ablesen. Obwohl Schweickhardt mehrfach vorgeworfen wurde, daß seine Blätter sehr ungleich ausgeführt seien und daß die Ortsnamen oft in äußerst drastischer Weise entstellt sind (siehe dazu jedoch S. 70), ist es auf der anderen Seite doch der immense Reichtum an Details (bis hin zur Darstellung von einzelnen Wegkreuzen), der uns für solche Nachlässigkeiten mehr als entschädigt. Für die Wiener Umgebung sind noch dazu die Sektionen vollständig erschienen, so daß man sich eine sehr lebhafte Vorstellung vom Aussehen der Stadt und ihrer Umgebung während des Vormärz machen kann.

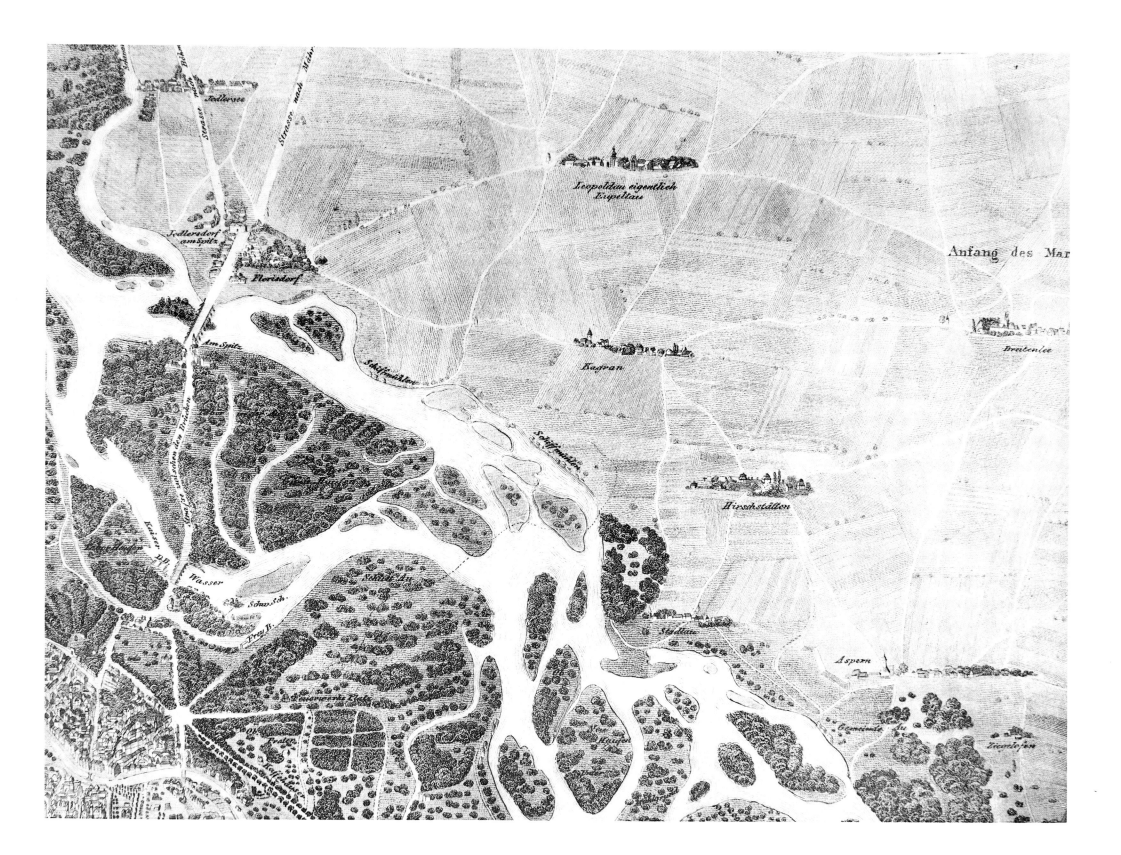

Tafel 43.

„Perspectiv-Karte von Niederösterreich." Sektion IV. Von Franz Xaver Schweickhardt von Sickingen. (Wien 1830—1846). Stahlstich. M. ca. 1:32.000.
Ausschnitt.

Vgl. Tafel 42.

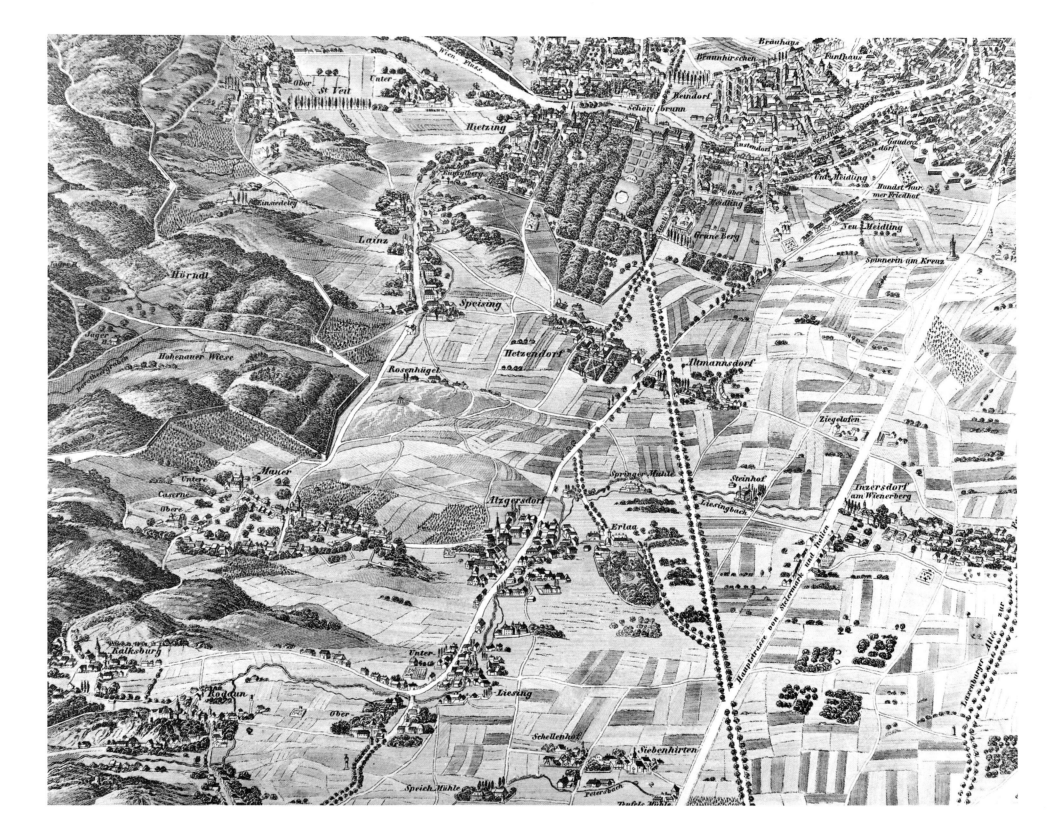

Tafel 44.

„Perspectiv-Karte von Niederösterreich." Sektion III. Von Franz Xaver Schweickhardt von Sickingen. (Wien 1830—1846). Stahlstich. M. ca. 1:32.000. Ausschnitt.

Vgl. Tafel 42.

Tafel 45.

„Perspectiv-Karte von Niederösterreich." Sektion I—IV. Von Franz Xaver Schweickhardt von Sickingen. (Wien 1830—1846). Stahlstich. M. ca. 1:32.000.
Ausschnitt.

Vgl. Tafel 42.

Tafel 46.

„Neuester Plan der Haupt und Residenzstadt Wien mit ihren sämmtlichen Vorstädten, nach der neuesten Aufnahme, sowie der K. K. Ferdinands Nordbahn und der Wien-Raaber Eisenbahn v. Franz Würbel. Wien 1843. Verlag von Singer & Goering. Wollzeil im Fürst Erzbischöflichen Palais."

In einer Epoche, da sich die städtische Verbauung sehr rasch ausdehnt und sich demzufolge schon binnen kurzem eine ganze Reihe von maßgeblichen Veränderungen in der baulichen Struktur einer Stadt ergeben, steigt die Notwendigkeit von verbesserten und auf den neuesten Stand gebrachten Planauflagen immer mehr. Gerade während des Vormärz setzte sich in Wien die schon im 18. Jh. eingetretene städtische Expansion — nun allerdings im weitaus verstärkten Ausmaß — fort. Der hier abgebildete Plan versucht diesen Gegebenheiten Rechnung zu tragen, indem er zum einen die neuesten Veränderungen im Baugefüge aufnimmt, er versucht aber zum anderen durch eine ansprechende Gestaltung, die in manchem an die Vasquez-Pläne (Tafel 41) erinnert, eine breitere Käuferschicht zum Kauf zu animieren. Von besonderem Interesse und auch im Titel der Karte eigens unterstrichen ist ja die inzwischen eingetretene grundlegende Änderung im Verkehrsleben der Zeit, die mit der Errichtung der ersten Eisenbahnlinien der Monarchie (1837/38 Nordbahn, 1841 Wien-Gloggnitzer-, später Südbahn) eingetreten war. In städtebaulicher Hinsicht war die Entscheidung für die Errichtung der Kopfbahnhöfe am Linienwall von weitreichender Konsequenz, zog diese Entscheidung doch in den nächsten Jahrzehnten einen wahren „Baumboom" in den Vororten nach sich, während es im Bereich innerhalb des Linienwalls nach und nach zum Aufbau eines lokalen Verkehrsnetzes (Straßenbahnen) kam.

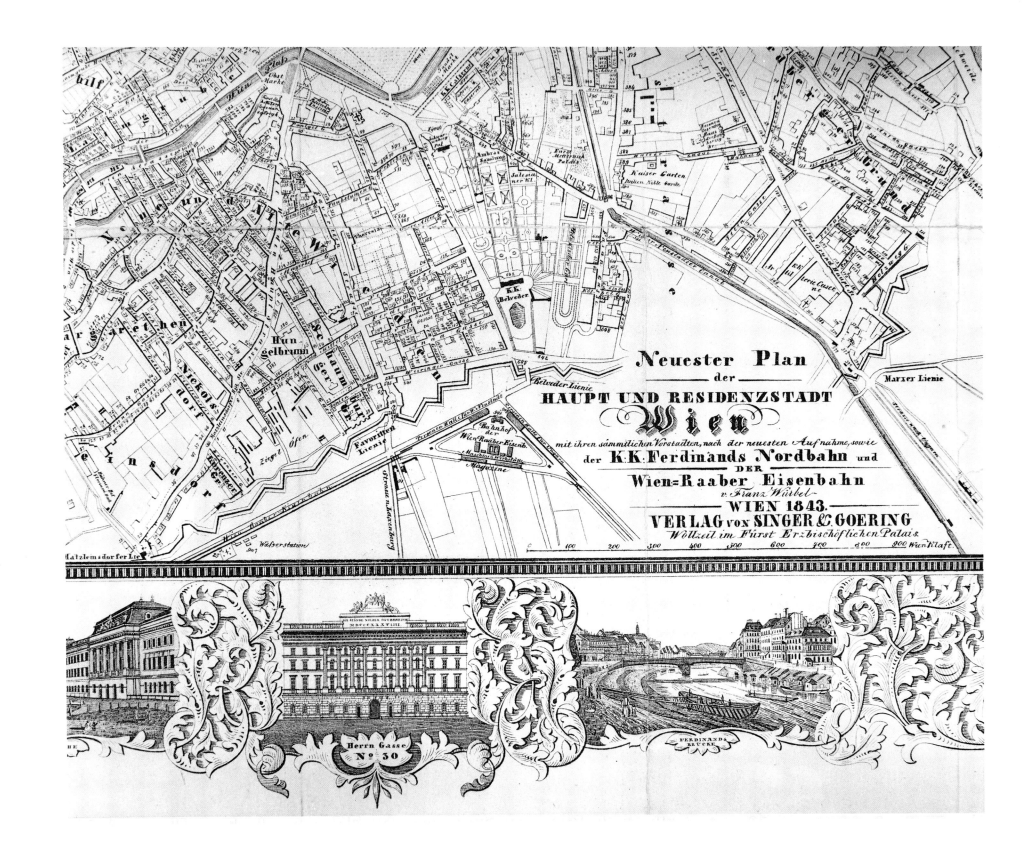

Neuester Plan
der
HAUPT UND RESIDENZSTADT
Wien
mit ihren sämmtlichen Vorstädten, nach der neuesten Aufnahme, sowie
der K.K. Ferdinands Nordbahn und
DER
Wien=Raaber Eisenbahn
v. Franz Würbel
WIEN 1843.
VERLAG von SINGER & GOERING
Wollzeil im Fürst Erzbischöflichen Palais.

Herrn Gasse
No 30

FERDINANDS BRÜCKE

Tafel 47.

„Plan von den Barrikaden und Pflasteraufbruchen (!), welche am 26. und 27. Mai 1848 geschehen sind." Unleserliche Unterschrift: „Schiferl (?)."

Dieser Plan ist für die topographische Entwicklung unserer Stadt kaum von Interesse, dagegen wohnt ihm eine große historische Bedeutung inne, führt er uns doch mitten in die Ereignisse des Sturm- und Revolutionsjahres 1848. In der Stadt hatte damals die alte Viertelsgliederung (vgl. Tafel 17) noch einmal große Aktualität gewonnen, sie ist auch auf dem abgebildeten Plan den Grenzen nach eingezeichnet. Die Bürgerschaft hatte sich damals bewaffnet, die Studenten bildeten eine „Akademische Legion". Das erklärte Ziel der revolutionären Gruppen war die Erlangung einer Konstitution. Als Innenminister Pillersdorf Ende April 1848 einen recht konservativen Verfassungsentwurf vorlegte, stieß er auf heftige Ablehnung, und im Mai mußte unter dem Eindruck der sogenannten „Mairevolution" und der „Sturmpetition" ein allgemeines, gleiches Wahlrecht zugesagt werden. Genau in diese Tage führt uns der hier gezeigte Plan.

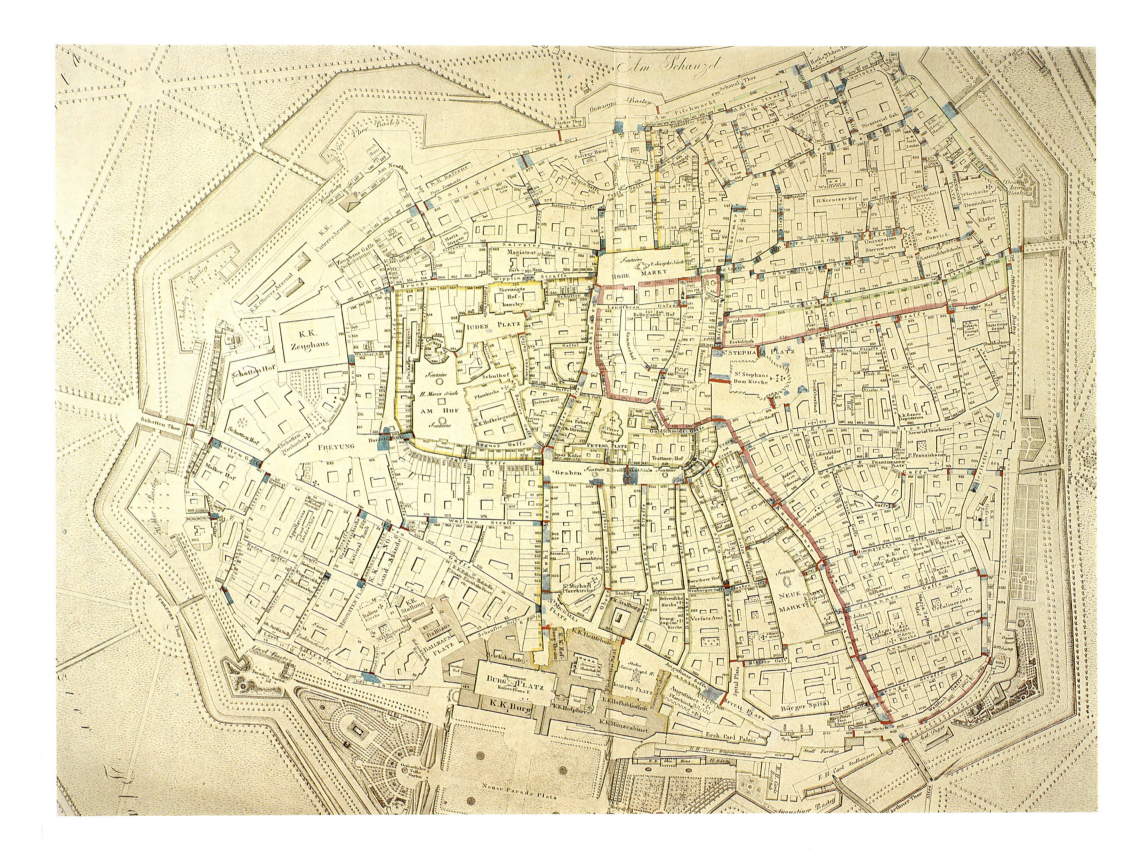

„Plan von Wien in Gerichts Bezirke eingetheilt. Im Auftrage der Gerichtsführungs Commission für Wien und Österreich unter der Enns herausgegeben von Artaria & Co. in Wien. 1850."

Als eines der wesentlichen Ergebnisse der revolutionären Ereignisse des Jahres 1848 hat die Aufhebung des grundherrlich-bäuerlichen Untertänigkeitsverhältnisses zu gelten, die aufgrund eines Antrages von Hans Kudlich (Lobenstein in Österreichisch-Schlesien 25. Oktober 1823 — 11. November 1917 Hoboken, New Jersey, USA) am 7. September 1848 Gesetzeskraft erlangte. Als Konsequenz aus dieser einschneidenden Verfassungsänderung ergab sich die Notwendigkeit für die Einrichtung einer neuen Organisation der Gerichtsbarkeit. Damals kam es zur Begründung der staatlichen Gerichtsbarkeit, die bis in die Gegenwart fortbesteht. In räumlicher Hinsicht wurden dabei im Wiener Bereich die neugeschaffenen Gerichtsbezirke mit den anläßlich der Eingemeindung der Vorstädte (Gesetz vom 6./20. März 1850) geschaffenen Verwaltungsbezirken gleichgesetzt. Ursprünglich handelte es sich dabei um 8 Bezirke (Innere Stadt, Leopoldstadt, Landstraße, Wieden, Mariahilf, Neubau, Josefstadt, Alsergrund), da die Erhöhung der Zahl der Bezirke erst durch weitere Unterteilungen (1861: Konstituierung von Margareten als 5., 1874: Konstituierung von Favoriten als 10. Bezirk) entstand.

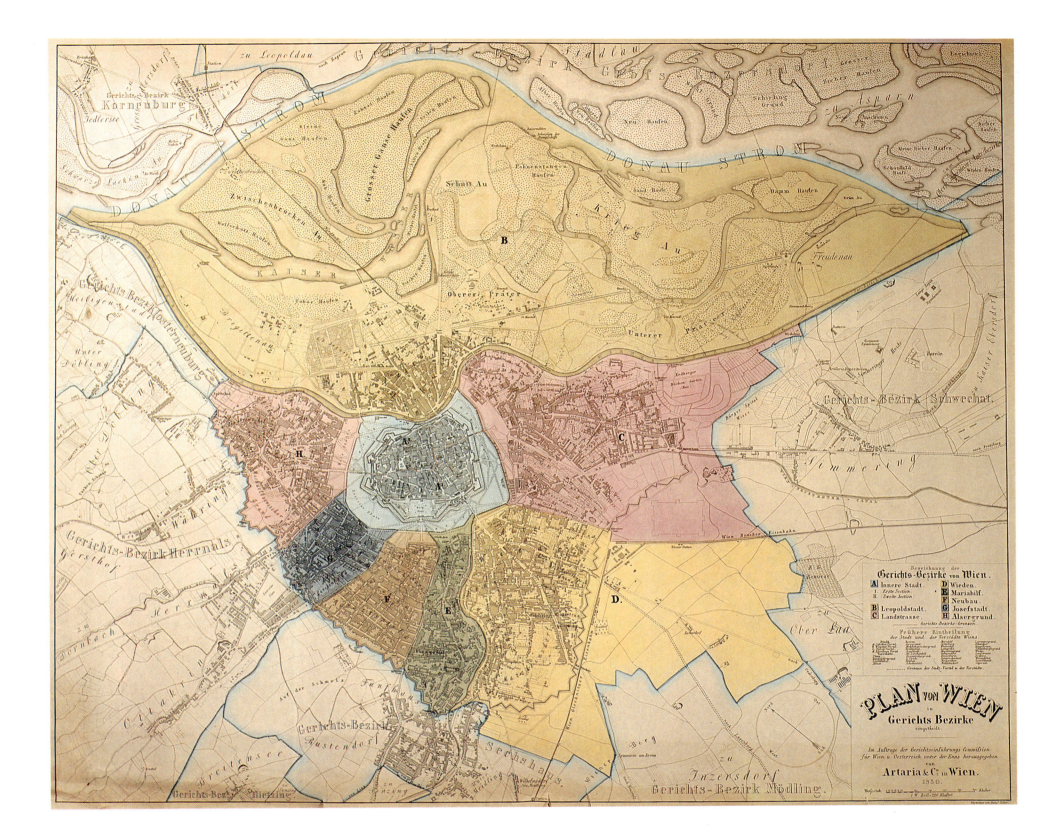

PLAN VON WIEN in Gerichts Bezirke eingetheilt.

Im Auftrage der Gerichtseinführungs Commission für Wien u. Oesterreich unter der Enns herausgegeben von Artaria & Cᵒ in Wien. 1850.

Tafel 49.

„Darstellung der Gasbeleuchtung von Wien gewidmet Seiner Hochwohlgeboren dem Herrn Dr. Johann Caspar Ritter von Seiller Bürgermeister der k. k. Reichshaupt- und Residenzstadt Wien . . . von Kajetan Josef Schiefer k. k. Architekt und Stadtbau Director, . . .“. 1851, herausgegeben vom Stadtbauamt. Widmungsblatt.

Als nach dem Tod des städtischen Unterkämmerers Peter Stooß dieses Amt zu einer reinen Baubehörde umgewandelt wurde, folgte auf dem Posten des Unterkämmerers unter Nichtberücksichtigung des um die topographische Aufschließung der Stadt verdienten Anton Behsel (Tafeln 37—40) der k. k. Zivil-Bau-Inspektor bei der steiermärkischen Provinzial-Baudirektion Kajetan Schiefer im Amte nach. Nach der Neuorganisation dieser Behörde im Jahre 1849 und der damaligen Umbenennung zum Städtischen Bauamt wurde Schiefer der erste Baudirektor der Stadt. Die Angelegenheiten der städtischen Beleuchtung gehörten damals ebenso zu seiner Kompetenz wie auch alle Fragen des Wiener Baugeschehens. Die öffentliche Beleuchtung in Wien hatte ihren Anfang schon in der Zeit unmittelbar nach der Wiener Türkenbelagerung des Jahres 1683 genommen und wurde damals vor allem unter dem sicherheitspolizeilichen Aspekt gesehen. In der josephinischen Ära wurden hier nicht unbedeutende Fortschritte gemacht, als man etwa auch das Glacis in das System der öffentlichen Beleuchtung einbezog. Im 19. Jh. war eine ausreichende Beleuchtung der öffentlichen Straßen und Plätze dann verständlicherweise ein Gebot der Stunde, nahm doch in diesem Zeitraum auch schon das Verkehrsgeschehen an Intensität zu. Auf den hier genannten Plänen finden sich die Standorte aller in der Stadt und den Vorstädten aufgestellten, den heutigen Betrachter so romantisch anmutenden Gaslaternen verzeichnet.

DARSTELLUNG

der

GASBELEUCHTUNG

von

WIEN

gewidmet

Seiner Hochwohlgeboren dem Herrn

Dr Johann Caspar Ritter von Seiller

Bürgermeister der k.k. Reichshaupt und Residenzstadt Wien
Ritter des öster. kais. Leopold Ordens. Comthur des k.k.
Franz Josefs Ordens etc etc

von

Rajetaan Josef Schiefer

k.k. Architekt und Stadtbau Director. Inhaber der
großen goldenen St. Salvators Medaille und
Ritter des königl. preußischen rothen Adler=
Ordens 4ter Classe.

Tafel 50.

„Concurs-Ausschreibung zur Erlangung eines Grundplanes für die mit allerhöchstem Handschreiben vom 20. Dezember 1857 angeordnete Erweiterung und Regulierung der inneren Stadt Wien. Vom kk. Ministerium des Inneren. Wien am 30. Jänner 1858."
Ausschnitt.

Hatten die Ereignisse im Gefolge des Revolutionsjahres von 1848 bereits dazu geführt, daß man das Stadtgebiet in administrativer Hinsicht beträchtlich erweitert hatte (Eingemeindung der Vorstädte 1850, vgl. Tafel 48*), so hielt man vor allem von militärischer Seite weiterhin an dem Fortbestand der Stadtmauern fest. Dabei war es nun weniger der Hinweis auf einen möglichen Feind von außen, den man an diesen Befestigungen hätte abwehren können, es war vielmehr die Sorge vor dem Pöbel aus den Vorstädten, dem man einen ungehinderten Zutritt in das Herz der Residenzstadt damit zu verwehren können glaubte. Schließlich erlangten aber ab der Mitte der 50er Jahres des 19. Jh. doch die Stimmen derjenigen, die aus wirtschaftlichen und aus städtebaulichen Überlegungen heraus für einen ihrer Meinung nach längst fälligen Abbruch der Basteien votierten, das Übergewicht und konnten sich vor allem auch beim jungen Kaiser Franz Joseph durchsetzen. Am 20. Dezember 1857 erließ der Monarch sein mit den berühmten Worten „Es ist mein Wille . . ." beginnendes Handschreiben, mit dem das Signal für den Fall der Wiener Stadtmauern gegeben wurde. Schon einen Monat später wurde dann von den staatlichen Stellen ein Erläuterungsblatt herausgegeben, das den am städtebaulichen Wettbewerb teilnehmenden Konkurrenten nähere Erläuterungen über die Verbauung des nun freiwerdenden Gebietes bieten sollte. Der Fall der Wiener Basteien und der darauf folgende Bau der Wiener Ringstraße mit all ihren Prachtbauten zählt dann zu den wichtigsten städtebaulichen Prozessen, die unsere Stadt in der zweiten Hälfte des 19. Jh. erlebte. Es ist dies aber dann auch zugleich eine Epoche, in der das Kartenbild zunehmend an Reiz verliert und daher in diesem Rahmen nicht mehr zu behandeln ist.*

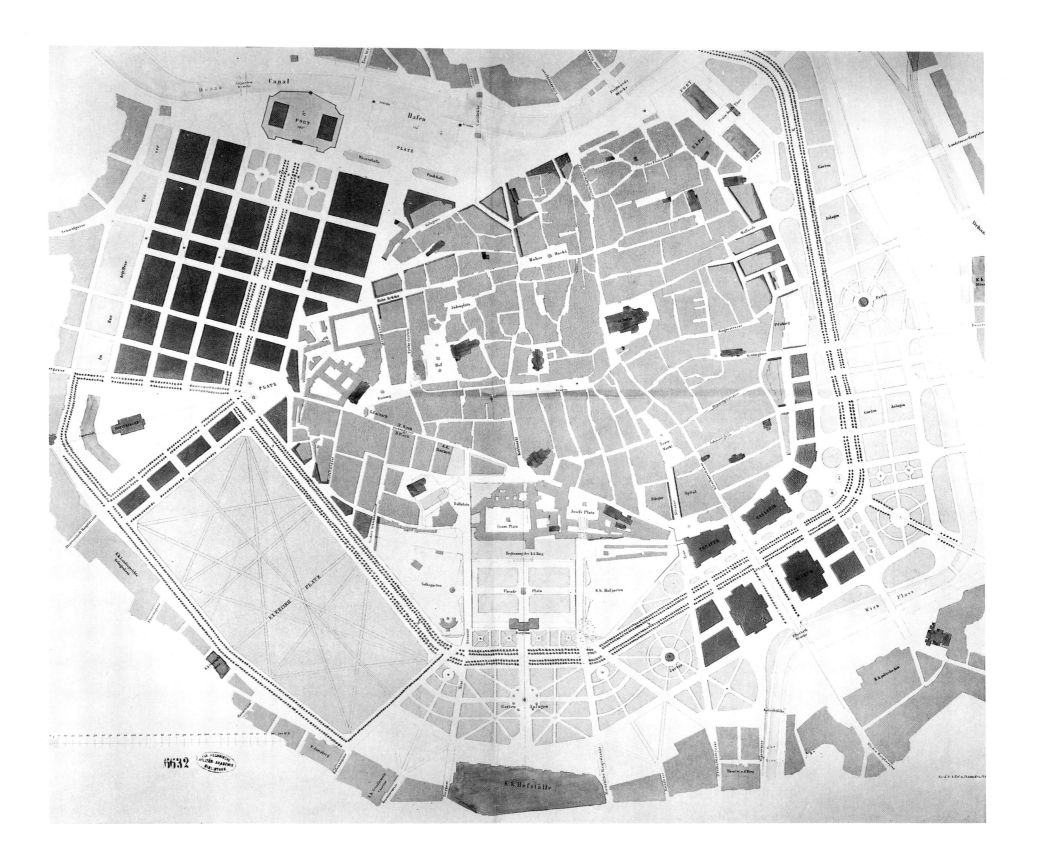